Thilo Baum • Die Kundenbrille

THILO BAUM

DIE KUNDEN BRILLE

Wie Sie mit den richtigen Denkmustern erfolgreich verkaufen

BOOKS4SUCCESS

Gestaltung Cover: Timo Boethelt
Gestaltung, Satz und Herstellung: Timo Boethelt
Lektorat: Sebastian Politz
Druck: CPI books GmbH, Leck

ISBN 978-3-86470-817-6

Bibliografische Information der Deutschen Nationalbibliothek:
Die Deutsche Nationalbibliothek verzeichnet diese Publikation in der Deutschen Nationalbibliografie; detaillierte bibliografische Daten sind im Internet über <http://dnb.d-nb.de> abrufbar.

BÖRSEN MEDIEN
AKTIENGESELLSCHAFT

Postfach 1449 • 95305 Kulmbach
Tel: +49 9221 9051-0 • Fax: +49 9221 9051-4444
E-Mail: buecher@boersenmedien.de
www.books4success.de
www.facebook.com/plassenbuchverlage
www.instagram.com/plassen_buchverlage

INHALT

VORWORT

»Erfolg besteht darin,dass man genau die Fähigkeiten hat, die im Moment gefragt sind.«
(Henry Ford, 1863–1947)

Eine „Kundenbrille" aufsetzen und die Welt aus Sicht des Kunden sehen – dabei will dieses Buch helfen. Es soll zeigen, mit welchem Selbstverständnis und welchem Menschenbild wahre Kundenorientierung funktioniert, die ja nun einmal ein Umsatzfaktor ist. Wobei „Kundenorientierung" im Grunde ein merkwürdiges Wort ist: Woran sollte sich ein Unternehmen sonst orientieren, wenn nicht an seinen Kunden? Vom Kunden hängt doch alles ab: keine Kunden, kein Umsatz.

Obwohl Kundenorientierung selbstverständlich sein sollte, gibt es diverse Ratgeber zu diesem Thema. Dass es nötig ist, sich immer wieder an den Kunden zu erinnern, erleben Sie selbst bestimmt sehr oft – vermutlich bei fast jedem Anruf bei einem IT-Unternehmen. Die meisten IT-Unternehmen behandeln Sie nicht wie einen Kunden, sondern wie eine Nummer. Maschinell, automatisiert, prozessgesteuert. Sie sind kein Mensch, Sie sind ein Vorgang.

Kürzlich hatte ich einen sehr freundlichen Menschen in einem meiner Seminare, der für eine ziemlich spezialisierte Versicherung arbeitet. Eine Versicherung, bei der man zum Beispiel technische Geräte versichern kann. Da ich infolge der Corona-Lockdowns mein

Geschäft massiv digitalisiert habe, war das für mich interessant. Ich wollte mich darüber informieren, wie ich mein Videostudio versichern kann. Die Telefonnummer aber, unter der ich anrufen sollte, führte zu einem Sprachcomputer, der nur Optionen für Bestandskunden vorsah. Es gab für mich als denkbarer Neukunde keine Nummer zu drücken. Also blieb ich ohne Auswahl in der Leitung und hörte dann, es sei zu viel los und ich solle doch auf die Website des Unternehmens gehen und mich dort an den Chatbot wenden.

Was habe ich getan? Aufgelegt und das Projekt abgeblasen. Weshalb sollte ich meine Zeit einer begriffsstutzigen Maschine opfern? Wozu überhaupt sollte ich einen Vertrag mit einem Unternehmen schließen, das nicht kommunizieren kann?

Der größte Wert einer Versicherung ist das Vertrauen. Und das entsteht nicht bei so einem Umgang. Wenn eine Versicherung so mit Neukunden umgeht, wie wird sie erst bei einem Schadensfall agieren?

Das eigentlich Erschreckende an der Episode aber ist, dass das Unternehmen es in seiner Prozesslogik überhaupt nicht für möglich hält, dass ein Neukunde anruft. Man spielt den Gedanken einfach nicht durch. Mir ist das unbegreiflich. Ich vermute: Die Strukturen in diesem Unternehmen sind so absurd geworden, dass vor lauter Projekt- und Prozessmanagement das Wesentliche unter den Tisch gefallen ist. Das Unternehmen war sicher einmal gesund, kurz nachdem es gegründet wurde – da stand der Kunde noch im Fokus. Aber im Laufe der Jahrzehnte kamen und gingen Manager, wuchsen die Theoretisierung und die Bürokratie. Die Prozesse wurden immer unübersichtlicher wie bei einer falsch geplanten Software, die wegen der vielen Patches immer fetter wird und am Ende nicht mehr anwendbar ist. Schließlich funktioniert der allersimpelste Prozess nicht mehr: die Telefonnummer, unter der ein potenzieller Neukunde anruft.

Dann ist ein Unternehmen krank. Dann ist der Wurm drin.

Natürlich ist es möglich, ein Unternehmen komplett zu automatisieren, sodass es gar keine Telefonnummer mehr gibt. Dann aber müssen die Prozesse reibungslos laufen. Vor allem technikaffine Gründer automatisieren gern und viel. Manchen macht es gar nichts aus, dass ihr Unternehmen seelenlos wird – warum auch, wenn es funktioniert? Aber oft sind die Prozesse eben nicht reibungslos gebaut oder sie sind für Kunden nicht nachvollziehbar. Dann besteht Gesprächsbedarf. Erkennen Gründer das nicht und gehen sie nicht darauf ein, ist der Laden oft bald wieder zu. Der Grund: fehlende Kundenorientierung, also keinerlei Blick für die Prozesse aus Kundensicht.

Selbstbezogenheit im Business ist fatal

Bei manchen Unternehmen ist erst mit der Zeit der Wurm drin, bei anderen von Anfang an. Viele Unternehmen sind komplett selbstbezogen – sie verschwenden keine Sekunde an den Gedanken, wie sich irgendein Produkt, Prozess oder eine Unternehmensbotschaft aus Kundensicht darstellt. Wären diese Unternehmen Menschen, hätten wir es mit eklatanten sozialen Defiziten zu tun. Wobei neben einer übertriebenen Selbstbezogenheit und Egozentrik auch der Narzissmus eine Rolle spielt: Viele Unternehmen halten sich selbst für so unwiderstehlich, dass sie vom Kunden erwarten, sich in die Strukturen des Unternehmens hineinzudenken. Manches klassische Unternehmen lässt seine Kunden sogar einen „Kaufantrag“ stellen. Man lässt sich dann wie eine Obrigkeit herab, dem niederen Kunden diesen Antrag zu bewilligen. Dass wir unsere Möbel auch bei einem anderen Anbieter kaufen können, der nicht so herablassend mit uns umgeht, sehen die Manager solcher Unternehmen nicht.

Narzissmus ist tatsächlich ein großes Problem im Management, worauf auch die Forscher Florian Feltes und Marcus Heidbrink hinweisen.[1] Es geht um so sympathische Dinge wie „Eitelkeit, Angeberei, Überheblichkeit, Anspruchsdenken, Manipulationsneigung und Autoritätsanspruch" – nach dem Messinstrument „Narcissistic Personality Inventory" – sowie um eine „übersteigerte Wahrnehmung der eigenen Bedeutsamkeit", wie die Autoren sagen.

Die Mischung wirkt einigermaßen fatal – denn wer nur von sich ausgeht und die Perspektive seines Gegenübers nicht sieht, wird kaum Geschäfte machen.

Zugleich gibt es viele begeisterte Gründerinnen und Gründer, die mit Sicherheit keine Narzissten sind, denen es aber auch nicht gelingt, sich auf ihre Kunden einzustellen. Einfach weil ihnen die Übersetzung nicht gelingt – die Übersetzung von anbieterorientiert formulierten Unternehmensbotschaften in die Kundensicht. Und so kommunizieren viele am Markt vorbei – sie bewerben Dinge, die vielleicht sinnvoll sind, die aber niemand versteht. Oder sie sprechen ihre Zielgruppe nicht treffend an.

Weshalb ignorieren so viele Unternehmen die Menschen?

In diesem Buch geht es um die Gründe dafür, dass so viele Unternehmen und auch Selbstständige die Bedürfnisse von Menschen ignorieren. Neben der erwähnten Egozentrik liegt das an zahlreichen Faktoren bis hin zu unserem klassischen Bildungssystem. Insbesondere liegt es an unserer gesellschaftlichen Prägung, also dem, was wir – sozial erlernt – über das Unternehmertum und über die Selbstständigkeit denken.

Unternehmen fehlt es oft an Kundenorientierung.

Um es einmal hart darauf herunterzubrechen, worauf es am Ende hinausläuft: Im Kern fehlt es den Akteuren an unternehmerischem Denken. Unternehmerisches Denken bedeutet nicht nur Geschäftsführung, also Unternehmensleitung. Sondern unternehmerisches Denken bedeutet, das große Ganze zu sehen, also den

Sinn des Unternehmens und auch seine Einbettung in sein soziales Umfeld, in die Gesellschaft, in den Markt. Unternehmerisches Denken bedeutet immer auch Kundenorientierung. Viele Manager glauben, sie würden unternehmerisch agieren – aber sie denken nur innerhalb ihrer Unternehmensdenkblase und agieren dort wie eine Verwaltung. Wie Kunden ticken und was sie brauchen, verstehen viele Manager und andere Führungskräfte nicht wirklich.

Was mir hier wichtig ist, ist auch der Unterschied zwischen Managern und Unternehmern: Viele Manager hatten in ihrem gesamten Leben noch keine einzige Geschäftsidee. Das ist nicht verwerflich, nicht jeder muss Geschäftsideen entwickeln. Aber es wäre hilfreich. Wer jemals eine Geschäftsidee entwickelt und umgesetzt hat, hat sich selbst quasi ein Praktikum im Fach Kundenorientierung gegeben. Wer unternehmerisch denkt und handelt, erkennt sofort, ob eine Geschäftsidee funktioniert, und er hat dabei auch die Kundensicht im Blick. Wer ein Unternehmen nur managt, verliert den Kundenblick oft aus dem Sinn.

Vielen Gründern gelingt es zugleich nicht, ihre Geschäftsidee in ein ökonomisch taugliches Konzept zu übersetzen. Sie denken tatsächlich, der Kunde frage nach, was sie anbieten – obwohl der Kunde keinen Schimmer davon hat, was er damit anfangen soll. Viele Trainer, Coaches und Therapeuten beispielsweise machen Unmengen von Zusatzausbildungen. Dann schreiben sie auf ihre Website, dass sie jetzt ein Zertifikat als „Lösungsorientierter Coach" haben. Aber was heißt das? Dass es vorher nicht um Lösungen ging? Schaut man sich die vielen Coaching-Ausbildungen an, gewinnt man den Eindruck, Coaches würden sich mit ihrem Angebot nur innerhalb der Coaching-Branche tummeln. Dass Leute außerhalb dieser Szene mit den internen Begriffen kaum etwas anfangen können, ist vielen in dieser Branche fremd – merkwürdigerweise, bedeutet Coaching doch oft Perspektivenwechsel.

Solange einem Gründer die Kundenbrille fremd ist, sind die typischen Investitionen ins Marketing von Anfang an verbranntes Geld. Und vor diesen Fehlinvestitionen warnt einen keine Bank. Aber dieses Buch.

Dass wir weder in der Schule noch im Betriebswirtschaftsstudium erfahren, was eine gute Geschäftsidee ausmacht, ist wohl der wichtigste Grund für den weit verbreiteten Mangel an Kundenorientierung. Wir glauben, wir seien gut, weil wir im Sinne einer klassischen Berufsausbildung qualifiziert sind. Aber damit sind wir noch lange keine guten Unternehmer. Zugleich verwechseln auch viele Leute Management mit Unternehmertum. Klassische Manager gehen von einer laufenden Maschine aus, die sie nur noch bedienen müssen. Aber Unternehmertum ist viel grundlegender – es geht darum, eine funktionierende Maschine aufzubauen.

Große Gründer wie Werner von Siemens (1816–1892) oder Steve Jobs (1955–2011) hatten den Kunden noch im Blick. Solche Leute haben sich überlegt: Wem kann ich etwas geben, was er oder sie braucht? Das ist die Basis einer Geschäftsidee.

Daher laufen viele Unternehmen so lange gut, wie der Gründer am Ruder ist. Zieht er sich zurück und überlässt den Managern das Feld, beginnt oft der Niedergang: Das Unternehmen verfettet und erstickt in sinnlosen Prozessen, Produkte und Kundenkommunikation werden immer abstrakter und der Sinn des Ganzen gerät in Vergessenheit.

Es ist, als greife eine unsichtbare Hand nach dem Unternehmen, die entgegen allen Regeln des gesunden Menschenverstandes bizarre Prozesse implementiert. Die Kundenorientierung gerät dabei so sehr in den Hintergrund, dass sich Unternehmen irgendwann daran erinnern müssen: Hey, da war doch mal was! Für wen machen wir das hier eigentlich alles? Für unsere Kunden. Ach ja, stimmt.

Wenn die Welt sich weiterdreht

Der Anlass einer solchen Rückbesinnung kann eine Krise sein oder eine Innovation seitens eines Wettbewerbers – irgendetwas, was das bisherige Geschäftsmodell infrage stellt. Das kann zum Beispiel die Entwicklung des Internets sein. Ist man nun ein Versandhandel und hat die Kundenperspektive verloren, nutzt man die letzte staatliche Bürgschaft eben, um für 25 Millionen Euro einen Katalog zu drucken. Auf Papier! Schade um das Geld – das hätte „Quelle" auch in eine digitale Infrastruktur investieren können.[2] Aber es fehlte eben die Vorstellungskraft. Man hat das getan, was man schon immer getan hat, was man immer richtig gemacht hat, was aber jetzt plötzlich das Falsche war, weil sich die Welt in der Zwischenzeit weitergedreht hat.

Was „Quelle" damals entschieden hat, war kein unternehmerisches Handeln. Es war reinstes Management ohne jede Vorstellungskraft. Einfach ausgehend davon, was schon immer war. Die Manager sind bei dieser Entscheidung in ihrer gedanklichen Box geblieben, statt die gesamte Situation als „big picture" von außen zu betrachten.

Leiten Technokraten ohne jedes Verständnis für den Kunden Unternehmen, wird das Unternehmen eben technokratisch. Ist den Managern eines Unternehmens nicht klar, wie wichtig die menschliche Komponente trotz aller Automatisierungen und Skalierungen ist, wird das Unternehmen eben unmenschlich. Oft wissen diese Manager gar nicht, was sie falsch machen. Sie gehen davon aus, der reine MBA-Blick genüge.

Kürzlich brauchte ich Hilfe beim Log-in in mein Profil bei einem großen Softwareunternehmen. Ich kam einfach nicht rein. Der Support war quasi unerreichbar und mit einigem Zeitaufwand habe ich dann doch jemanden bekommen. Doch statt sich mit mir kurzzuschließen und den Prozess mit mir durchzugehen, schickte mir der Mitarbeiter einen Link zu einem 500-seitigen PDF. Ohne einen Hinweis, was ich damit anfangen sollte. Ich bin felsenfest überzeugt: Dieser Supportmitarbeiter hat keine Ahnung, dass er kundenfeindlich agiert. Er kann gar nicht anders. Aus irgendwelchen Gründen, die in seiner Persönlichkeit liegen, ist er unfähig zum Perspektivenwechsel. Er glaubt tatsächlich, der User schaue sich diese 500 Seiten durch. Viele Unternehmen ziehen solche Leute an – und zwar dann, wenn die entscheidenden Führungskräfte ebenfalls nicht unternehmerisch denken, sondern rein ablauforientiert. Man arbeitet in einer kranken Struktur, die nicht weiß, dass sie krank ist, aus deren Marketing aber höchste Selbstbewunderung spricht.

Die Kundenbrille spart Geld

Das Image vieler Unternehmen, die die Kundensicht ignorieren, ist schlecht. Es ist peinlich, dort zu arbeiten. Auch vor diesem Hintergrund ist es wichtig, sich mit der Kundenbrille zu befassen: Heutige Berufseinsteiger zum Beispiel wünschen sich viel mehr als frühere Generationen einen besonderen Sinn beim Arbeiten. Sie wollen sich gern mit einem Unternehmen identifizieren, aber dazu muss der Arbeitgeber eben auch anständig performen.

Die Kundensicht einzunehmen bedeutet für Unternehmen auch, Geld zu sparen: Funktionieren Produkte und Prozesse von Anfang an vernünftig, erübrigen sich ressourcenintensive Supportbemühungen. Berücksichtigen Unternehmen von Anfang an die Belange ihrer Kunden, nimmt die Zahl der Beschwerden ab und der Bearbeitungsaufwand geht zurück. Wie viele Mitarbeiterinnen und Mitarbeiter in der Kundenkommunikation beantworten Fragen, die sich bei einer kundenorientierten Produkterklärung oder einem verständlichen Handbuch gar nicht erst stellen würden? Bis eine technische Frage zufriedenstellend beantwortet ist, hat sich manchmal schon eine wahre Brieffreundschaft mit dem unzufriedenen Kunden entwickelt.

Wo ist links und wo ist rechts?

Ein ganz einfaches Gedankenmodell, um zu verstehen, worum es bei der Kundenbrille geht, ist folgende Überlegung: Stellen Sie sich vor, Sie stehen auf einer Bühne. Sie zeigen mit Ihrer Hand aus Ihrer Sicht nach links und sagen: „Dort links geht es nachher zum Mittagessen.“ Dann werden sich Hunderte fragen, wovon Sie sprechen. Denn aus deren Sicht deuten Sie nach rechts. Ihr Publikum muss jetzt umdenken, nur weil Sie aus Ihrer Perspektive kommunizieren. So verlangen Sie Hunderten von Gehirnen eine Rechenleistung ab, die Sie selbst einmal für alle übernehmen könnten, ohne dass es deswegen die hundertfache Arbeit wäre. Wer das einmal verstanden hat, zeigt künftig aus seiner Sicht nach links und sagt: „Dort rechts geht es nachher zum Mittagessen.“ So entlasten Sie die Gehirne Ihres Publikums und kommunizieren aus Kundensicht. Es entsteht keine Irritation und Sie leiden nicht unter vermeidbaren Fragen.

Wir müssen nur verstehen, dass sich die Dinge aus der Perspektive anderer Menschen anders darstellen und auch anders erklären.

Darum geht es vereinfacht beim Thema Perspektivenwechsel und Kundenorientierung. Das heißt: Schreiben Sie nicht Hunderte von Supportseiten zu Ihrer Software, sondern programmieren Sie eine intuitiv anwendbare Software. So wie Sie mit einem Kind in einer Sprache sprechen, die das Kind versteht, sollten Sie im Umgang mit Kunden eine Sprache verwenden, die der Kunde versteht. Und als Gründerin oder Gründer sollten Sie schauen, dass Sie Ihre Kompetenz in ein ökonomisch brauchbares Konzept übersetzen, wobei Sie nicht Ihr Produkt in den Vordergrund stellen, sondern Ihre Kunden.

Ich wünsche Ihnen viel Freude bei der Lektüre und maximalen Geschäftserfolg durch den Perspektivenwechsel in die Kundensicht.

BUSINESS-DENKEN ALS BASIS

Etwa 80 Prozent der Gründungen scheitern innerhalb der ersten drei Jahre.[3] Der Grund dafür ist oft nicht, dass die Geschäftsideen schlecht wären. Der Grund ist auch nicht, dass den Gründern die fachliche Kompetenz fehlt. Der Grund ist in aller Regel: Den Gründern fehlt die Kompetenz, ihr Produkt als attraktives Angebot auf die Straße zu bringen und seinen Nutzen so zu erklären, dass die Zielgruppe ihn als relevant erkennt. Viele denken einfach anbieterorientiert statt kundenorientiert.

Das Problem ist nicht, dass die Leute dumm oder unkreativ wären. Es ist auch nicht so, dass sie keine guten Ideen hätten. Der Punkt ist: Sie bekommen sie nicht in die Realität umgesetzt. Es scheitert oft nicht an der Idee, sondern am Geschäftsmodell. Zahlreiche gute Ideen würden unser Leben bereichern, wenn bereits die Schule den Aufbau und die Funktionsweise von Geschäftsmodellen systematisch vermitteln würde.

Es mangelt nicht an guten Ideen, sondern an der Fähigkeit, Ideen in die Tat umzusetzen.

Den Kern von Wirtschaft verstehen

Woher kommt es eigentlich, dass so viele Gründerinnen und Gründer am Markt vorbeigründen? Woher kommt es, dass so viele etablierte Unternehmen am Kunden vorbeiagieren?

Die Hauptursache ist vermutlich das mangelhafte Verständnis der Öffentlichkeit für Wirtschaft. Die wenigsten Menschen wissen, was Wirtschaft ist. Die allermeisten Menschen haben von Wirtschaft ein völlig verzerrtes, lückenhaftes oder auch vollkommen falsches Bild. Sie verbinden mit „Wirtschaft" höchstens den Deutschen Aktienindex (DAX) und raffgierige Manager. Dass Wirtschaft viel simpler und bodenständiger ist, hat sich noch nicht durchgesetzt. Und so wissen jede Menge kreative Leute nicht, wie sie ihre guten Ideen in marktfähige Produkte verwandeln. Ihnen hat eben nie jemand gesagt, wie das geht. Stattdessen herrschen marktfeindliche Narrative wie:

- „Unternehmer sind böse Kapitalisten, die sich die Taschen vollmachen."
- „Unternehmer denken nur an sich selbst, sie sind egoistisch und unsolidarisch."
- „Wer sich selbstständig macht, ist selbst schuld, weil er dann unsicher lebt."

Dass Wirtschaft die Basis jeder Gesellschaft ist, ohne die niemand ein Dach über dem Kopf hat, verstehen erschreckend viele Menschen nicht. Dass jeder Handwerker um die Ecke Wirtschaft ist, indem er Menschen Lösungen anbietet, die sie brauchen, ist in dem wirtschaftsfeindlichen Klima unserer Gesellschaft nicht präsent. Vor allem Schule und Uni versagen auf diesem Gebiet grandios. Sie sollten vermitteln: Wer anderen etwas anbietet, was sie brauchen, handelt zunächst einmal altruistisch, also im Sinne der anderen. Dadurch generiert er ein Einkommen und bezahlt Steuern und trägt dadurch zum Gemeinwesen bei. Sich ökonomisch zu betätigen ist also etwas höchst Soziales.

Ich will die gesellschaftspolitische Dimension dieses Themas hier nicht allzu sehr vertiefen und stattdessen auf „Dodoland" verweisen, das aktuelle Buch von Martin Limbeck (* 1966; siehe Literaturliste). Folgen wir seiner Argumentation, führt die Verachtung von Selbstständigen und Unternehmern am Ende zum gesellschaftlichen Zusammenbruch.

Im Mittelpunkt von Wirtschaft steht der Kunde

Der gesellschaftliche Unverstand in Sachen Wirtschaft bewirkt schon auf einfachster Ebene, dass die Akteure die Kundensicht ignorieren. Oft fehlt schlicht die Fähigkeit, zu kommunizieren.

So denken beispielsweise unzählige Physiotherapeuten, eine Liste ihrer Methoden in weißen Buchstaben auf dem Glas des Schaufensters („Craniosacraltherapie", „Alexandertechnik") erschlösse sich dem Publikum. Sie kommen aus einem Bildungssystem, das Fachkompetenz für Eignung hält und den Menschen vermittelt, Qualifikation sei alles. Diesem Briefing gehorchen die Menschen. Wer sollte es ihnen verdenken? Es ist die offizielle Lehrmeinung einer Gesellschaft, die Entrepreneurship im Kern nicht versteht. Dass das Briefing vorrangig von Vertreterinnen und Vertretern des öffentlichen Dienstes kommt und daher von einem unzutreffenden Weltbild „geprimt" ist, hinterfragt so gut wie niemand. Die Leute folgen einfach dem offiziellen Mindset.

Doch spätestens wenn wir an der Scheibe eines Physiotherapeuten „E-Technik" lesen, fühlen wir uns irregeleitet. Elektrotechnik in der Physiotherapie? Nur ein kleiner Punkt ist der Unterschied: „E.-Technik" lautet die Methode – der markenrechtlich geschützte Begriff ist ebenso wenig selbsterklärend wie die „Craniosacraltherapie".

Viele Geschäftsmodelle misslingen, weil die Entwickler in eigenen Sphären schweben. Die Perspektive des Kunden fällt unter den Tisch. Das ist ein Phänomen vor allem auch in der IT, deren Protagonisten oft genug zu glauben scheinen, Menschen könnten Gedanken lesen und verstünden auch die krudesten Benutzeroberflächen. Oder Prozesse sind nicht durchdacht, weil das Produkt nicht wie versprochen funktioniert, weil man den Support nicht erreicht, weil der Support Unsinn erzählt oder weil der Support den Kunden die Zeit mit langatmigen Fehlersuchen raubt, die sich aus irgendwelchen internen Checklisten ableiten, für die der Kunde keine Zeit hat und die völlig am Problem vorbeigehen.

Oder Kunden springen ab, weil das Produkt einfach obsolet geworden ist. Fürs iPhone gab es mal Taschenlampen-Apps. Wozu sollten wir so eine App installieren, seit das iPhone selbst eine Taschenlampenfunktion hat? Wozu ein werbefinanziertes Filmlexikon im Netz, wenn schon die Wikipedia die meisten Filme gut beschreibt?

Manchmal geht es auch gar nicht darum, dass Unternehmen Kunden verlieren. Oft gewinnen sie erst gar nicht welche. Das Produkt ist programmiert, die Website ist fertig, eine hübsche Kreditsumme steckt im Marketing – aber niemand beißt an.

Oft ist ein Business auch falsch konstruiert. Ein Geschäft ist im Grunde eine Maschine: Es besteht aus Elementen, die miteinander harmonieren und etwas produzieren. Bei einer Maschine greifen Einzelteile ineinander, und im Idealfall entstehen beim Laufen keine Reibungsverluste. Im Business geht es um unterschiedlichste Elemente, je nach Branche und Positionierung: Ressourcen, Daten, IT, Produkt, Auslieferung und vieles andere. Es gilt, nur die Elemente zusammenzubauen, die tatsächlich nötig sind, und zwar ebenfalls ohne Reibungsverluste. Oft fehlt einfach nur ein Element. Oder ein Element ist fehlerhaft oder harmoniert nicht mit den anderen.

Was lehren Managementausbildungen?

Wie man ein Unternehmen gründet – der eigentliche Entrepreneurship-Gedanke –, vermittelt uns kaum jemand. In herkömmlichen Managementausbildungen lernen junge Menschen vor allem, wie sie ein funktionierendes Unternehmen leiten. Also ein Unternehmen mit Geschäftskonzept und Bestandskunden. Wer dann als Trainee in einem längst bestehenden Unternehmen anfängt, hat es natürlich leicht, sein MBA-Wissen in die Tat umzusetzen. Denn sämtliche „Business Cases" aus dem Studium finden sich ja in dem Konzern wieder. Das ganze Denken in Prozessen und Projekten aus dem Studium ist im Unternehmen abgebildet. Es bedarf keinerlei Kreativität, um als junger Manager in einem Konzern anzufangen. Es genügt völlig, den vorgesehenen Prozessen zu folgen und alles nach Schema F zu erledigen. Ganz so, wie man es gelernt hat.

Dabei ist Entrepreneurship genau das Gegenteil von Schema F. Es ist kreativ und agil. Es geht immer darum, zu erfassen, was andere Menschen brauchen.

Auch wie ein Unternehmen auf Krisen und andere unvorhergesehene Disruptionen reagieren sollte, findet in der Lehre kaum statt. Der Gedanke der Empathie, also die Fähigkeit, sich in die Perspektive des Kunden zu versetzen, ist dem Wesen der MBA-Ausbildung schon deswegen fremd, weil das Menschliche nicht in das gewohnte technokratische Weltbild passt. So unterliegt Management beispielsweise dem Irrtum, auch das Menschliche – etwa der Kundenkontakt – ließe sich automatisieren. Doch das gelingt nur unter ganz bestimmten Bedingungen.

Die wichtigste Kennzahl ist der GMV – der gesunde Menschenverstand.

Manager kürzen ja gern alles ab. Sie sprechen vom „KPI" als „Key Performance Indicator" oder vom „CPC" als „Cost per Click". In den Unternehmen und Managementausbildungen fehlt aber vor allem eine entscheidende Abkürzung: der „GMV". Das ist der „gesunde Menschenverstand" des hemdsärmeligen Mittelständlers, der auf eigene Kosten ein Unternehmen betreibt und deshalb viel weniger technokratisch denkt als seine Managementkollegen in Konzernen. (Die Abkürzung habe ich übrigens von der Quality Group GmbH in Böblingen, die mich einmal als Redner eingeladen hat.

Er, der Unternehmer, versteht etwas von Empathie. Denn er muss tatsächlich an den Kunden denken, um zu überleben. Viele Konzerne haben sich mit ihren Prozessen so verselbstständigt, dass zahlreiche Mitarbeiter alles Mögliche machen, ohne jemals auch nur über den Kunden nachzudenken. Der Unternehmer hat auch das Zeug, um ein Unternehmen zu gründen. Klassische Manager lernen im Grunde lediglich, Unternehmen zu führen.

Doch dass in ihrer Ausbildung etwas fehlt, sehen viele Manager und Managerinnen nicht. Sie glauben, ihr Know-how sei perfekt. Vielen ist nicht bewusst, dass Manager und Unternehmer zwei grundverschiedene Dinge sind. Grob gesagt: Ein klassisches MBA-Studium formt keine Unternehmer, sondern Manager. Es formt keine Ergebnisorientierung, sondern Regelorientierung. Unser gesamtes Bildungssystem hat es sich zum Ziel gesetzt, die Menschen zur Regelorientierung auszubilden. Wer ergebnisorientiert denkt, ist Paradiesvogel.

Und genau diese Lücke im Denken ist die Ursache für vieles. Für den geschäftlichen Misserfolg von Start-ups und auch für zahlreiche Ärgernisse aufseiten von Konzernkunden. Der Mangel an unternehmerischem Denken bewirkt einen Mangel an konkretem Denken im Sinne des Kunden und führt zu Unternehmenskulturen, die am Ende in technokratischen, bürokratischen und anderen kundenfeindlichen Prozessen ersticken. Kundenorientierung findet gar nicht mehr statt. Viele Konzerne erinnern mit ihrer Performance an abstrus überregulierte Staatsgebilde wie aus den Romanen von Franz Kafka (1883–1924), in denen der kleine Mann überhaupt keine Chance hat, mit seinem einfachen

Anliegen durchzukommen. Man hört ihn nicht einmal richtig an. Schon oft, wenn ein IT-Unternehmen nicht verstehen wollte, worin der Fehler besteht, habe ich mich wie in einem Kafka-Roman gefühlt. Sie auch?

Zugleich ist es die Ursache dafür, dass sich so viele Unternehmen so schwertun mit ihrer Kommunikation und ihrem Umgang mit Kunden. Sie unterliegen dem Irrglauben, allein die fachliche Kompetenz zähle, wenn es um Erfolg im Business geht.

Die Basis für Geschäftserfolg ist also in allererster Linie die Fähigkeit, unternehmerisch zu denken und zu handeln. Das umfasst völlig andere Qualitäten als Managementkompetenz, und der Gedanke der Kundenorientierung gehört hier unbedingt dazu. Dieser erfordert die Fähigkeit, das Ganze von außen zu betrachten und immer wieder zu überlegen, ob alles Sinn hat. Management betrachtet oft nur einzelne Prozesse. Wichtiger aber ist es oft, das gesamte Räderwerk zu betrachten und zu prüfen, ob die Maschine richtig läuft. Statt eines kleinteiligen Blickes ist oft erst ein Blick aufs große Ganze nötig.

Lassen Sie uns mal schauen, welche Denkweisen das betrifft.

In Ergebnissen statt in Funktionen denken

Fangen wir mit einer ganz grundsätzlichen Unterscheidung an. Denken Sie in Funktionen oder in Ergebnissen?

Die Frage ist nicht ganz banal. Es gibt tatsächlich Menschen, die fast ausschließlich in Funktionen denken. Und ich behaupte: Diese Menschen haben es schwer, wenn es darum geht, eine Geschäftsidee zu entwickeln. Sie haben es dagegen leicht, wenn es darum geht, Prozesse zu lenken.

„In Funktionen denken" – das meine ich tatsächlich im mathematischen Sinne. Vermutlich erinnern Sie sich an Funktionen nach dem Muster „y = f (x)". Das heißt: y ist die Funktion von x. y entspricht also der Regel, die wir x zuteilen. An einer Kurve in einem Koordinatensystem sehen wir dann, wie sklavisch sich die Funktion von x an die Vorgabe hält. Sie tut genau, was wir ihr sagen. Sie weicht nicht ab, sie ist brav.

Das Denken in Funktionen ist ein Denken in Wenn-dann-Abhängigkeiten. Klassisch finden sich solche Funktionen in Regeln. Eine solche Regel könnte lauten: Die Funktion (Regel) eines Autos ist es unter anderem, nicht im Halteverbot zu stehen. Wenn ein Auto im Halteverbot steht, widerspricht die Realität unserer Regel. Wir erkennen einen „Fehler". Damit greift eine weitere Regel: Sie definiert, dass wir Fehler sanktionieren. Also schreiben wir einen Strafzettel.

Das gleiche Prinzip gilt für Unternehmensprozesse. Die Regel lautet zum Beispiel: Wenn ein potenzieller Kunde anruft, schicken wir ihm unser Standardangebot nach Schema F, möglichst automatisiert. Regeln und Prozesse brauchen wir im Unternehmen natürlich. Aber wir berücksichtigen dabei möglicherweise nicht, dass schon jemand mit dem Kunden gesprochen hat. Ein Standardangebot dürfte diesen Kunden vermutlich irritieren. Regeln und Prozesse unterliegen also einem Sinn.

Automatisierte Prozesse führen nicht zu individuellen Ergebnissen.

Das Denken in Wenn-dann-Abhängigkeiten ist sehr typisch für regelorientierte Denker. Es ist zunächst einmal auch nicht schlecht, weil wir dadurch nicht ständig das Rad neu erfinden. Sondern wir automatisieren bestimmte Prozesse einfach so, dass wir nicht mehr darüber nachdenken müssen. Das Denken in Funktionen steht uns allerdings dann im Weg, wenn wir etwas Kreatives auf die Beine stellen wollen oder sollen. Zugleich sehen es regelorientierte Menschen oft auch gar nicht ein, von der Regel abzuweichen, nur weil schon jemand mit dem Kunden gesprochen hat. Dieser Umstand ist einer der wichtigsten Gründe dafür, dass Unternehmen am Kunden vorbeiagieren.

Regelorientierte Menschen interessiert es auch nicht, *warum* ein Auto im Halteverbot steht. Sie erfüllen einfach nur ihre Funktion. Arbeiten diese Leute beim Ordnungsamt oder bei der Polizei, ist das auch ihre Aufgabe. Es geht im öffentlichen Dienst ausdrücklich darum, dass Menschen „Funktionen erfüllen". Das Denken in Funktionen ist ein Wesensmerkmal der öffentlichen Verwaltung.

Der Sinn des Lebens für Regelorientierte: Die Realität entspricht den Vorschriften.

Sicher: Auch ergebnisorientierte Denker bedienen sich vieler Funktionen – allerdings nur, sofern sie sinnvoll sind. Ist eine Funktion sinnlos oder wirkt sie sich negativ auf das Ergebnis aus, hält man nicht an der Funktion fest, sondern hinterfragt oder beseitigt sie. Und ein Ergebnis ist dabei nicht unbedingt nur ein Betriebsergebnis, sondern jede Form von Wirkung. Für ergebnisorientierte Denker gilt: Entspricht die Wirkung eines Prozesses dem Ziel – also dem gewünschten Ergebnis –, ist das ein Erfolg. Führt dieser Prozess zu etwas anderem als zum Ziel, ist das ein Misserfolg (oder auch einfach nur ein Zufallstreffer). Dann kommt der Prozess auf den Prüfstand. Auch Regeln, deren Folgen unsinnig sind, können dann plötzlich verschwinden. Für ergebnisorientierte Denker haben Prozesse niemals einen Selbstzweck. Sie hinterfragen Prozesse rigoros.

Ganz anders ticken regelorientierte Denker: Für sie ist es ein Erfolg, wenn die Realität der Regel entspricht und wenn die Prozesse so funktionieren, wie sie aufgesetzt wurden – unabhängig davon, ob so ein Prozess zu einem sinnvollen Ergebnis führt.

Zusammengefasst lässt sich wohl sagen: Regelorientierte Denker sind bestrebt, alles „richtig zu machen". Ergebnisorientierte Denker dagegen wollen „das Richtige tun". Ein riesiger Unterschied: Es kann sein, dass das korrekte Befolgen einer Regel genau das Falsche ist. Weil es zum Beispiel einen Kunden abschreckt.

Wirksam führen

Das ergebnisorientierte Denken wirft noch einen weiteren Aspekt auf: den des wirksamen Führens. Wirksame Führung, wirkungsvolle Leadership – damit meinen Manager und Führungskräfte, dass ihre Aktionen nicht verpuffen, sondern tatsächlich etwas bewirken.

Nun hat alles irgendeine Form von Wirkung. Da die Welt kausal ist und die Dinge Gründe haben, führen die Dinge eben auch zu etwas. Und hier kommt eine Überlegung ins Spiel, die vielleicht zunächst banal erscheinen mag, auf die es aber ankommt. Denn Führungskräfte wollen durchaus nicht *irgendeine* Wirkung. Sie wollen eine *erwünschte* Wirkung. Sie wollen nicht *irgendwelche* Ergebnisse, sondern *brauchbare* Ergebnisse. Sie wollen, dass das Ergebnis ihrem Wunsch entspricht, also ihrem Ziel. Sind Ziel und Ergebnis identisch ist das ein Erfolg. Führungskräfte meinen also, wenn sie von wirksamer Führung sprechen, im Grunde erfolgreiche Führung.

Diese Spitzfindigkeit ist deswegen wichtig, weil verschiedene Menschen Verschiedenes unter „Leistung" oder „Arbeit" verstehen. Wer nicht ergebnisorientiert denkt, arbeitet mitunter stundenlang oder tagelang für den Papierkorb, aber empfindet das, was er tut, als „Arbeit". Obwohl es überhaupt nichts bringt außer ihm ein Gehalt. Das birgt jede Menge Konfliktpotenzial: Die Führungskraft bittet händeringend um Ergebnisse, und der Mitarbeiter sieht das Problem gar nicht. Er ist seit acht Uhr am Platz, er führt seine Telefonate und macht seine Pausen, er spricht mit Kollegen über Projekte, geht zum Mittagessen und besucht seine Meetings. Das ist doch Arbeit! Wenn er am Abend nach Hause kommt, denkt er tatsächlich, er hätte etwas geschafft. Am Freitag sagt er, nun gehe eine anstrengende Woche vorbei. Am Wochenende erholt er sich davon. Alles das ist aus seiner Sicht kein ergebnisloser Zustand. Schließlich ist er ja platt nach Feierabend. Und er ist Angestellter. Alles Zeichen dafür, dass er „arbeitet".

Aber er denkt eben nicht ergebnisorientiert und weiß daher nicht, dass es nur um brauchbare Ergebnisse geht. Seine „Arbeit" ist im schlimmsten Fall keinen Pfifferling wert und insofern aus Sicht eines Unternehmers keine Arbeit.

Wirkungsvolle Führung bedeutet nun, Menschen zu diesen brauchbaren Ergebnissen anzuleiten, und zwar am besten so, dass sie eigenständig Ergebnisse bewirken. Ohne dass die Führungskraft ständig prüfen muss, wie weit er oder sie ist. Damit das funktioniert, ist eines unabdingbar: Der Mitarbeiter muss den Sinn seines Handelns erkennen. Er muss wissen, welchem großen Ziel das alles dienen soll. Er muss mit diesem Ziel einverstanden sein und es vertreten, er muss also tatsächlich davon überzeugt sein, dass seine Arbeit ein sinnvoller Beitrag dazu ist.

Ebenfalls Bedingung ist eine klare Orientierung. Bevor wir losgehen, sollten wir nicht nur unser Ziel kennen, sondern wir sollten auch wissen, wo wir stehen. Wenn wir nicht wissen, wo wir sind, hat es in der Wildnis keinen Sinn, nach Südwesten zu gehen. Denn damit ist nicht klar, dass wir unser Ziel erreichen. Die Richtung hängt also maßgeblich vom Status quo ab. Eine Führungskraft kann einem Mitarbeiter auftragen, eine Kommunikationsstrategie zu erstellen. Aber wenn der Mitarbeiter im Unklaren darüber bleibt, dass für das Onlinemarketing bereits eine externe Agentur vorgesehen ist, die in vier Wochen ihre Arbeit aufnimmt, startet er von einem unbekannten Standort aus und seine Arbeit ist völlig sinnlos. Er erzielt dann zwar ein Ergebnis, aber dieses Ergebnis ist nicht brauchbar. Gute Führungskräfte wissen das und lassen ihre Mitarbeiter darum am entscheidenden Wissen teilhaben.

Wirkungsvolle Führung bedeutet auch keine Absage ans prozessorientierte Denken. Prozessorientierung und Ergebnisorientierung sind zwar zwei konträre Ansätze, aber sie bedingen und brauchen einander. Prozesse und auch Prozessmanagement sind unbedingt nötig, damit wir von einem bekannten Standort aus

Ziele erreichen und Ergebnisse bewirken können. Denn nur Standort und Ziel zu kennen genügt nicht. Die Frage ist immer auch: Welcher ist der beste Weg? Und dann geht es um die einzelnen Schritte auf diesem Weg.

Kein Prozess ohne Ziel – und kein Ziel ohne Prozess!

Natürlich gilt das auch für das Projektmanagement, und deswegen kurz zum Unterschied: Prozessmanagement definiert die Schritte in Unternehmensprozessen, die üblicherweise wiederkehrend sind. Also zum Beispiel die „Customer Journey" von einer Facebook-Werbung über die Landingpage zur Anmeldung oder zum Kauf. Oder der Weg einer Reklamation. Projektmanagement dagegen definiert die Schritte in einmaligen Prozessen, beispielsweise bei einer Firmenfeier an einer neuen Location. Bei beiden Managementaufgaben geht es darum, den Standort sowie das Ziel zu kennen und den Weg vom einen zum anderen exakt zu planen. Vereinfacht gesagt: Wenn die Aufgabe lautet, genug Kerzen fürs Event zu kaufen, dann ist dafür die Information entscheidend, wie viele Kerzen eventuell noch da sind und wo es genau diese Art von Kerzen zu kaufen gibt.

Wir kommen später noch detaillierter zur Frage, wie sich Prozesse sinnvoll aufsetzen lassen. Im Zusammenhang mit dem ergebnisorientierten Denken ist erst einmal wichtig: Prozesse ordnen sich dem Ziel unter. Beziehungsweise: In einem gesunden Unternehmen gibt es keine Prozesse ohne Ziel. Wir definieren zuerst das Ziel, ermitteln dann den Standort – und wenn beides sonnenklar ist, definieren wir jeden einzelnen Schritt auf dem Weg zum Ziel. Dass wir gerade beim Projektmanagement später auch mal vom Weg abweichen und improvisieren, steht außer Frage. Beim Prozessmanagement wäre das ein Hinweis darauf, dass der Prozess nicht klug aufgesetzt ist und dass wir ihn reparieren müssen. Oder durch einen anderen Prozess ersetzen. Gerade für Gründerinnen und Gründer ist der Aspekt entscheidend, wie ich finde.

Doch so, wie es keinen Prozess ohne Ziel gibt, gibt es auch kein Ziel ohne Prozess. Denn wenn wir den Weg nicht kennen, kommen wir nicht an. Vor allem in kreativen Berufen sind Gründer oft so ergebnisfixiert, dass sie für die Notwendigkeit von Prozessen nichts übrighaben. Ihnen sind Prozesse zu bürokratisch und zu spießig, sie wollen lieber hip und schick sein. Auch daran können Unternehmen scheitern.

Zum Beispiel habe ich einmal für ein Start-up in einem Projekt mitgearbeitet und bekam als Externer nur unter Schmerzen Zugriff zu den erforderlichen Dateien. Per E-Mail hieß es, jemand habe mir ein Dokument freigegeben. Ich klickte drauf und las: „Kein Zugriff", und ich müsste den Zugriff anfordern. Mehrmalige Anforderungen führten zu nichts. Meine Ansprechpartner konnten mir auch nicht sagen, wo diese Anforderungen landeten und ob sie überhaupt jemals ein denkender Mensch zu Gesicht bekommen würde. Technisch war das Ganze eine Blackbox.

Das Problem war: Das Unternehmen wollte alles „neu denken". Es stimmt natürlich, dass viele etablierte Prozesse umständlich und unzeitgemäß sind, und es spricht nichts dagegen, schlechte Prozesse durch bessere zu ersetzen. Aber Ziele vorzugeben und den Leuten dann nicht zu ermöglichen, sie zu erreichen – das ist keine wirkungsvolle Führung. Wochenlang haben wir uns mit diesem Technik-Issue herumgeschlagen, bis ich es zum CEO eskaliert habe. Dessen Antwort war sinngemäß: Mit solchen Niederungen wolle er sich nicht befassen, ich möge mich damit doch bitte an die Abteilung wenden. Das hatte ich allerdings bereits mehrmals getan, ohne Ergebnis.

Die Quintessenz beim ergebnisorientierten Denken ist: Es ermöglicht zwar, dass wir sinnorientiert handeln und tatsächlich kluge Ziele definieren. Aber es erfordert eben auch, dass wir den Weg bereiten. Es mag kleinlich klingen, aber jeder kleinste Schritt muss eben definiert sein. Jede noch so geringfügig wirkende Etappe bedarf einer Beschreibung, wie wir sie erreichen. Nehmen wir als Beispiel ein Event. Da ist die Frage: Welches Auto steht wann wo? Wer fährt mit wem in welchem Fahrzeug wann von wo ab? Wo an der Location wird welches Fahrzeug parken? Wie stellen wir sicher, dass die Parkplätze im entscheidenden Moment auch frei sind? Wer entlädt wann welchen Lkw? In welcher Reihenfolge baut wer welche Technik auf? Wer hat welches Werkzeug dabei? Welche Rolle spielen Uhrzeiten, Ruhezeiten, Feiertage? Wer organisiert wie und für wann und wo welches Catering? Wo ist die Garderobe? Sind die Duschen in Schuss? Bringen wir selbst unsere Handtücher mit oder gibt es dort welche? Sind die Akkus voll? Eventmanagement ist ein Traum für Liebhaber von Prozessen. Da ist es nicht damit getan, dass das Ergebnis eine tolle Show sein soll. Sondern alles ist gefährdet, wenn im entscheidenden Moment ein Schraubenschlüssel fehlt, ein Fahrer Zahnschmerzen bekommt oder eine Zündkerze verschmutzt ist.

Mit diesen Niederungen wollen viele kreative Start-ups nichts zu tun haben – es ist ihnen zu „oldschool". Aber auch wenn zunehmend Vertreterinnen und Vertreter der Generationen Y und Z die Regie in Unternehmen übernehmen, also Menschen, die eine Welt ohne Internet gar nicht oder nur teilweise kennen: Am Ende performt die Welt konkret und vor allem analog. Menschen betreten Gebäude, es fängt an zu regnen, das Publikum hat keine Lust mehr, jemand braucht ärztliche Hilfe. Um alles müssen wir uns kümmern.

Dass das Digitale das Analoge verdrängt, ist insofern nicht richtig. Im Gegenteil wirkt sich das Digitale oft störend und damit sehr analog aus: Die Dateifreigabe funktioniert nicht, aus den Boxen ist ein störendes Brummen zu hören, die Dateiversion ist veraltet, zwei Systeme sind nicht kompatibel, die Netzverbindung fällt aus. Am Ende müssen wir als Menschen mit unserem Kopf denken, mit unserem Mund sprechen und mit unseren Händen handeln, ganz egal, welche Technik zur Verfügung steht.

Die Fähigkeit zum konkreten Denken in Ergebnissen und dafür sinnvollen Prozessen ist dabei unverzichtbar, gerät aber zunehmend in Vergessenheit.

Konvergentes und divergentes Denken

Der US-amerikanische Journalist Malcolm Gladwell (* 1963) unterscheidet in seinem berühmten Buch „Überflieger" („Outliers") zwei verschiedene Formen von Denken: das konvergente und das divergente Denken. Streng genommen geht dieser Ansatz auf Joy Paul Guilford (1897–1987) zurück.[4] Konvergent zu denken bedeutet, in Übereinstimmung mit einem System zu denken, also in Entsprechungen und Funktionen. Entsprechend gleichen Konvergenzdenker die Realität mit ihrer Vorstellung von Realität ab: Stimmt beides überein, ist es in Ordnung; weicht beides voneinander ab, ist es schlecht.

Das Denken in Funktionen hilft kaum bei der Kreativität.

Also: Verwendet jemand das fachlich korrekte Fachwort, gilt sein Verhalten als „richtig". Verwendet er es nicht, gilt es als „falsch". Und das ist eben ein Denkfehler. Eines meiner Lieblingsbeispiele im Seminar ist die fachlich korrekte Formulierung, die Polizei habe die Demonstranten mit Orthochlorbenzylidenmalonitril zurückgetrieben. Fachlich unzweifelhaft korrekt! Aber in keiner Zeitung und bei keinem Radiosender kommt der wissenschaftliche Name dieser Substanz zur Sprache. Sondern Medien sprechen und schreiben einfach von „Tränengas". Die fachlich korrekte Formulierung ist am Ergebnis gemessen sinnlos, weil sie niemand versteht und weil die Kommunikation dadurch misslingt. Oft ist es „das Richtige", fachlich ungenau zu sein (mehr dazu später im Kapitel „Anwenderorientiert statt fachlich denken"). Das verstehen ergebnisorientierte Denker problemlos. Regelorientierte Menschen wiederum haben damit ihre liebe Mühe.

Der entscheidende Punkt für den unternehmerischen Erfolg von Unternehmen dürfte sein: Die „Divergenzdenker" sind kreativ. Das Denken in Funktionen dagegen hilft bei der Kreativität kaum. Die Frage, was man mit einem Apfel machen kann, beantwortet ein Konvergenzdenker einfach: essen. Das ist sozusagen die Funktion eines Apfels – und der Konvergenzdenker denkt ja in Funktionen. Einem Divergenzdenker, der in Möglichkeiten und Ergebnissen denkt, fallen viele weitere Optionen ein: Wir können Apfelmus machen, Apfelsaft, Apfelkuchen. Ergebnisorientiertes Denken führt zu wesentlich mehr spannenden Ideen als rein funktionsorientiertes Denken.

Naturgemäß finden sich Konvergenzdenker vor allem in Berufen, in denen Regelorientierung und Prozessorientierung eine große Rolle spielen – beispielsweise unter Juristen, Steuerberatern, Beamten, IT-Leuten und oft auch in der Politik. Darum sind ja weite Teile unseres öffentlichen Lebens von einem Denken in Funktionen bestimmt, nicht von ergebnisorientiertem Denken. Und die Konvergenzdenker finden sich im Management – denn Management gilt als die Kunst, Unternehmensprozesse zu steuern.

Besteht der Sinn darin, Kunden zu gewinnen, ist für Divergenzdenker nicht der fachlich korrekte Ausdruck wichtig, sondern der aus Kundensicht treffende Ausdruck. Das Wort „Divergenz" bedeutet „Abweichung" und bezeichnet insofern unkonventionelles Handeln. Während sich Konvergenzdenker an Vergleichen orientieren („Benchmarking"), kümmern sich Divergenzdenker oft überhaupt nicht um das, was schon da ist. Bei der Präsentation des ersten iPhones 2007 ging Steve Jobs auch auf vorhandene Smartphones ein – alle hatten eine Plastiktastatur und dienten darum in keiner Weise als Vorbild. Dem Divergenzdenker Jobs ging es darum, eine Alternative zu schaffen, die komfortabler war. Konvergenzdenker dagegen schauen konsequent, was die Konkurrenz an Maßstäben setzt

– mit der Folge, dass sich zahlreiche Produkte immer ähnlicher werden.

Ein weiteres gutes Beispiel für einen Divergenzdenker ist Helmut Schmidt (1918–2015), der im Jahr 1962 bei der Sturmflut als Hamburger Innensenator NATO-Truppen angefordert hat. Konvergent und regelorientiert gedacht, war das ein Rechtsbruch, eine Kompetenzüberschreitung. Es war ein Verstoß gegen das Prozessmanagement: Der Dienstweg sah einen solchen Schritt für den Hamburger Innensenator nicht vor. Schmidt hat also falsch gehandelt. Divergent gedacht, also am Ergebnis und am Sinn gemessen, war es allerdings richtig, weil diese Entscheidung Leben gerettet hat. Wir können also tatsächlich richtig und falsch zugleich handeln. Die Frage ist, welcher Bezugsrahmen gilt.

Wir können richtig und falsch zugleich handeln – es kommt dabei auf den Bezugsrahmen an.

Entsprechend bewerten Konvergenzdenker die Dinge anders als Divergenzdenker und es kommt mitunter zu Konflikten. Konvergenzdenker verstehen oft nicht, weshalb ihr Handeln falsch sein soll, wenn ein Divergenzdenker sie kritisiert – sie machen ja alles richtig. Dass ihr Handeln zwar einem definierten Prozess entspricht, aber in einem größeren Kontext falsch sein soll, erfassen sie nicht. Zugleich verstehen auch Divergenzdenker oft nicht, weshalb ihr Handeln falsch sein soll, wenn sie Ärger mit einem Konvergenzdenker bekommen, der zum Beispiel ihr Chef ist. Dass es auch mal darum gehen kann, einen Prozess einfach ohne nachzudenken zu befolgen, ist ihnen fremd.

Ergebnisorientiert statt rein prozessorientiert denken

Die Folgerung ist klar: Für unternehmerischen Erfolg – ob für Gründer oder etablierte Unternehmen – ist das Denken in Ergebnissen und Möglichkeiten unabdingbar. Zugleich ist das konvergente Denken nötig, wenn es darum geht, die Prozesse zu etablieren, die am Ende zum Ziel führen. Ein Unternehmen braucht also beide Denkweisen.

An konvergentem Denken mangelt es Unternehmen in aller Regel nie. Durch das regel- und prozessorientierte Denken gleichen viel zu viele störrische Unternehmen inzwischen eher einer kafkaesken Verwaltung als einer gewinnorientierten Organisation. Die Regel- und Prozessorientierung dominiert das Management, und das ist ein Konstruktionsfehler. Über die Folgen sprechen wir in diesem Buch noch ausführlich und vielleicht lässt sich das Problem so auf den Punkt bringen: Ist ein Prozess einmal etabliert, gilt er. Ganz egal, was geschieht, und ganz egal, wie sinnvoll er ist. Kennen Sie das? Brennt etwas an, fragt das Management oft nicht, ob der Prozess sinnvoll ist, sondern es justiert den Prozess.

Oft kann der Vertrieb mit den Unterlagen aus dem Marketing nichts anfangen.

Ein simples Beispiel erlebt nahezu jede Versicherung: Das Marketing im Innendienst – oft bestehend aus ablauforientierten Denkern, die Prozessmanagement lieben und sich seit Jahren nur darum bemühen, Scheinwelten zu erfinden – stellt Unterlagen für den Verkauf bereit. Der Außendienst – bestehend aus Vertrieblern, also ergebnisorientierten Denkern im direkten Kundenkontakt – kann mit den durch teure Agenturen konzipierten, wuchtigen Unterlagen nichts anfangen, weil die „Copys" und „Bilderwelten" einfach mal gar nichts mit dem Leben des Kunden zu tun haben. Marketingleute mögen im Einzelnen kreativ sein, aber diese Kreativität verlässt so gut wie niemals die Filterblase mit der Vorstellung, man müsse das Produkt des Unternehmens und seinen Nutzen auf eine ab-strakte und artifizielle Weise inszenieren. Als Berater in Unternehmen erlebe ich es oft, dass sich Marketingleute dagegen wehren, konkret und einfach aus Kundensicht über das Produkt und seinen Nutzen nachzudenken. Es muss meistens künstlerisch aufgeladen und fürchterlich originell sein.

Als Journalist denke ich redaktionell. Mich interessiert, was Sache ist. Ich komme vom Boulevard und versuche darum ständig, Themen immer noch weiter zuzuspitzen und noch konkreter zu machen, damit das Publikum sie für relevant erkennt und versteht. Und nicht nur beim Boulevard, sondern auch bei zahlreichen Abonnementmedien und vor allem beim öffentlich-rechtlichen Rundfunk rümpfen Redakteure über Marketingsprache die Nase. Das Inszenieren von Scheinwelten durch das Marketing hält Journalisten systematisch davon ab, redaktionell über Unternehmen und ihre Produkte zu berichten. Journalisten denken sehr kompromisslos im Sinne des Lesers, Hörers oder Zuschauers und verweisen Absender schicker Hochglanzunterlagen mit Marketing-Wording an die Anzeigenabteilung – ohne das Ganze überhaupt zu lesen. Journalisten riechen das Marketing und werfen die Broschüre oder das PDF sofort in den Müll, um Zeit zu haben für relevante Informationen.

Und das hat auch gute Gründe. Denn Redaktionen denken: Wer etwas zu sagen hat, kann es einfach sagen. Eine relevante Information benötigt kein Design und keine ausufernde Inszenierung. Eine relevante Information lässt sich in einer Zeile als Rohtext in Schreibmaschinenschrift transportieren. Plustert sich jemand auf, hat er mit großer Wahrscheinlichkeit nichts zu sagen (denn sonst würde er es ja sagen). Ein Vorurteil, sicher, denn auch unter buntem Marketing und gefühligen Werbebotschaften sind oft spannende Informationen vergraben, die für Medien interessant sein können. Und auch Medien designen ihre Headlines, gerade beim Boulevard. Aber so denken Redaktionen eben. Eine Marketingabteilung eines Unternehmens wird diese Konvention nicht ändern können.

Jedes Unternehmen kann versuchen, diesen Widerspruch zwischen Scheinwelt und Kundenrealität aufzulösen. Man könnte zum Beispiel die Konvention über Bord werfen, dass Marketing und Vertrieb verschiedene Bereiche sind. Denn in der gewohnten Konstellation arbeiten sie konsequent aneinander vorbei.

In Eignungen statt in Qualifikationen denken

Haben Sie schon einmal einen Verbandskasten fürs Auto gekauft, weil das Gültigkeitsdatum des alten abgelaufen war? Ganz bestimmt. Und haben Sie das mit der gleichen Einsicht in die Notwendigkeit getan, wie Sie im Auto auch den Sicherheitsgurt anlegen?

Die Frage zielt darauf, ob Sie eher konvergent oder divergent denken. Beides – einen aktuellen Verbandskasten an Bord zu haben und sich anzuschnallen – sind Regeln. Wir müssen ihnen folgen. Wobei die Gurtpflicht zweifelsohne Sinn hat. Die Wahrscheinlichkeit, sich bei einem Aufprall schwer zu verletzen, sinkt deutlich. Dagegen ärgern Sie sich möglicherweise über die zahlreichen Verbandskästen zu Hause mit abgelaufenen Verfallsdaten, die sie nur wegen des abgelaufenen Datums stillgelegt haben und deren Inhalt immer noch makellos ist. Ja, es mag sein, dass sich der Klebstoff einer Kleberolle mit den Jahren zersetzt, aber die Textilien und die Schere bleiben intakt.

Hinzu kommt die Frage: Wenn es kracht – was brauchen wir eigentlich von dem, was sich in so einem Verbandskasten findet? Die häufigsten Verletzungen bei Verkehrsunfällen sind Knochenbrüche und Prellungen. Danach kommen Sehnen- und Muskelverletzungen. Inwiefern hilft da der Verbandskasten? Sicher: Es ist nie falsch, Verbandsmaterial für Schnittwunden an Bord zu haben – aber das gilt auch zu Hause, im Schwimmbad und beim Picknick. Die Frage ist, ob Schnittwunden der wesentliche Punkt bei Verkehrsunfällen sind und ob der Verbandskasten tatsächlich das Problem löst. Und obwohl sich so ein Verbandskasten viel eher für Wanderungen und Radtouren mit Zelt und Rucksack in der Wildnis eignet, ersetzen wir regelmäßig brav unsere Verbandskästen im Auto, wenn das Datum abläuft. Wer regelorientiert tickt, tut das ohne Murren, weil Vorschrift Vorschrift ist.

Es scheint also sinnvolle und sinnlose Regeln zu geben. Die Gurtpflicht ist sicher sinnvoll. Aber eine Baustellenampel mitten in der Nacht im dünn besiedelten brandenburgischen Nirgendwo, wobei es um 20 Meter Feldweg geht – merkwürdigerweise fahren da fast alle bei Rot.

Es gibt sinnvolle Regeln und sinnlose Regeln.

Es geht hier um eine ganz wesentliche Frage im Umgang mit Regeln und Prozessen. Die Frage ist: Tun wir etwas, weil wir es müssen oder weil es Sinn hat? Also: Markieren wir unsere Aufzugtüren mit dem Hinweis „Im Brandfall nicht den Aufzug benutzen", weil es Vorschrift ist – oder bringen wir ein Schild an, das auch bei Dunkelheit und Qualm den Weg zur Treppe weist? Um diese Frage geht es in zahlreichen Situationen im Leben und auch bei jeder Form von Unternehmensführung. Wie realitätstauglich sind wir?

Natürlich haben auch ergebnisorientierte Denker Verbandszeug im Auto, klar. Wegen der Vorschrift. Aber sie stellen die Sinnfrage. Immerhin ist so ein Verbandskasten schon deswegen praktisch, weil eine Schere und Klebeband drin sind.

Apropos Schere. In meinem Gepäck habe ich auch Verbandszeug. Eine Abteilung meines Kulturbeutels ist die Erste-Hilfe-Abteilung. Darin befindet sich unter anderem eine große Papierschere, mit der ich Pflaster schneiden kann.

Einmal kam ich in Berlin direkt vom Hotel mit vollem Gepäck zum Eingang eines – sagen wir einmal – sicherheitsrelevanten Gebäudes, in dem ich ein Seminar geben sollte. Natürlich lief mein Koffer am Eingang wie am Flughafen durch das Röntgengerät. An die Schere hatte ich nicht gedacht – beim Fliegen spielt sie keine Rolle, weil sie ja nicht im Handgepäck ist. Aber hier hatte ich die Schere bei mir. Ein Sicherheitsmann sah sie auf dem Bildschirm und bat mich, den Koffer zu öffnen. Ich dachte schon, jetzt werde ich verhaftet – aber nein: Er sah Pflaster, Pflasterklebeband und Verbandszeug und ließ mich mit der Schere durch. „Schere für Erste Hilfe ist okay", sagte er.

Soll etwas korrekt sein oder soll es funktionieren?

Die Frage lautet also: Soll etwas korrekt sein oder soll es funktionieren? Die Frage betrifft unfassbar viele Lebensbereiche. Die offizielle Lehrmeinung lautet: Die Dinge sollen korrekt sein. Ich sehe es eher so, dass sie funktionieren sollen. Womit ich nicht sagen will, dass wir mutwillig gegen Vorschriften verstoßen sollten.

„Korrekt" bezieht sich auf das richtige, weil so vorgesehene Procedere. Beim Feuerlöscher achten wir daher nur auf das Ablaufdatum und nicht darauf, ob das Ding überhaupt etwas taugt. Wir unterliegen dem Fehlschluss, ein nicht abgelaufenes Haltbarkeitsdatum stehe für Qualität. Dabei sagt das Haltbarkeitsdatum nur etwas über das Alter von etwas aus, beispielsweise von Milchreis oder Feuerlöschern, und weniger etwas darüber, wie der Milchreis schmeckt oder wie gut der Feuerlöscher Feuer löscht.

Auch gilt es in vielen Unternehmen und Haushalten als „korrekt", defekte Produkte neu anzuschaffen, statt sie zu reparieren – weil man immer das Beste will. Das Neue sei automatisch gut, lautet die Vorstellung. Und wenn wir etwas reparieren, wollen wir es „fachgerecht" reparieren lassen. Also bringen wir unser Auto zur Vertragswerkstatt, obwohl die Eigenschaft „Vertragswerkstatt" nichts über die Qualität aussagt, sondern nur darüber, dass diese Werkstatt irgendwelchen Herstellervorgaben entspricht. Auch das Phänomen des „Workarounds", also das Umgehen des Problems, hat in der offiziellen Lehrmeinung keinen

Platz. Wir wollen „ordentliche" Lösungen – das empfinden wir als „State of the Art", als „korrekt".

Nehmen wir eine Klingelanlage in einem Hochhaus. Ein Freund von mir ist Elektroingenieur und sollte so ein Ding reparieren. In einer Wohnung kam kein Signal an. Wenn jemand unten die Klingel betätigte, klingelte es oben nicht. In diesem Fall stand der Immobilieneigentümer vor der Wahl: Entweder ersetzt mein Kumpel die gesamte Anlage – dann wird es richtig teuer und dauert lange, entspricht aber am Schluss wieder dem Standard. Oder mein Kumpel koppelt die eine Wohnung vom System ab und belegt eine andere Leitung – dann wird es preiswert und geht schnell, ist aber am Ende eine Improvisation. Wobei diese Improvisation nur für Techniker als solche erkennbar ist; für Bewohner und Besucher ist alles wie immer. Der Fehler ist nicht behoben, aber umgangen.

Welche Lösung hat der Immobilienbesitzer wohl gewählt? Genau – den Workaround. Der entspricht nicht der hohen Kunst, ist aber realistischer und vor allem preiswerter. Und er genügt. Damit sich spätere Techniker schnell orientieren können, hängt jetzt im Schaltkasten ein aktualisierter Schaltplan samt Handynummer meines Kumpels für den Fall, dass Elektriker nach ihm Fragen haben.

Nicht immer führt der korrekte Weg zum Ziel.

„Korrekt" ist es, den offiziellen Weg zu wählen. Der offizielle Weg ist aber nicht unbedingt immer der, der zum Erfolg führt. Im Fall der Klingelanlage hätte der offizielle Weg nicht zu dem Ziel geführt, dass die Reparatur der Klingelfunktion in einer von vielen Wohnungen den preislichen Rahmen nicht sprengt. Ein Ziel war also – neben der Reparatur – auch so etwas wie Angemessenheit.

Der offizielle Weg im Gesundheitswesen ist es, sich einen Arzt zu suchen. Der ist im Zweifel an der Approbationsurkunde zu erkennen. Viele Menschen orientieren sich einfach am Kürzel

„Dr. med.". Das nehmen viele Menschen über Jahre als Kompetenzgarantie wahr – bis sie irgendwann merken, dass ein Arzt noch lange nicht gut sein muss, nur weil er Arzt ist. Mit wachsender Erfahrung erkennen Patienten: Die Approbation sagt nur, dass jemand als Arzt tätig sein *darf*, nicht, dass er es auch *kann*. Und das, obwohl der Sinn der vielen Zertifikate und Urkunden einmal der war, die Qualität zu sichern. Aber dieses Qualitätssicherungssystem scheint nur begrenzt zu funktionieren. Würde es funktionieren, gäbe es keine schlechten Ärzte.

Ähnlich ist es auch bei Rechtsanwälten und Steuerberatern: Dass jemand als solcher tätig sein darf, sagt noch lange nichts über die Kompetenz. Bei Rechtsanwälten ist durch Studium und Zulassung im Grunde nur die Erlaubnis gesichert, tätig zu werden. Kompetenzen wie die, einen verständlichen Brief zu schreiben, garantiert die Qualifikation nicht. Auch ob ein Anwalt rasch einen Zusammenhang erkennt und mit dem Mandanten auf Augenhöhe spricht, ist nicht gesagt.

Und welchen „korrekten" Weg gibt es, um geschäftlich erfolgreich zu sein? Tja. Es ist nicht damit getan, eine Berufsausbildung abzuschließen und ein Gewerbe anzumelden. Das sind zwar korrekte Schritte, aber zum Erfolg führen diese Schritte noch lange nicht. Natürlich ist es korrekt und wichtig, formale Voraussetzungen zu erfüllen, sofern sie vorgeschrieben sind: Ohne Anwaltszulassung als Anwalt zu arbeiten, ist nicht zu empfehlen. Auf der anderen Seite ist eine Anwaltszulassung eben noch lange keine Garantie dafür, dass die Kanzlei brummt. Die Qualifikation garantiert weder Qualität noch Geschäft. Auch das schicke Geschäftspapier und die tollen Visitenkarten, die sich viele Gründer als erste Amtshandlung anfertigen lassen, garantieren in keiner Weise, dass der Kunde mit Auftrag droht.

Eine Qualifikation allein führt im Business übrigens ebenso wenig zum Erfolg wie in einer abhängigen Beschäftigung zur Karriere. Denn es geht in beiden Bereichen vorrangig um Kompetenzen, nicht um Qualifikationen. Auch in einem „festen Job" müssen wir Kompetenzen haben und nicht nur eine Qualifikation.

Entscheidend ist oft nicht die Qualifikation, sondern die Kompetenz.

Die Frage ist auch im Business: Soll es korrekt sein oder soll es funktionieren? Auch hier gilt: Sicher sollten wir nicht inkorrekt handeln. Mir geht es hier nur um die Priorität: Entscheidend ist, dass ein Geschäftsmodell funktioniert. Erst wenn das der Fall ist, hat es Sinn, darüber nachzudenken, wie man es auf korrekte Weise etabliert. Die Herangehensweise sollte also andersherum sein, als wir es in Schule, Ausbildung und Uni hören: Erst geht es um die Kompetenz und dann um die Qualifikation.

Qualifikation ≠ Kompetenz

Eine Qualifikation ist also eine offizielle Bescheinigung, eine Erlaubnis, die Erfüllung einer Regel. Eine Qualifikation zu haben, ist insofern konvergent gedacht. Die Prüfungsergebnisse entsprechen den Anforderungen, wir bekommen ein Zertifikat, das uns die Qualifikation bescheinigt – das ist Denken in Funktionen in Reinform. Dagegen spricht nichts, sofern wir eine Qualifikation brauchen, um loszulegen. Und wie gesagt ist das konvergente Denken an sich ja nicht schlecht. Für Abläufe brauchen wir es, und wir brauchen es auch, um uns gesetzeskonform durch die Welt zu bewegen.

Wie kompetent jemand ist, steht auf einem völlig anderen Blatt. Und wenn wir uns umschauen, dann beobachten wir: Es gibt nicht nur schlechte Ärzte, sondern auch schlechte Produktmanager, Supportmitarbeiter, Klempner, Spediteure, Agenturen, Taxifahrer – und auch schlechte Journalisten. Ich nehme meine Profession davon nicht aus. Es dürfte jeden einzelnen Beruf treffen. Denn alle Berufe in unserer Gegenwart unterliegen dem Denkfehler, es ginge vorrangig um Qualifikation. Insofern meint

„schlecht", dass eine oder mehrere Kompetenzen fehlen und dadurch die Arbeit unzureichend ist. Auch wenn die Qualifikation top ist.

Kompetenz ≠ Eignung

Und noch ein dritter Begriff ist wichtig: die Eignung. Nur weil jemand etwas kann, kaufen wir nicht bei ihm und stellen ihn nicht ein. Sondern er oder sie muss sich schon genau dafür *eignen*, was wir suchen.

Ich versuche, den Unterschied möglichst einfach zu beschreiben: Ein Jurist kann durch seine Examina und die Ausbildung zum Fachanwalt für Strafrecht hoch qualifiziert sein. Möglicherweise ist er auch höchst kompetent als Verteidiger in Mordsachen. Zugleich ist er aber vermutlich ungeeignet dafür, den Mörder seiner Tochter zu verteidigen. Zur Eignung gehört hier unbedingt die Unbefangenheit, also eine Distanz zum Fall.

Ein Steuerberater kann trotz hoher Qualifikation und Kompetenz völlig ungeeignet dafür sein, einem Selbstständigen aus den roten Zahlen herauszuhelfen, wenn er nichts davon versteht, wie dieser Selbstständige Neugeschäft generieren kann. Viele Steuerberater „beraten" auch überhaupt nicht, sondern sind lediglich Buchhalter.

Ein Hotelmitarbeiter kann qualifiziert und kompetent in allen Fächern rund ums Hotel sein – wenn er Angst vor Menschen hat, eignet er sich nicht für die Rezeption.

Oder noch simpler: Ein hoch qualifizierter und kompetenter Chirurg ist ungeeignet für seine Aufgabe, wenn er betrunken ist, 48 Stunden Dienst hinter sich hat oder sich bei einem Unfall einen Arm gebrochen hat.

Sofern es bei der Kompetenz also um die Fähigkeit im Sinne des Wissens und der Erfahrung geht, bezeichnet „Eignung" eher den Zustand, etwas tatsächlich zu können. Manche Leute eignen sich aufgrund ihrer Einstellungen nicht für manche Aufgaben, anderen fehlt einfach nur die Bereitschaft dafür. Vor allem Faulpelze und Chaoten eignen sich für fast nichts, ganz egal wie hoch qualifiziert und wie kompetent sie sind. Ein fachlich hoch spezialisierter Anwalt bringt überhaupt nichts, wenn er nicht erreichbar ist, Zusagen nicht einhält und Briefings nicht liest. Auch eignet sich kaum jemand für irgendeinen Job, der alles persönlich nimmt, was er hört, und daraus endlose Dramen zusammenspinnt.

Oder denken Sie an notorische Lügner und Intriganten. Leute, die uns in einer Tour vollquatschen und dabei nicht merken, dass sie uns die Zeit rauben. Oder denken Sie an missgünstige Zeitgenossen.

Ganz sicher sind Sie mit mir einer Meinung, dass keines dieser Kriterien etwas mit Qualifikation zu tun hat – sie deuten allesamt auf mangelnde Eignung hin. In so gut wie keinem Ausbildungsberuf und in keinem Studium gibt es meines Wissens Ausbildungsinhalte, die diesen Eignungsmängeln vorbeugen.

Entsprechend zählt vor allem die Eignung, wenn es darum geht, ob wir jemanden einstellen oder etwas kaufen – was ja im Prinzip das Gleiche ist, weil wir in beiden Fällen Geld für eine Leistung ausgeben. Der- oder diejenige muss sich für den Job eignen, sonst hat die Einstellung keinen Sinn (entsprechend viele ungeeignete Leute sind übrigens bei Arbeitgebern beschäftigt, die nur die Qualifikation abfragen). Und jemand kann top qualifiziert und kompetent sein; er ist ungeeignet für den Job, wenn er Unruhe in den Laden bringt und wenn sich seine Ideen und Ansätze nicht mit den Unternehmensleitlinien vertragen.

Ob Sie ein Produkt kaufen oder jemanden einstellen: Am Ende zählt die Eignung.

Auch ein Produkt muss sich für uns tatsächlich eignen, damit es seinen Nutzen entfalten kann: Eine noch so gute Software ist ungeeignet, wenn sie sich de facto nicht anwenden lässt, weil sie sich nicht von selbst erklärt. Also kaufen wir solche Produkte nicht oder stoßen sie schnell wieder ab.

Auch Produkte müssen nicht nur „fachlich" gut sein, sondern sie müssen auch anwendbar sein. Und dabei zeigt sich, ob die Anbieter das Prinzip verstanden haben.

Manches Produkt eignet sich schlicht nicht für das, wofür es gedacht ist – ein schwarzer Ölmessstab beim Auto zum Beispiel ist so hirnrissig, dass man sich wundert, warum diese Fehlkonstruktion beim Hersteller niemandem aufgefallen ist. Wie will man da den Ölstand ablesen, möglicherweise bei schwachem Licht? Üblicherweise sind Ölmessstäbe silberfarben, damit sich das schwarze Öl optisch abhebt.

Oft verselbstständigen sich in Unternehmen eben die Prozesse – und am Ende prüft niemand mehr, ob eine Entscheidung überhaupt Sinn hat. Ganz grundlos ist der Kalauer nicht, dass die Leute im glatten Anzug die Entscheidungen treffen, aber die im karierten Hemd wissen, wie es geht.

Konzentration aufs Kerngeschäft? Nein, auf die Kernkompetenz!

Infolge der Coronakrise brachen weite Teile der Wirtschaft zusammen und damit jede Menge Business von Selbstständigen. Die staatlichen Coronahilfen haben manche Not gelindert, sicher.

Wenn Sie ein Seminar besuchen, steht vor Ihnen mit allergrößter Wahrscheinlichkeit eine Einzelunternehmerin oder ein Einzelunternehmer. Fast die gesamte Weiterbildung ist von Selbstständigen geprägt. Einige wenige Trainerinnen und Trainer sind angestellt, und einige wenige haben ihr Geschäft zu einer GmbH mit Mitarbeitern aufgebaut. Die große Masse sind Soloselbstständige.

Nun ist das Geschäft nicht wegen des Coronavirus zusammengebrochen, sondern wegen der Kontaktverbote und -beschränkungen – und auch rein präventiv. Selbst als Präsenzseminare erlaubt waren, haben viele Auftraggeber davon abgesehen und vereinbarte Termine abgesagt oder auf unbekannt verschoben. Eine Konsequenz war, das technische Modell der Wissensvermittlung in Richtung „online" zu verändern, und so haben zahlreiche Kollegen Studios aufgebaut. Von diesen Studios aus – ausgestattet mit Kameras, Rechnern, Beleuchtung und oft auch Bildregie und Tonmischpult – senden viele jetzt ihre Seminare als Streams über Zoom und andere Kanäle. Ich selbst hatte zwar auch vor der Krise ein kleines Studio, aber aufgerüstet habe ich erst mit Corona. Als klar war, dass es viel weniger Präsenztermine geben würde als bislang. Jetzt gibt es kein Seminar, in dem mich das Publikum nicht nach einer kleinen Studiotour fragt.

Warum erzähle ich das? Weil es immer wieder heißt, wir müssten uns in der Krise aufs Kerngeschäft besinnen, also Unnötiges von Bord werfen, und das tun, wodurch wir bisher die meisten Umsätze gemacht haben. Ein Denkfehler, wie ich finde – die Umsatzbringer brachen ja gerade weg. Wer sich als Trainer aufs *Kerngeschäft* konzentriert und auf Präsenzseminaren besteht, hat in so einer Krise keine Einnahmen. Stattdessen ist es klug, sich auf die *Kernkompetenzen* zu besinnen und zu überlegen: Wie lässt sich mit dem, was ich kann oder was wir können, unter den aktuellen Bedingungen Geschäft generieren? Und das kann etwas völlig anderes sein als das, wofür das Unternehmen einmal angetreten ist.

Bei der Firma Gerresheimer in Düsseldorf ist die Kernkompetenz die Herstellung von Spezialverpackungen aus Kunststoff und Glas – und so produzierte man im Zuge der Coronakrise Impfstoffampullen. Der Parfümbedarf war zurückgegangen und in der Folge auch der Bedarf nach Flakons.[5] Gerresheimer besitzt also eine Kompetenz in der Fläschchenherstellung und *eignet* sich genau zum Zeitpunkt der Krise als Lieferant von Impfstoffampullen, die Temperaturen von minus 70 Grad Celsius aushalten. Ohne die vielen anstehenden Impfungen wäre es vermutlich kein üppiges Geschäft geworden.

Es geht darum, sich zu fragen: Was können wir *eigentlich*? Also: Was ist der *eigentliche Kern* dessen, was wir tun? Und worin sind wir besser als andere? Was macht uns einzigartig nicht im Hinblick auf unsere Produkte, sondern im Hinblick auf das, was wir können? Der Punkt ist, groß zu denken und in Möglichkeiten. Es geht nicht darum, was wir bisher getan haben, sondern wofür wir die Ressourcen haben.

Welche Ressourcen haben Sie an Bord, mit denen Sie was genau können? Denken Sie möglichst groß.

Das heißt: Eine *Eignung*, im Unterschied zur *Kompetenz*, zeigt sich oft auch erst im Zusammenhang. Natürlich ist das Ziel von Gerresheimer, Einnahmen zu generieren und das Unternehmen und die Arbeitsplätze durch die Krise zu bringen. Aber das gelingt eben hier, indem ein Unternehmen schaut, was die Menschheit im Augenblick braucht. Viele mögen das ungern lesen, aber der Kern von Wirtschaft ist immer noch der Altruismus. Ohne anderen dabei zu helfen, ihre Probleme zu lösen, geht es nicht.

Und lassen Sie mich für die Qualifikation noch ein gutes Wort einlegen. Nicht dass Sie denken, ich hätte für fachliche Ausbildungen wie der zum Fachanwalt oder Facharzt nichts übrig. Das Gegenteil ist der Fall: Ich habe hohe Achtung vor Menschen, die so eine Ausbildung abschließen. Und ich leite daraus auch eine Art Qualitätsgarantie ab bezüglich der Inhalte.

Wenn ich es also mit einem Fachanwalt für Urheber- und Medienrecht zu tun habe, dann kann ich davon ausgehen, dass er den Unterschied zwischen einer Tatsache und einer Meinung kennt und dass er weiß, was das „Recht am eigenen Bild" ist.

Wenn jemand Elektroingenieur ist, dann wird er oder sie wahrscheinlich keinen Kurzschluss erzeugen. Bei einer Zahnärztin oder einem Zahnarzt gehe ich davon aus, dass er oder sie genau herausfindet, aus welchem Zahn der Schmerz kommt und aus welchem nicht.

Allerdings sollten wir diese handwerklichen Qualifikationen als die Basis betrachten. Dass jemand handwerklich qualifiziert ist – davon gehen wir aus. Es ist ein Must-have. Über die Qualifikation hinaus sind dann Aspekte wie die Kompetenzen und die Frage nach der Eignung wichtig.

Von klassischen Managern erdachte Produkte sind oft sehr stark im Marketing – das bringt aber nichts, wenn das Produkt sich nicht eignet. Manches Hotel ist zwar sehr schick, *eignet* sich aber nicht zum Übernachten. Zum Beispiel dann, wenn die Zimmerkarten notorisch streiken und man ständig mit seinem Gepäck wieder runterlaufen muss. Oder wenn das Personal sich nicht mit der Technik auskennt und sich der Beamer nicht anschließen lässt. Jede Menge Beweise für Nichteignung – doch die automatisierten Zufriedenheitsumfragen per E-Mail gibt es trotzdem. Seltsam. Kennt das Management etwa nicht die Produkt-Performance aus Kundensicht?

Natürlich funktionieren diese Hotels insofern, als sie Einnahmen erzielen. Aber sie sind ein Schlag ins Gesicht aller, die das Hotelhandwerk einmal gelernt haben.

Der Typus Manager, der die Kundenferne seiner Produkte nicht erkennt, bevölkert viele Unternehmen – je größer und anonymer ein Unternehmen, desto leichter kann er sein Unwesen treiben. Oft bestimmt er die Unternehmenskultur, und ein einstmals kundenorientiert gegründetes Unternehmen rutscht in die technokratische Unmenschlichkeit ab.

Aber auch als Gründer ticken viele Leute rein technokratisch. Mancher denkt zum Beispiel, er gründet „kurz mal" einen Buchverlag. Dessen Website ist dann voller Tippfehler und durchsetzt von der fürs Onlinemarketing üblichen Kindersprache („Lese dieses Buch") mit ihrem technokratisch verkürzten Gestammel wie die ständige Verwendung des kaufmännischen Und („&") anstelle des einfachen Wörtchens „und". Solchen vom Onlinemarketing geprägten Texten ist anzumerken: Die Verfasser sind quasi nicht alphabetisiert. Sie haben überhaupt keine Ahnung von Sprache und auch keine Wertschätzung dafür.

Oder sie gründen einen Bezahlservice, in dem der Kunde keine Möglichkeit hat, nach einem Umzug für ein Abonnement mit monatlichen Rechnungen seine Rechnungsadresse zu ändern – die Planer haben bei ihrer Unternehmensgründung einfach nicht weit genug gedacht. Demzufolge verschwenden sehr viele Kunden massenhaft Zeit, indem sie Prozessen hinterherrennen, die eigentlich geklärt sein müssten. Und der Zustand ändert sich nicht. Der Support sagt: „Bekanntes Problem." Woran liegt es? Mangelnde Wertschätzung gegenüber dem Handwerk der Kundenkommunikation, Ignoranz, Arroganz, Selbstgerechtigkeit. Die Dienstleistung an sich mag sinnvoll sein, aber zum alltäglichen Handling des Ganzen ist so ein Unternehmen ungeeignet.

Das Handwerk würdigen

In diesem Zusammenhang habe ich zwei dringende Appelle. Mein erster Appell ist ganz einfach: Würdigen Sie das Handwerk. Denken Sie bitte nicht, dass Sie der erste Mensch auf der Welt sind, der sich über ein bestimmtes Geschäftsmodell Gedanken macht, sondern schauen Sie, welche Erfahrungen es schon gibt. Glauben Sie Experten ruhig einmal, dass auch ein Handwerk wichtig ist, das Sie möglicherweise nicht kennen.

Dass zum Beispiel Sprache wichtig ist und dass das Marketing-Kinder-Deutsch, das uns in letzter Zeit in fast jeder Facebook-Werbung begegnet, nur ungebildete Kunden anzieht und die Klügeren verschreckt – wobei handwerklich korrekte Sprache die Dummen ja nicht irritieren würde. Die Dummen merken nicht, ob die Sprache stimmt, die bekommen Sie im Zweifel sowieso als Kunden. Aber die Klugen merken es. Und das sind – zum Glück!

– gar nicht so wenige. Auch wenn das Thema „Bildung" bei den allerwenigsten Gründern heute eine Rolle zu spielen scheint: Die professionellen Standards des Handwerks gelten auch dann noch, wenn die Dummen am Ruder sind.

Der zweite Appell: Holen Sie Menschen ins Unternehmen, die der technokratischen Dominanz etwas Schönes entgegensetzen. Viele potenzielle Kunden sind musikalisch und sprachbegabt. Ihnen wird schlecht, wenn sie ständig das Zeichen „&" lesen sollen, als gäbe es das Wort „und" nicht. Bringen Sie die Alphabetisierung ein wenig voran und beschäftigen Sie Redakteurinnen und Redakteure, die darauf achten, dass Ihre Unternehmensbotschaften nicht nur marketingtechnisch, sondern auch handwerklich stimmen. Den Technokraten fällt es nicht auf, dass sie in ihren Facebook-Anzeigen ständig verschiedene Arten von Anführungszeichen setzen, weil sie keinen Sinn dafür haben. Die Technokraten merken nicht, dass sie der Welt jeden Tag ihre Unbildung in Sachen Typografie demonstrieren, indem sie Bindestriche („-") anstelle von Gedankenstrichen („–") setzen. Aber musikalischen und sprachbegabten Menschen fällt so etwas auf. Sollten Sie feststellen, dass auch Ihr Unternehmen auf diesem Auge blind ist, dann machen Sie einen Redakteur oder eine Redakteurin zum Textchef. Alles, was rausgeht, geht dann vorher über den Textchef-Schreibtisch.

Praktisch statt theoretisch denken

Im Jahr 2020 hatte ich einen Unfall, bei dem ich mir im linken Fuß zwei Bänder gerissen habe – das Syndesmoseband und das Innenband. Zwei Operationen standen an: zum einen Bänder flicken und Knochen fixieren, zum anderen Schrauben entfernen.

An die OP-Vorbereitung im Herz-Jesu-Krankenhaus in Fulda werde ich mich immer erinnern: Ein Arzt markierte mein linkes

Bein mit einem dicken, blauen Filzstift. Er malte einfach ein Kreuz auf mein Knie. In der Schleuse dann – dem Übergang zum OP-Bereich – stellte mir der Narkosearzt völlig unsinnige Fragen. „Wie heißen Sie?" – „Thilo Baum", antwortete ich. „Wann sind Sie geboren?" – „Am 19. Dezember 1970." – „Steht das auch auf Ihrem Bändchen?" Ich sah nach, es stand da: „Ja." – „Gut", sagte der Arzt. „Was machen wir heute?" – „Sie reparieren am linken Fuß das Innenband und das Syndesmoseband", sagte ich. „Wunderbar", sagte der Arzt. „Dann geht's los!" Nachdem ich dann in den OP-Raum reingerollt worden war, montierte der Arzt seinen Infusionstropf an meine Kanüle im Handrücken und fragte, ob ich noch Fragen hätte. Wir besprachen dies und das, und als alles erledigt war, sagte er: „Ich lasse Sie jetzt einschlafen, okay?" Ich antworte: „Gern", und er drehte den Tropf auf. Nach einer halben Sekunde war ich weg.

Was waren das für sinnlose Fragen? Sie dienten nur dazu, Fehler zu vermeiden. Jemand fragt nach etwas, was er schon weiß. Er fragte, um die Information zu bestätigen, die ihm vorlag. Diese Sicherheitsschleife ist ein zusätzlicher Prozess und kostet Zeit. Aber sie beugt Fehlern vor und bewirkt, dass die folgenden Prozesse in die richtige Richtung laufen.

Diese Art von praktischem Denken fehlt vielen Unternehmen: Sie halten solche Schleifen für Zeitverschwendung. Und das zeigt sich dann bei Reklamationen.

Praktisch denken heißt, konkret im Detail zu planen

Praktisch statt theoretisch zu denken, heißt also auch, zu berücksichtigen, was die laufenden Unternehmensprozesse in der konkreten Situation bedeuten, zum Beispiel auch aus der Perspektive des Kunden. Oder des Zulieferers oder der Öffentlichkeit, je nach Sachlage. Praktisch zu denken bedeutet auch, zu erfassen, was interne IT-Prozesse für externe Partner bedeuten. Es ist sicher nicht Sinn der Sache, dass externe Berater und Trainer allen IT-Freigaben hinterherrennen müssen. Nahezu jedes Meeting mit Microsoft Teams ist ein Gedöns: Kaum ein Kunde bekommt es hin, dem externen Gast die Bildschirmfreigabe zu erlauben. Seminare mit Zoom laufen sofort, Seminare mit Teams brauchen tags zuvor eine Technikprobe. Die Software stört massiv beim Arbeiten. Der Zugriff auf Daten funktioniert bei manchen Unternehmen nur durch umständliche Workarounds, bei denen wir die ganzen verkorksten Prozesse irgendwie zusammendengeln. Nicht nur Lieferanten wie ich leiden darunter, sondern auch Kunden spüren das undurchdachte Prozessmanagement. Viele Prozesse sind nicht aus der Anwenderperspektive durchdacht und für Kunden entsprechend kompliziert.

An der OP-Schleuse habe ich erlebt, wie praktisches Denken funktioniert. Für ein Unternehmen würde das bedeuten, sämtliche Prozesse in Ruhe einem Praxistest zu unterziehen und zu prüfen: Wie gelangt der externe Berater an die Daten? Nachdem das definiert ist, geht es um die Frage: Wie erhält er die Freigabe, also die Berechtigung, diese Daten zu bearbeiten? Wenn das geklärt ist, wird es getestet. Wenn das dann nicht klappt, steht die Frage im Raum: Woran liegt es, dass die Freigabe nicht funktioniert? Und so weiter. Es mag für Start-ups wie ein konzernartiger Prozess aussehen, und viele Protagonisten in Start-ups haben ja von den teils überkomplizierten und überflüssigen Prozessen in Konzernen die Nase voll. Aber so eine Schleife verhindert eben spätere Fehler. Zumal es überhaupt keinen Grund gibt, Prozesse vor ihrer finalen Implementierung *nicht* aus der Anwendersicht zu testen und eventuelle lose Enden zu fixen – vor allem dann, wenn eine Anwendung wie Microsoft Teams besonders komplex ist.

Die Physiotherapiepraxis in der ersten Etage

Nach meiner zweiten Operation, also nachdem die Schrauben entfernt waren, sollte ich die Funktion meiner Bänder wieder trainieren – ein mühsamer Prozess, der sich über Monate hinzog. Dieser Prozess startete mit einem Rezept vom Arzt. Da ich mich mit den Physiotherapeuten in meinem damaligen Wohnort nicht auskannte – wozu auch? –, sah ich im Smartphone per Google nach. Ich entschied mich für einen Physiotherapeuten und machte einen Termin.

Eine Freundin brachte mich hin. Wir hielten vor dem Haus, aber das war nicht einfach auf einem Parkplatz der Praxis oder gewöhnlich am Straßenrand, sondern an der Hauptverkehrsstraße, die durch den Ort führte – eine Bundesstraße mit einer Spur pro Richtung im Berufsverkehr. Als wir hielten, stauten sich hinter uns die 40-Tonner. Ich stieg mit meinen Krücken aus und humpelte zum Eingang. Drei steinerne Treppenstufen führten zur Tür. Ein Schild am Eingang verkündete: „Physiotherapie 1. Etage". Durch meine Krücken waren beide Hände im Einsatz – ich hatte keine Chance, die wirklich sehr schöne, aber eben auch schwere historische hölzerne Haustür zu öffnen. Ich mag schöne Türen, wirklich. Aber hier war das gerade nicht das Thema. Eine automatische Tür mit Bewegungsmelder wäre clever, dachte ich mir.

In diesem Moment kam ein Patient heraus und ich ging rein. Im Haus sah ich dann die enge Holztreppe, die in einer U-Kurve nach oben führte – da war kein Aufzug. Sicher kann ich mich mit zwei Krücken und Umhängetasche irgendwie die Holztreppe hochquälen, aber ehrlich gesagt war mir das zu riskant. Am Geländer festhalten ging nicht, denn wegen der Krücken war keine Hand mehr frei. Doch ich durfte keinesfalls abrutschen oder umknicken. Ich bräuchte für die Treppe sicher zehn Minuten, und in dieser Zeit durfte mir niemand entgegenkommen. Für eine Begegnung mit einem Menschen auf Krücken war die Treppe zu schmal.

Mir wurde bewusst, dass ich fortan bei jedem der zunächst zwölf Krankengymnastiktermine diese Hürde nehmen müsste, und verwarf das Projekt. Letztlich blieb ich unten. Den Termin ließ ich platzen. Ich rief in der Praxis an, erklärte meine Entscheidung und suchte mir eine andere Physiotherapiepraxis. Die hatte Parkplätze direkt vor der Tür und lag ebenerdig. Es gab nicht einmal eine Türschwelle. Man konnte auch mit dem Rollstuhl direkt reinrollen. Meine Termine dort starteten zwar erst einige Wochen später, aber das war an der Stelle nicht wichtig. Wichtig war, dass der simple Prozess funktionierte, erst mal hinzukommen.

Ich fragte mich, wie ein Physiotherapeut es seinen Patienten so schwermachen kann. Die Standortwahl spricht nicht unbedingt dafür, dass dieser Physiotherapeut die Perspektive anderer Menschen einnehmen kann. Ganz ehrlich: Wie kann man als Angehöriger eines Gesundheitsberufes auch nur auf die Idee kommen, seinen Patienten so etwas zuzumuten? Auch wenn das Haus geerbt ist, wie ich später erfuhr – aus Kundensicht ist das völlig irrelevant. Es ist Kunden auch egal, wem das Gebäude gehört, in dem Media Markt untergebracht ist. Der Standort *eignet* sich einfach nicht für eine Praxis für Physiotherapie. Der Physiotherapeut selbst kann so qualifiziert und kompetent sein, wie er will, aber wenn er seinen Patienten den Zugang zu seiner Praxis so enorm erschwert und diesen Zustand über Jahre hinweg beibehält, dann *eignet* er sich in meinen Augen nicht für den Umgang mit Menschen. Vor allem in Gesundheitsberufen brauchen Anbieter Empathie – die Fähigkeit zum Perspektivenwechsel, auf die ich später noch tiefer eingehe. Ich bin ja nun nicht der einzige Physiotherapiepatient, der an Krücken geht oder im Rollstuhl daherkommt. Verletzungen nach Unfällen gehören in der Physiotherapie eher zum Standard.

Kaffee als „Service" im Wartezimmer hat keinen Sinn, wenn man das Wartezimmer nicht erreicht.

Es geht hier also nicht um mich und meine Befindlichkeiten. Es geht nicht darum, dass ich eine Extrawurst will und die Diva spiele. Sondern es geht darum, dass Anbieter von Leistungen, gleich welcher, ihren Kunden keine Steine in den Weg legen sollten. Und dazu sollte man eben in der Lage sein, sich ein wenig in die Kundensicht hineinzuversetzen und die Kundenbrille aufzuziehen.

Manche Kunden nehmen den gefährlichen Hürdenlauf in dieser Praxis als gottgegeben hin. Das sind die Kunden, die auch andere kundenfeindliche Settings über sich ergehen lassen, weil sie denken, es müsste so sein. Ich verstehe diesen Kundentypus nicht, denn er ist mit dem Desinteresse von Dienstleistern einverstanden. Das bin ich nicht. Ich gehöre zu den Kunden, die von ihren Dienstleistern erwarten, dass sie die Kundenperspektive einnehmen. Und die erwarten, dass die Prozesse durchdacht sind.

Die vielen freundlichen Zusatzleistungen, mit denen Unternehmen kundenfreundlich werden wollen, sind völlig sinnlos, wenn die grundlegenden Bedingungen nicht erfüllt sind. Was bringt der beste Kaffee im Wartezimmer, wenn das Wartezimmer nicht erreichbar ist? Oder, um eine andere Branche zu nennen: Was bringt ein schönes Zusatzfeature in einer Software, wenn niemand versteht, wie man es aktiviert und anwendet? Praktisch zu denken würde heißen, dass Anbieter die Performance ihrer Produkte, Umgebungen, Bedingungen, Prozesse aus Kundensicht durchspielen und jede Hürde beseitigen, auf die der Kunde stoßen könnte. Erst dann hat es Sinn, einen Kaffee anzubieten. Die Must-haves müssen stimmen, bevor wir über Nice-to-haves nachdenken.

Anwenderorientiert statt fachlich denken

Der erwähnte bevorzugte Fokus auf Qualifikationen statt auf Kompetenzen oder Eignungen ist ein wichtiger Grund dafür, dass so viele Unternehmen und Selbstständige an ihren Kunden vorbeiagieren. Wir sollten uns den Gedanken noch einmal unter einem weiteren Aspekt anschauen: Viele Unternehmen scheitern oder laufen zumindest nicht richtig, weil sie ihre Produkte und Leistungen ständig nur fachlich betrachten statt aus Anwendersicht. Die unverständlichen Fachbegriffe im Schaufenster einer physiotherapeutischen Praxis („Craniosacraltherapie") hatte ich ja schon erwähnt.

Wie kommt es, dass Selbstständige und auch Unternehmen ihre Leistungen vor allem aus ihrer Sicht darstellen statt aus Anwendersicht?

Die fachliche Korrektheit steht eben über allem. So sind wir sozialisiert, das ist Teil unserer DNA als Volk der Dichter, Denker und Ingenieure. Besonders unser Bildungssystem legt Wert auf fachliche Korrektheit. Und weil die meisten von uns das Bildungssystem in irgendeiner Weise durchlaufen haben, haben die meisten von uns gelernt, alles richtig zu machen – und weniger, das Richtige zu tun. Überlegen Sie mal: Welche Leute haben beim Schulabschluss die besten Noten bekommen? Oder nach der Ausbildung, bei der Meisterprüfung, am Ende des Studiums und bei der Promotion? Waren das die, die eine Geschäftsidee entwickeln und umsetzen konnten und die am besten mit Kunden in der Sprache der Kunden sprechen konnten? Nein. Es waren die, die fachlich am besten waren. Und das entspricht dem, was wir im vorigen Kapitel erörtert hatten: Statt Kompetenz zählt in unserer herkömmlichen Bildung vor allem Qualifikation.

Natürlich: Nichts spricht dagegen, fachlich top zu sein. Das ist unbedingt nötig! Niemand will zu einem Zahnarzt gehen, der frei nach dem „Pareto-Prinzip" sagt, 80 Prozent Qualität seien ausreichend, weil er diese 80 Prozent Qualität mit 20 Prozent Aufwand zustande bringt. Natürlich erwarten wir 100 Prozent Qualität! Zugleich ist das Fachliche nicht unbedingt der entscheidende Punkt. Ich weiß, dass das jetzt ein wenig widersinnig klingt, aber lassen Sie es mich ausführen.

Fachliche Korrektheit ist ein Must-have

Wenn ich sage, dass fachliche Korrektheit oder auch Fachkompetenz fürs Geschäft nicht der entscheidende Punkt sind, dann meine ich damit nicht, sie seien unnötig. Sie sind nötig, aber eben nicht ausschlaggebend. Anders formuliert: Dass wir fachlich top sind, dürfen Kunden bitte voraussetzen, das ist ein Must-have. Aber es ist nicht der entscheidende Aspekt dafür, dass der Kunde kauft. Dass ein Auto vier Räder, einen Motor und ein wasserdichtes Dach hat, ist nicht der entscheidende Grund für den Kauf. Zugleich aber sind diese Dinge eine Grundbedingung für einen Autokauf.

Entwickler sollten die Entwicklerperspektive ablegen.

Sehen Sie den Unterschied? Zahllose Anbieter komplizierter Produkte sind zu Recht stolz auf ihre fachlichen Leistungen: Ärzte, Steuerberater, Rechtsanwälte, IT-Leute, Maschinenbauer. Doch dass diese Fachleute ihr Fach beherrschen, *setzen wir voraus*. Die entsprechenden Unternehmen (Praxen, Kanzleien, Softwareentwickler und nahezu der komplette deutsche Mittelstand) müssen uns daher nicht fachlich aus der Entwicklerperspektive überzeugen. Sie müssen uns *aus Anwendersicht* überzeugen. Und sie sollten mit uns eben auch nicht fachlich kommunizieren, sondern aus der Anwenderperspektive, mit der Kundenbrille. Es geht um Kundenorientierung, nicht um die Anbietersicht.

Dass Anbieter oft an Kunden vorbeikommunizieren, ist auch logisch, weil die Anwender von Produkten selten Fachleute sind: Patienten haben selten Medizin studiert, Mandanten sind selbst meist keine Juristen. Anwender von Maschinen haben vielleicht ein wenig technisches Verständnis, sind aber keine Ingenieure und stecken in den Tiefen der Maschine nicht drin. Am deutlichsten wird die Überlegung bei IT-Anwendungen: Milliarden von Menschen arbeiten mit Computern, ohne zu verstehen, wie ein Computer funktioniert. Und trotzdem mutet die Softwareindustrie diesen vielen Menschen seit Jahrzehnten zu, sich in die Perspektive der Entwickler zu versetzen und nachzuvollziehen, wie eine Software gedacht ist. Statt dass die Entwickler die Anwenderperspektive einnehmen und ihre Produkte so gestalten, dass sie aus Anwendersicht intuitiv und sofort funktionieren.

Sicher: Steve Jobs wollte dieses Denken mit Apple umdrehen, und es ist ihm auch zu einem großen Teil gelungen. Jobs hat seine Produkte stets aus Kundensicht geplant. Nicht jedes Apple-Produkt genügt heute diesem Anspruch, das weiß ich auch, aber das divergente Denken Steve Jobs' ist in jedem Fall deutlich zu erkennen.

Was Fachleute davon abhält, ihre fachliche Sicht abzulegen, hat natürlich auch mit Selbstwert zu tun. Viele Juristen fürchten, ihre Identität zu verlieren, wenn sie mit Mandanten in einer verständlichen Sprache sprechen und auf Formulierungen wie „in vorbezeichneter Angelegenheit" verzichten sollen. Es gehört zum Selbstbild vieler Fachleute, stolz auf das Erreichte zu sein. Daher bieten sie nicht nur ständig ihre fachlichen Inhalte dar, sondern inszenieren diese auch wie gewohnt durch eine aufgeblasene Sprache. Dementsprechend konfrontieren zahlreiche Unternehmen und Selbstständige Kunden und potenzielle Neukunden auf einer rein fachlichen Ebene mit unverständlichem Zeug. So ist vieles, was wir als Kunden lesen und hören, zwar korrekt, aber aus unserer Sicht weder relevant noch nachvollziehbar.

Was ist zuerst wichtig: Korrektheit oder Relevanz?

Dass etwas irrelevant ist, was fachlich korrekt ist, ist für viele Fachleute zugleich schwer nachzuvollziehen: Viele Fachleute stellen die fachliche Korrektheit über alles, sogar über die Relevanz. Auch ihre hölzerne Sprache verteidigen sie gern als „berufstypisch" oder „branchentypisch".

Dabei geht es im Business um ganz andere Prioritäten: Erst stellt sich die Frage nach der Relevanz – also nach der Bedeutung, die eine Information, ein Angebot oder ein Prozess für einen Kunden hat. Erst wenn diese Relevanz gegeben ist und das Ganze eine Bedeutung für den Kunden hat, stellt sich die Frage nach der handwerklichen Perfektion. Und dann, wenn eine Information tatsächlich aus Kundensicht relevant ist, geht es um eine Formulierung, die der Kunde versteht.

Viele geniale Geister verhindern ihren Erfolg.

Dass die Korrektheit für Fachleute ganz oben steht, ist auch ein Grund dafür, dass so viele wissenschaftliche Arbeiten und Wissenschaftler öffentlich keine Beachtung finden. Wenn es Fachleuten nicht gelingt, die Bedeutung ihrer Inhalte auf den Punkt zu bringen, dann interessieren sich Publikumsmedien eben nicht dafür. Obwohl sich mit etwas Mühe nahezu jeder Zusammenhang verständlich machen lässt, von der Relativitätstheorie und der Quantenphysik möglicherweise abgesehen. Die meisten fachlichen Erkenntnisse, um die es heute geht, lassen sich für Laien verständlich kommunizieren – ob das der Emissionshandel ist oder die Nanotechnologie. Und gerade wenn fachspezifische Themen in die Vermarktung gehen, also in Gestalt von Produkten, ist es umso wichtiger, die Bedeutung dieser Themen aus Kundensicht zu formulieren. Doch auf mich wirkt es oft so, als wollten sich viele Fachleute deshalb gar nicht verständlich ausdrücken, weil sie glauben, ansonsten ihre Existenzberechtigung zu verlieren. So verhindern viele geniale Geister ihren Erfolg.

Geht es ums Business, steht die Relevanz unbedingt an erster Stelle. Fachkompetenz ist für den Geschäftserfolg nötig, ohne Frage, aber Qualifikation und Kompetenz sind eben wie erwähnt Must-haves. Vor der fachlichen Korrektheit steht die Notwendigkeit, dass ein Angebot sich tatsächlich dazu *eignet*, ein Problem zu lösen. Dazu muss es verständlich und anwendbar sein.

Ganz egal, wie tief ein Produkt fachlich durchdacht ist: Ist es nicht verständlich und anwendbar, wird es ein Flop. Oder es ist ein Trashprodukt, das viele Leute kaufen, die dann daran verzweifeln und es nicht reklamieren, weil der Aufwand dafür zu hoch ist.

Der Punkt ist nicht, welche korrekten Informationen es gibt. Der Punkt ist, worum es geht.

Dass Fachleute das fachlich Korrekte vor die Relevanz stellen, sind wir durchaus gewohnt. So hörte ein Finanzberater von meinem anstehenden Umzug. Er wies darauf hin, dass Fahrten zwischen zwei Betriebsstätten steuerlich absetzbar sind. Das ist fachlich korrekt. Es ist aber nicht relevant, weil der Kunde die alte Betriebsstätte aufgibt – es geht ja um einen *Umzug*. Ein fachlich korrekter, aber völlig überflüssiger Tipp also, der mich im Übrigen dazu gebracht hat, diesen Finanzberater nicht mehr für voll zu nehmen.

Vielen Fachleuten fehlt hier eben der Blick auf den Kontext: Ob etwas bedeutsam ist, hängt immer auch vom Zusammenhang ab. Und sie übersehen gern: Der Punkt ist nicht, was jemand an Wissen hat oder sagen kann. Sondern der Punkt ist, worum es geht. In diesem Rahmen erst entscheidet sich Relevanz. Somit ordnet sich jeder Fachinhalt einem Rahmen unter. Ein Inhalt ist nicht per se wichtig, sondern in Abhängigkeit zu seinem Kontext. Erst wenn wir wissen, worüber wir reden, also wenn wir das Thema kennen, können wir entscheiden, ob etwas wichtig ist oder nicht.

Diese Unterscheidung ist Fachleuten oft fremd. Sie erachten etwas als relevant, weil sie sich damit auskennen. Und so kommunizieren sie auf Fachebene zahlreiche Details – immer schön am Kunden vorbei.

Menschlich statt technokratisch denken

Wie erwähnt, ist ein Unternehmen eine Maschine, also ein komplexes System aus einer Unmenge von Elementen und Prozessen. Wenn sich Gründer und Manager an die Regel halten, dass es keinen Prozess ohne Ziel gibt, sind Prozesse auch sinnvoll. Gefährlich wird es dann, wenn sich Prozesse verselbstständigen. Und das geschieht, wenn die Prozesse beim Wachstum des Unternehmens aus dem Blick geraten.

Bei der Gründung sind die Prozesse meist noch geordnet und erfüllen tatsächlich ihren Sinn. Doch mit der Zeit kommen immer mehr Elemente und Prozesse hinzu, sodass manchmal sogar das Unternehmensziel nicht mehr sichtbar ist. Und darum hilft manchmal ein Moment der Besinnung mit der Frage: Was tun wir hier eigentlich? Hat das, was wir tun, überhaupt Sinn?

Eine typische Situation im Hotel. Und glauben Sie mir, ich bewege mich nicht in Absteigen: Seit Minuten sitze ich in der Lobby und warte auf einen Gesprächspartner. Eine Bedienung – per Outfit als solche zu erkennen – wischt die Tische ab. Sie sieht, dass ich hier sitze. Aber sie verfolgt eben gerade einen Prozess: die Tische abzuwischen. Dass es dem Unternehmensziel widerspricht, einen Gast zu ignorieren und ihn nicht zu fragen, ob er möglicherweise Lust auf einen Kaffee hat, sieht sie nicht. Obwohl es im Augenblick nicht relevant ist, die Tische abzuwischen. Relevant wäre es, diesen Prozess kurz zu unterbrechen, Umsatz sowie Kundenzufriedenheit zu generieren und dann mit dem Prozess fortzufahren.

Den Gast nach einem Wunsch zu fragen wäre auch menschlich gedacht, nicht nur technokratisch. Es spricht nichts dagegen, mit jemandem zu sprechen. Wer Prozesse um ihrer selbst willen verfolgt, übersieht den Menschen gern. Dabei sind bei jedem Unternehmensziel am Ende Menschen beteiligt, die ein Produkt kaufen und nutzen. Wer den Menschen nicht beachtet, arbeitet am Unternehmensziel vorbei. Unternehmensziele rein technokratisch und ohne Berücksichtigung des Menschen zu verfolgen funktioniert auf Dauer nicht.

Und nicht nur mit der Zeit erobern die Prozesse die Hoheit übers Geschehen, sondern auch bei mancher Gründung regieren sie von Anfang an. Weil die Gründer zum Beispiel technokratisch denken. Das erschwert die Kundenorientierung in manchem an sich hoffnungsvollen Unternehmen. Vor allem IT-Unternehmen stellen sich selbst völlig unnötige Hürden in den Erfolgsweg, indem sie konsequent aus ihrer technischen Sicht heraus agieren und den Blick des Anwenders mehr oder weniger ignorieren.

Was ist „technokratisches Denken"? Es ist ein Weltbild, in dem die Technik regiert. Danach entscheiden rein technische Kriterien, was geschieht – keine menschlichen. Und das, obwohl der Mensch im Fokus jedes Unternehmensziels stehen müsste. Ich schlage eine unvollständige Liste von Merkmalen vor, die technokratisches Denken ausmachen:

- die Annahme, die Technik sei dem Menschen überlegen, weil der Mensch fehlerhaft sei und die Technik nicht;
- der Glaube, alles lasse sich automatisieren, auch das Verhalten des Kunden;
- die Vermutung, ein Kauf sei eine rein rational motivierte Handlung, die sich auf standardisiertem Weg auslösen lässt;
- eine nahezu maschinenhafte Gleichgültigkeit gegenüber dem Wohlergehen des Kunden,
- die Eigenart, eher einer Maschine zu glauben als einem Menschen.

Diese Punkte bewirken zuverlässig, dass der Blick aufs Unternehmensziel verloren geht. Die Protagonisten im Unternehmen sind einfach zu technikgläubig, um im Sinne des Kunden zu denken.

Technik muss nachvollziehbar sein

Es stimmt, dass Technik und Computer uns das Leben massiv erleichtern. Aber bisher ersetzt die Maschine den Menschen noch nicht. Die Maschine übertrifft den Menschen in vielerlei Hinsicht, aber sie trifft üblicherweise keine Kaufentscheidungen. Und von Fehlerlosigkeit sind Maschinen und Computer noch weit entfernt.

Technokraten vertreten eine simple Weltsicht: Sie sagen, die Technik übertreffe den Menschen tendenziell in jedem Bereich. Darum vertrauen sie den Aussagen von Maschinen mehr als den Aussagen von Menschen. Schließlich sei das menschliche Denken fehlerhaft.

Wenn die Werkstatt die Spritverbrauchberechnung aus Kilometerzähler und Tankquittung anzweifelt

Aber ist das sinnvoll? Es gibt da einen modernen Kleinwagen, den viele als schick betrachten und gern fahren. Und wie das so ist mit modernen Autos, gibt es da das Steuergerät, dem die Werkstätten glauben. So ein Steuergerät merkt sich manches, manches aber auch nicht. Wer Erfahrungen mit diesen Steuergeräten hat, weiß: Autotechnik ist eine Blackbox. Selbst Werkstätten können oft nicht nachvollziehen, weshalb das Cockpit einen anderen Fehler meldet als die Software. Oder weshalb nach dem Austausch eines Hebels am Lenkrad plötzlich die Funktionen des Heckscheibenwischers und die Scheibenwaschanlage vertauscht sind.

Es mögen im Detail menschliche Fehler sein, weil dem Techniker irgendeine Information von einem geheimen Schaltplan fehlt. Aber selbst für Techniker sind die Erfindungen ihrer Kollegen in den Autowerken und bei deren Zulieferern oft nicht nachvollziehbar. Unter dem Strich sind diese Dinge völlig wurstig programmiert, die Systematik wirkt oft stümperhaft improvisiert. Informationen sind unvollständig oder fehlerhaft, oft kommen Fehlermeldungen zu intakten Fahrzeugbestandteilen. Schon ein Blick auf die Bildschirmdarstellung beim Auslesen zeigt dem Werkstattkunden bei zahlreichen Marken, dass das Niveau irgendwo auf dem Stand von MS-DOS stehengeblieben sein muss – ganz im Unterschied zum Hochglanzmarketing der Marken.

Und ja, ich weiß: Am Ende bewirken alle technischen Systeme genau das, wozu sie eben führen. Sie spucken genau das aus, was ihrer Programmierung entspricht, ob die korrekt ist oder fehlerhaft. Sind Systeme korrekt aufgesetzt, bewirken sie sinnvolle Ergebnisse. Hat jemand dagegen Müll programmiert, wird das System auch Müll ausspucken – nach dem bekannten Prinzip „Garbage in, garbage out" („GIGO") aus der Informatik.[6] Das ist bei einfachen und auch bei komplexen Systemen so.

Entscheidend ist jetzt nur: Sind die Parameter bekannt? Also: Wissen wir, aus welchen Elementen ein System besteht, sodass wir wirklich seriös prüfen können, ob die ausgespuckten Ergebnisse sinnvoll sind oder nicht? Bei unfassbar vielen technischen Systemen müssen wir sagen: Nein, wir wissen es nicht. Die Parameter sind uns nicht bekannt. Oft wissen wir nicht, was sich die Entwickler bei ihrer Entwicklung gedacht haben.

Angenommen, im System findet sich ein Programmierfehler. Dann wirkt sich dieser Programmierfehler möglicherweise aus und unser Ergebnis ist unbrauchbar. Wenn nun aber niemand weiß, dass es einen Programmierfehler gibt, weiß auch niemand, dass das Ergebnis unbrauchbar ist.

Oder die Entwickler haben an einer Stelle definiert, dass das System bestimmte Zahlen rundet. Wenn sie uns das nicht verraten, haben wir es als Anwender mit möglicherweise unerklärlichen Phänomenen zu tun.

Technik ist also in vielerlei Hinsicht nicht nachvollziehbar. Sie mag ausgefeilt designt sein. Aber solange uns niemand verrät, wie das Steuergerät tickt, werden wir nicht nachvollziehen können, was es behauptet. Und einer Maschine blind glauben – mit Verlaub, das tun nur Technokraten. Denkende Menschen tun das nicht.

Freunde von mir waren also mit ihrem schicken Kleinwagen in der Werkstatt, weil der Spritverbrauch zu hoch war. Wie haben sie den Spritverbrauch gemessen? So wie man das eben macht: mit Kilometerzähler und Tankquittung. Wir tanken voll, schalten den Zähler auf null und fahren los. Nach möglichst langer Fahrt mit dieser Tankfüllung fahren wir zur Tankstelle, notieren den Kilometerstand und tanken wieder voll. Auf der Quittung steht eine Liter-Anzahl. Daraus errechnen wir den Verbrauch pro 100 Kilometer. Diese Berechnung ist so genau, wie sie nur sein kann.

Die Werkstatt hat behauptet, den Verbrauch ebenfalls ermittelt zu haben. Wie? Sie haben das Steuergerät ausgelesen. Und der Meister verkündet als Autorität: Nein, der Kraftstoffverbrauch sei nicht zu hoch. Er sei völlig in Ordnung. Was meine Freunde da ausgerechnet haben, sei falsch. Sie würden sich irren.

Das ist technokratisches Denken. Die Anmaßung ist meist eine Begleiterscheinung der Technikgläubigkeit. Solche Leute scheinen völlig überzeugt zu sein von dem, was sie da sagen. Mit so einem Meister zu diskutieren ergibt also überhaupt keinen Sinn. Weshalb sollten wir mit jemandem sprechen, der uns nicht glaubt?

Der geringste Anspruch an so einen Meister wäre es in meinen Augen, dass er überlegt, wie sich die Differenz zwischen den beiden Messungen erklären könnte. Aber das tut er eben nicht, wenn er einer dieser Techniker ist, die das Selberdenken eingestellt haben und nur noch nach Checklisten vorgehen. Wenn er also ein Technokrat ist. Und nicht jeder Techniker ist ja ein Technokrat, es gibt auch durchaus sehr fähige, mitdenkende Vertreter der MINT-Berufe.

Vielleicht geht das Steuergerät von einem falschen Tankvolumen aus? Dann wäre es klar, dass es einen Rechenfehler gibt. Oder vielleicht ist der Kilometerzähler nicht korrekt? Auch das könnte die verschiedenen Messungen erklären – sofern das Steuergerät nicht auf dieselbe Angabe zur Laufleistung zugreift wie meine Freunde. Das ist unwahrscheinlich, denken Sie? Da bin ich mir nicht so sicher. Bei Autos habe ich schon viel erlebt, wovon Technokraten gesagt haben, es sei unwahrscheinlich oder unmöglich. Und damit meine ich nicht die „Schummel-Software" aus dem bekannten Skandal.

Klar: Vielleicht weiß der Meister auch, dass das Steuergerät falschliegt, und lügt meinen Freunden ins Gesicht, weil er seinen Job behalten will. Aber unabhängig von dieser Geschichte ist das Produkt „Auto" inzwischen ein so überfrachtetes Hightech-Produkt, dass sein Innenleben so gut wie überhaupt nicht mehr nachvollziehbar ist. Und da wir die Parameter nicht kennen, auf deren Basis das Steuergerät seine Weisheiten von sich gibt, können wir im Grunde keine einzige dieser Informationen als sicher zugrunde legen.

Gelöst haben meine Freunde das Problem nicht. Sie wissen nur, dass sich im Internet auch andere Kunden über das Phänomen unterhalten.

Technokraten werden nun den Fehler beim Kunden sehen. Denn Technokraten fehlt die gesunde Skepsis gegenüber Aussagen der Systeme. Sie denken, die Systeme seien in Ordnung. Und deswegen glauben sie den Systemen. Dass auch Technik fehleranfällig ist und nicht nur der Mensch, das können sie sich nicht eingestehen. Dabei müssten sie es eigentlich kapieren, da Technik nun einmal menschengemacht ist. Irgendjemand hat dieses Steuergerät ja programmiert. Ein guter Techniker weiß auch, dass er gar nicht wissen kann, ob er sämtliche Parameter kennt – selbst wenn er das Gerät programmiert hat. Da Menschen Fehler machen, hat er vielleicht einen Fehler übersehen, der sich jetzt auswirkt.

Technokraten glauben lieber der Technik als Menschen – obwohl Technik menschengemacht ist.

Dieser Unsicherheit sind sich gute Techniker bewusst. Guten Technikern ist insofern eher Demut eigen als Anmaßung und

Technokratie. Mit einem gutem Techniker kann man auch normal reden. Gute Techniker hören zu und sind neugierig auf spannende Informationen. Sie fahnden gern nach Ursachen von Problemen und sie schalten den gesunden Menschenverstand dabei nie aus. Sind sie der Meinung, der Kunde irre sich, erklären sie das bereitwillig und machen ihre Gedanken nachvollziehbar.

Fachlich tief durchdacht, aber nicht anwendbar

Hinzu kommt noch ein Aspekt, den Technokraten gern ausblenden: Die Informationen zu den Systemen entkoppeln sich in der Praxis irgendwann von den Systemen. Stellen Sie sich vor, Sie kaufen ein schickes Ceranfeld für Ihre Küche. Weil Ihre Katze immer mal wieder auf die Arbeitsflächen springt, aktivieren Sie in dem Ceranfeld die Sicherheitsfunktion, durch die sich der Herd bei unklaren Eingaben abschaltet. Das ist gut, weil das Haus so nicht abbrennt. Dann bleibt die Küche infolge eines Umzugs im Haus, und die Nachfolger verzweifeln an diesem Ceranfeld. Es geht immer wieder aus, wenn jemand kurz mit dem Schwamm über einen Fettfleck geht. Den Nachfolgern fehlt die Information, dass eine Funktion aktiv ist. Darum halten sie das Ceranfeld für defekt.

Technokraten sagen jetzt: Dann müssen die Nachfolger eben das Handbuch von vorn bis hinten durchlesen. Aber das tun Anwender nicht. Anwender denken nicht aus Entwicklersicht – sie lesen keine Handbücher durch in der Hoffnung, auf eine Funktion zu stoßen, von der sie nicht wissen, dass es sie gibt und die das irrationale Verhalten eines Gerätes erklären könnte. Oft kommt so ein Handbuch auch mal weg. Nein, das Entwicklerdenken hilft hier nicht: Normale Menschen vermuten hinter dem Verhalten keine Funktion, sondern einen Defekt. Das ist auch völlig normal so, denn die meisten Leute sind Laien. Technokraten dagegen erwarten von Laien, dass sie wie Entwickler denken. Aber das tun sie nun einmal nicht.

Neben sämtlichen Features und Funktionen, welche die Vertreter der MINT-Berufe erfinden, brauchen wir also immer zu allem eine langlebige Dokumentation, die einem Externen ohne Vorwissen sofort nachvollziehbar darstellt, weshalb sich ein Gerät wie verhält. Ebenso wäre es bei vielen Geräten schön zu wissen, worin die „Werkseinstellungen" bestehen. Wie wir ein Gerät auf die Werkseinstellungen zurücksetzen, das findet sich in den meisten Handbüchern. Aber welche Parameter darin definiert sind, sagen uns die Hersteller meistens nicht. Technokraten gehen eben davon aus, die Menschen wüssten, welche Werkseinstellungen der Hersteller definiert hat. Das ist eine sehr maschinelle Vorstellung vom Menschen, aber so ticken Technokraten eben.

Einmal habe ich einen Mietwagen abgeholt, dessen Navigationssystem auf Russisch eingestellt war, vermutlich von einem der Kunden vor mir. Da ich kein Russisch kann, fand ich die Option „Sprache" nicht. Es gelang mir nicht, dem Gerät deutsche oder englische Wörter zu entlocken. Also fuhr ich noch mal zur Mietwagenstation und bat darum, dass man dort das Navi einstelle – aber das Personal konnte es auch nicht. Die Folge war, dass man mir ein anderes Auto gab. Sofern es in den Plan passt, sind die mir bekannten Mietwagenfirmen in solchen Fällen sehr kulant, ich bekam also ein Auto einer höheren Klasse zum gleichen Preis. Das war zwar angenehm, aber nicht der entscheidende Punkt. Relevant war: Das Navi war bedienbar.

Technokraten interessieren sich nicht für die Produktperformance und für Kundenerfahrungen.

Ich weiß, dass sich viele Mitarbeiter an Mietwagenstationen nicht mehr mit Autos auskennen. Immer weniger Menschen an Arbeitsplätzen haben Ahnung von ihrer Branche. Gerade in technischen Belangen habe ich immer wieder den Eindruck, dass die Menschen der Reihe nach überfordert sind. Technische Systeme sind in einer beeindruckenden Tiefe konzipiert und genau deswegen ohne Fachwissen kaum noch anwendbar, und zwar auch nicht mehr für Kollegen. Oft genug kann selbst der Support nicht helfen. Woran liegt es? Es liegt daran, dass die Hersteller der Systeme ihr Wissen nicht in die Anwendersicht übersetzen. Vor allem wenn Technokraten das Sagen haben, kommen Entwicklungen auf den Markt, deren Features rein aus der Entwicklersicht gedacht sind und die Externe kaum verstehen.

Kundenorientiert ist es nicht, wenn sich die Informationen zu Systemen von den Systemen lösen. Oft stehen Handbücher zwar im Internet zur Verfügung, lassen sich aber nicht sinnvoll suchen, weil die Entwickler keine Produktbezeichnung aufs Gerät geschrieben haben und der Karton längst weg ist.

Oft lösen sich auch Systembestandteile vom System: Kleine Spezialkabel, Adapter und Dongles sind oft bald nicht mehr zuzuordnen, wenn der Anwender nicht jeden Produktkarton aufhebt und darin sämtliche Einzelteile und Informationen zum Produkt aufbewahrt – sinnvoll beschriftet sind diese Teile ja fast nie. Und so strukturiert, dass sie alle Einzelteile wie in einem Profilager verwalten, arbeiten nun einmal die wenigsten Leute.

Vielleicht ist das der entscheidende Aspekt: Technokraten berücksichtigen nicht die Performance ihrer Produkte in der konkreten Situation. Sie konstruieren Systeme, die im Scheuklappenblick wunderbar funktionieren, aber sie ignorieren den Kontext. Und so bauen sie eben schwarze Ölmessstäbe. Oder sie installieren in den Waschräumen militärischer Anlagen Wasserhähne mit optischem Sensor – obwohl wir unter Beschuss einen Wasserhahn brauchen, der allein durch den Wasserdruck Wasser herausrückt.

Die Welt der Technik ist randvoll mit Beispielen für undurchdachte Entwicklungen. Und das liegt am technokratischen Menschentypus. Der Realitätssinn fehlt. Es mangelt am mehrfach erwähnten „gesunden Menschenverstand".

Wer heute also mit technischen Entwicklungen erfolgreich sein will – ob als Gründer oder in einem etablierten Unternehmen –, braucht für meine Begriffe unbedingt einen Perspektivenwechsel für die beteiligten Techniker. Techniker müssen ganz generell verstehen, vom Ergebnis her zu denken, von der Anwendung her, und das eben nicht anbieterorientiert, sondern kundenorientiert. Sie müssen sich für die Kundenperspektive interessieren und sie zugrunde legen, statt sie zu belächeln als Sicht von Laien, die sowieso keine Ahnung haben.

Auch die Techniker und Ingenieure im Unternehmen erhalten ihr Gehalt am Ende nicht vom Chef, sondern vom Kunden. Dementsprechend gehört es zur Kundenorientierung, nicht mit einem technischen Blick auf Produktentwicklungen zuzugehen, sondern mit einem Blick auf die Menschen, die diese Produkte am Ende kaufen und anwenden.

Geschäftlich statt nur konzeptionell denken

Statt nur konzeptionell zu denken und zu überlegen, wie ein Produkt funktioniert, ist es vor allem auch wichtig, geschäftlich zu denken: Wie und auf welchen Kanälen erreicht das Produkt den Markt, und wer soll es warum kaufen? Und wenn das Produkt auf dem Markt ist: Wer wendet das Produkt wie an? Welche Fragen werden die Leute haben? Konkreter: Wie *performt* das Produkt letztlich? Diese Fragen sollten sich alle stellen, die mit dem Produkt, seiner Markteinführung und der Kundenkommunikation zu tun haben. Denn wenn ein Produkt nicht performt – so gut es aus der internen Sicht auch ist –, wird es sich auf dem Markt kaum durchsetzen.

Natürlich sind Unternehmen aus guten Gründen arbeitsteilig aufgebaut. Die Produktentwicklung und das Marketing haben verschiedene Aufgaben. Leider führt das oft zu einer Art Binnensicht, und der Blick aufs Ganze geht verloren. Für mich stellt sich das mitunter so dar: Die Marketingabteilung bucht mich für die Schlussredaktion, also für die finale Prüfung und Freigabe aller Texte, die an Kunden rausgehen. Meine Aufgabe ist es, sämtliche Formulierungen auf Verständlichkeit und Plausibilität zu prüfen. Da geht es um den Text in der Facebook-Werbung, um den Text auf der Landingpage, um die Texte in der Double-opt-in-E-Mail und in allen anderen E-Mails, die im Blick auf Kunden-Involvement, Produktauslieferung und Upselling eingerichtet sind. Auch Social-Media-Postings gehen dabei über meinen Tisch. Es ist eine recht komplizierte Aufgabe, denn dazu muss ich den Überblick bekommen, was das Unternehmen über welchen Kanal an wen kommuniziert. Und oft laufen mehrere Prozesse parallel, und die Zielgruppen überschneiden sich. Gerade Onlinemarketing arbeitet oft mit „Funneln" („Trichtern"), die aus haarklein definierten automatisierten Prozessen bestehen – da darf keine einzige Formulierung Irritationen auslösen. (Von Funneln ist später noch die Rede.)

Manchmal gibt es Unklarheiten zum Produkt – ich frage also meine Ansprechpartner im Marketing, ob das Produkt denn auch dieses und jenes könne, was der Kunde assoziiert, wenn er eine bestimmte Marketingbotschaft liest. Der Sinn meiner scheinbar dummen Frage war es, herauszufinden, ob ein Marketingtext den Kunden enttäuschen könnte, weil er falsche Assoziationen weckt. Wissen Sie, was mir ein Marketingmann einmal darauf geantwortet hat? „Aber das ist doch ‚Produkt'!" Er wollte mir damit sagen, dass ihn das nicht interessiert, das sei eine Frage an die Produktentwicklung. Er richtet sich nur nach seinem Marketingkonzept. Das besteht aus einer PowerPoint-Präsentation, die in zahlreichen Meetings im Detail besprochen und festgeklopft wurde. Die Produktentwicklung war auch beteiligt, sicher. Doch hier geht der Blick aufs Ganze verloren, und mir wird klar, weshalb die Chefetage mich ins Unternehmen geholt hat: Das Marketing setzt ein Konzept um, ohne darüber nachzudenken und ohne Fehler für möglich zu halten. Es arbeitet quasi regel- und prozessorientiert.

Oft sabotieren Abteilungen einander.

Ich weiß, dass der Blick aufs Ganze mitunter schwierig ist. In den meisten produktiven Unternehmen arbeiten die Leute unter Hochspannung. Sie haben gar keine Zeit, sich mit scheinbar unsinnigen Fragen zu befassen. Ich bekomme dann gern auch mal das Feedback, man verstehe sein Handwerk schon. Wenn ich mich dann aber mit einer Testadresse anmelde und den Prozess durchlaufe, stoße ich auf genau die Stolpersteine, die ich vermutet habe: Die Informationen zu einem Bestandsprodukt sind nicht aktualisiert – der Kunde erkennt nicht, inwieweit es sich von dem neuen Produkt unterscheidet. Entsprechend empfindet er die Unternehmenskommunikation als inkonsistent und steigt aus. Oder eine logische Weiche fehlt und der Prozess lenkt den Kunden ausschließlich auf die Privatkundenschiene, sodass sich Geschäftskunden nicht abgeholt fühlen.

Der Weg des Produktes von seiner Idee zum Kunden

Was ich hier beschreibe, ist mehr oder weniger die Fesselung ans Konzeptionelle. Viele Berufstätige lieben das Konzeptionelle und verlieren den Blick aufs Geschäftliche. Sie lieben Meetings und PowerPoint-Präsentationen, in denen sie Ideen visualisieren. Oft funktioniert das gut, aber manchmal wird das Ganze zu theoretisch und vor lauter Konzept gerät der Kunde aus dem Blick. Nicht, dass der Kunde nicht definiert wäre – das ist er schon, er hat sogar eine multiple Persönlichkeit und trägt mehrere Namen. Die Idee, eine fiktive Figur als „Persona" zu entwerfen, anhand derer Eigenschaften das Marketingkonzept entsteht, ist grundsätzlich clever. So lassen sich Verkaufstexte gezielt formulieren, sie sprechen dann exakt die Schmerzpunkte der jeweiligen Zielgruppe an. Und hat ein Produkt mehrere Zielgruppen, lassen sie sich in den Formulierungen auch spezifisch ansprechen. Aber zu diesen konzeptionellen Überlegungen gehört immer auch der Praxisblick, also die Überlegung: Kommt der Kunde überhaupt mit auf die „Customer Journey", die wir ihm vorschlagen? Hat er daran Interesse? Empfindet er das Ganze als sinnvoll und will er seine Zeit damit verbringen? Ist das nicht der Fall, bringen sämtliche konzeptionellen Überlegungen im Detail nichts.

Geschäftlich zu denken statt nur konzeptionell, heißt also, an jeder Stelle die Performance der Prozesse und des Produktes zu berücksichtigen. Es muss erlaubt sein, den gewohnten Denkrahmen zu verlassen und außerhalb der jeweiligen arbeitsteiligen Aufgabe Fragen zu stellen.

Wie Sie sich vielleicht denken können, macht es nicht immer Spaß, mit mir zu arbeiten. Spaß zu verbreiten ist aber bei solchen Aufträgen auch nicht meine Aufgabe. Meine Aufgabe als Berater ist es oft eher, in Kommunikationsprozessen wunde Punkte zu finden. Wenn ich darin herumbohre, gefällt das niemandem. Ich bin es also in gewisser Weise gewohnt, bei solchen Aufträgen auch mal der „bad guy" zu sein.

Im Grunde sollten alle Beteiligten den gesamten Weg des Produktes im Blick behalten – von der Produktidee bis zur Anwendung durch den Kunden. Wenn sich alle daran halten, kommt kein schwarzer Ölmessstab auf den Markt. Beim schwarzen Ölmessstab hat irgendeiner der Protagonisten die Produktperformance ignoriert. Oder eine schlechte Entscheidung wurde beibehalten, statt korrigiert zu werden.

Geschäftlich denken heißt auch, die Konzeption ergebnisorientiert auszurichten.

Auf solche Art geschäftlich denken sollten auch Mitarbeiterinnen und Mitarbeiter. Viele Entwickler denken nicht geschäftlich, sondern betrachten ihren Arbeitsplatz als gemütliche Tüftler-Oase. Hier können sie ihrer Neigung folgen. Hier können sie sich mit ihrer Liebe zum

Detail in Programmierungen vertiefen oder in Schaltungen und anderen Konstruktionen. Dass am Ende ein Produkt steht, das die Leute reklamieren, wenn es nicht anwendbar ist, sehen sie oft nicht. Undurchdachte Produkte auf den Markt zu werfen, welche die Nutzerperspektive ignorieren, spart zwar möglicherweise in der Produktentwicklung Geld – aber diese Sparerei rächt sich dann durch mehr Ressourcenbedarf beim Support und bei der Abwicklung von Retouren. Dem lässt sich vorbeugen, wenn alle nötigen Prozesse wirklich klug durchdacht sind.

Vom Großen ins Kleine denken

Ein weiterer Aspekt in Sachen „geschäftlich denken" ist Sparsamkeit. Jede doppelte Schleife, jede Arbeit für den Papierkorb kostet ein Unternehmen Unsummen. Klug ist es, die Dinge jeweils nur einmal anzufassen, nicht mehrmals. Und sie professionell anzugehen, also nach handwerklichen Maßstäben „korrekt". Das Denken in Konzepten kann zu einer unglaublichen Verschwendung führen.

Ich kenne ein Unternehmen, das im Grunde alles doppelt und dreifach macht und damit unfassbar viel Manpower verschwendet. Einmal war ich als Redakteur eingekauft worden, um eine Produktbroschüre herzustellen. Allerdings lag das Projekt nicht in meiner Hand, sondern in der Hand des Marketings. Das Konzept galt als fix, änderte sich aber dann doch mehrmals im laufenden Projekt. Die Textlängen fertiger Texte änderten sich, sodass wir sie umschreiben mussten. Ständig flossen neue Ideen ein: Die Grafik sollte ihre Grafiken umstoßen und neue erstellen. Ich bekam immer wieder neuen Input, aber nicht gebündelt, sondern einzeln auf unterschiedlichsten Kanälen. Es gab keinen einheitlichen Kommunikationskanal. Nachdem der erste Entwurf der Broschüre fertig war, änderten sich die Produktnamen, obwohl die bisherigen Bezeichnungen bereits als „final" kommuniziert waren. Dann kamen weitere Seiten hinzu. Einzelne Kapitel sollten länger werden. Also änderte sich das Layout, und die bereits gesetzten Silbentrennungen und Umbrüche waren hinüber. Als dann nach jeder Menge Arbeit für den Papierkorb der „finale" Entwurf zur Freigabe stand, fiel dem Chef ein, dass die Broschüre weitere Fotos brauche.

Und so arbeitet dieses Unternehmen im Grunde bei jedem Projekt. Es ist eine abnorme Ressourcenverschwendung, weil das Unternehmen nicht vom Großen ins Kleine arbeitet, sondern mehr oder weniger assoziativ.

Das vermutlich wichtigste Prinzip der Welt: „Erst denken, dann machen."

Einem Externen könnte das ja egal sein – je mehr ich für den Papierkorb arbeite, desto höher werden meine Rechnungen. Auch den Mitarbeitern konnte es egal sein. Sie waren angestellt und bekamen ihr Gehalt völlig unabhängig davon, wie oft sie eine Grafik austauschten.

Sicher ändert man mal ein Layout, wenn man etwas Wichtiges vergessen hat. Aber das geschieht eigentlich nicht, wenn man klug plant. Das Prinzip lautet: „Erst denken, dann machen." Und nicht: „Erst ein bisschen denken, dann ein bisschen machen, dann wieder denken, dann alles umwerfen."

Die Dinge einmal tun

Und dann ist es auch möglich, die Dinge nur *einmal* zu tun. Stellen Sie sich vor, Sie lassen alle Mitarbeiter im Unternehmen bei allem erst einmal zwei Fehlversuche unternehmen, bevor sie richtig handeln. Damit verdreifachen Sie Ihre Personalkosten, vereinfacht gerechnet. Wenn Sie 30 Leute haben, die zu zwei Dritteln für den Papierkorb arbeiten, könnten Sie die gleichen Ergebnisse mit zehn Leuten erreichen, sofern Sie Ihre Abläufe entsprechend anpassen.

Damit meine ich nicht, dass eine Forschungsabteilung gleich beim ersten Anlauf das bestmögliche Ergebnis erzielt. In manchen Bereichen gehört das Prinzip „Versuch und Irrtum" dazu. Aber eben nicht in allen. Viele Projekte dieses Kunden könnten in einem Drittel der Zeit fertig werden.

„Unmenschlich" oder „ausbeuterisch" wird die Arbeit durch diese Effizienz nicht: Das Pensum ist ja das gleiche wie vorher – nur dass die Arbeit eben fortan sinnvoll ist und nicht mehr sinnlos. Das senkt auch den Frust: Niemand will auf Dauer seine Zeit mit sinnlosem Aktionismus vergeuden. Viel wohler fühlen sich Menschen an Arbeitsplätzen, wenn sie *nicht* für den Papierkorb arbeiten.

Zum Geschäftserfolg gehört es darum unbedingt, einen Plan zu haben. Einen Plan, um fortan nicht mehr im Nebel zu stochern, sondern die Dinge nur *einmal* zu tun. Und zwar gezielt. Sicher wird auch mal ein Projekt ein Misserfolg, das ist auch bei gut strukturierten Unternehmen so. Unternehmerisches Handeln insgesamt bedeutet auch, mit Misserfolgen umzugehen und sie entsprechend zu kalkulieren. Aber die Quote dieser Misserfolge sollte eben nicht höher sein als üblich in gut strukturierten Unternehmen. Schlechte Strukturen und undurchdachte Prozesse erhöhen die Misserfolgsquote. Sowohl Gründer als auch Manager etablierter Unternehmen geraten immer wieder in diese Falle. Und das liegt auch daran, dass sie vor lauter Konzeption aus dem Blick verlieren, wie sich das Produkt am Ende geschäftlich darstellt.

Das Konzeptionelle erscheint mir in vielen Unternehmen ein Selbstzweck zu sein. Bei der erwähnten Broschüre haben *alle* mitgeredet, und das nicht nach Plan. Dabei haben wir Grafiken und Texte diskutiert, wie man sich das gar nicht vorstellen kann. Wir haben gute Ideen umgeworfen, um uns angeblich bessere anzuschauen, die sich dann doch nicht als besser erwiesen haben. Sicher soll das Ergebnis gut werden, klar, aber bei der Gestaltung einer Broschüre gibt es eben viele Möglichkeiten, die sich eignen. Es gibt selten *die eine* Gestaltung, die besser ist als alle anderen. Entsprechend müßig ist es, übermäßig lang über verschiedene Entwürfe zu diskutieren, die handwerklich gut sind und sich nur geschmacklich unterscheiden. Auch bei Texten sind oft mehrere Versionen brauchbar. Klugerweise entscheidet man sich dann für eine und lässt diese Entscheidung dann auch gelten.

Sprache, Begriffe und das „KISS"-Prinzip

Das Denken in Konzepten ohne Blick auf die Produktperformance aus Kundensicht führt oft auch zu einem Verstoß gegen das „KISS"-Prinzip.[7] „Keep it simple, stupid!", lautet der Grundsatz – auf Deutsch: „Halte es einfach, Blödmann!" Also so, dass auch der Dümmste auf Anhieb versteht, worum es geht.

Dem widersprechen oft die sehr marketinglastigen Produktnamen und Bezeichnungen von Features, denen wir sowohl in der Hightech-Industrie als auch bei kreativen Start-ups begegnen. Meine Erfahrung ist: Je intelligenter die Macher sind und je komplexer ihr Wissen, desto verwirrendere Bezeichnungen für Produkte, Features und Prozesse erfinden sie. Sie denken sich vermutlich irgendetwas dabei, sicher – aber was bringt eine originelle Bezeichnung, wenn sie niemand einordnen und nachvollziehen kann?

Um beides zu differenzieren: „Einordnen" bedeutet, dass unwissende Außenstehende anhand einer Wortfolge erkennen, worum es sich dabei handelt – ob um einen Gattungsbegriff („Dackel") oder einen Namen („Waldi"). Dadurch ist der Rahmen klar, wir denken ja vom Großen ins Kleine. „Nachvollziehen" heißt dann, dass unwissende Außenstehende verstehen, was der Begriff bedeutet. Ein perfektes Beispiel dafür ist „WhatsApp": Durch den Wortteil „App" ordnen wir sofort ein, dass es sich um eine

App handelt, also um ein Programm. Das Wortspiel mit „What's up?" wiederum erklärt die Bedeutung des Wortes – es geht um eine App, bei der wir erzählen oder erfahren, was los ist.

Gute Begriffe lassen sich ohne weitere Erläuterungen einordnen und verstehen.

Lässt sich ein Begriff nicht einordnen, den ein Unternehmen in der Produktkonzeption entwirft, sind meist kreative Wortspiele oder Wortschöpfungen im Spiel, die auf Insiderwissen basieren – das ist aus Kundensicht völlig nutzlos. Bei sofort zu identifizierenden Produkten mit sofort zu identifizierendem Nutzen mögen Spielereien noch harmlos sein – also wenn ein Friseur „Schnittstelle" heißt –, aber wenn ein Produkt erklärungsbedürftig ist, wird es schon schwierig.

In meinem Seminar „Komm zum Punkt!" thematisiere ich ein Produkt namens „C14384MA" – aus dieser Bezeichnung dürfte niemand schlau werden, der nicht beim Hersteller arbeitet. Es handelt sich um einen Bildsensor, dessen Produktnamen man auch für eine Seriennummer halten kann. Klug ist es, solche Verwechslungen zu vermeiden und schon in der Konzeptphase eines neuen Produktes die Kategorien auseinanderzuhalten: Geht es um einen Gattungsbegriff, eine Funktionalität oder um einen Produktnamen?

Erfolgreiche Unternehmen halten die Dinge extrem einfach. Das beste Beispiel trotz zahlreicher Markennamen in den Produktbezeichnungen dürfte McDonald's sein: „Big Mac", „Hamburger Royal Käse", „Chicken McNuggets 9er" – wir verstehen sofort intuitiv, was gemeint ist. Und man staunt: Trotz der Wortschöpfungen heißen die Pommes Frites tatsächlich „Pommes Frites", und die Apfelschorle heißt „Apfelschorle". Und übrigens schreibt McDonald's kein Marketing-Kauderwelsch, sondern korrekte Sprache: „... flexibel *und* ganz nach deinem Geschmack!", steht da. Marketingleute müssten erschaudern: Da steht ja gar kein kaufmännisches Und („&"), sondern tatsächlich das deutsche Wort

„und" im Satz! Ausgeschrieben und in keiner Weise abgekürzt, wie uns das die Theoretiker des Produktverkaufs gern weismachen wollen! Das Ketchup heißt „Ketchup", die Mayonnaise tatsächlich „Mayonnaise".

Was für Marketingleute wie Majestätsbeleidigung wirken müsste, ist einfach nur die Anwendung des „KISS"-Prinzips: McDonald's mutet seinem Publikum nicht zu, die originellen Gedanken und die fehlerhafte Sprache eines theoretisierten Innendienstes nachzuvollziehen, sondern es spricht in der Sprache des Kunden. Weshalb sollte ein Unternehmen seinen Kunden auch eine sinnlose Übersetzungsarbeit abverlangen? Es ist eine Hürde vor dem Kauf. Kluge Unternehmen errichten vor dem Kauf keine Hürden, sondern erleichtern den Kauf. Gibt es Hürden, reißen kluge Unternehmen sie ein.

Ein anderes spannendes Beispiel ist Microsoft. Die Bezeichnungen von Microsoft wurden nach meiner Beobachtung über die Jahre hinweg immer komplexer und abstrakter. Die klassischen Office-Produkte sind durch ihre Bezeichnungen klar voneinander abgegrenzt: „Word" ist zum Schreiben da, „Excel" zum Rechnen und für Tabellen, „Outlook" zum Kommunizieren und Organisieren, „PowerPoint" zum Präsentieren und „Teams" zur Zusammenarbeit. Kompliziert wird es bei den Features. Was bezeichnet zum Beispiel die Wortfolge „SharePoint Server"? Ist das ein Programm? Ein Feature? Oder ist es ein Server, also Hardware?

Erst mal haben wir keine Ahnung. Es ist völlig unklar, ob es sich hier um einen Gattungsbegriff handelt oder um einen Produktnamen. Wir können den Begriff also zunächst nicht einmal *einordnen* – wir wissen nicht, worum es dabei geht. Dabei ist die Chance, einen Begriff einordnen zu können, die Voraussetzung dafür, ihn zu verstehen. Erst recht nicht können wir den Begriff *nachvollziehen*, denn er erklärt sich uns ja nicht. Clever wäre es, sofort einzuordnende und verständliche Begriffe zu liefern.

Wir wissen vielleicht: Das Programm heißt „SharePoint". Also: Die Gattung lautet „Programm" oder „Anwendung", die Produktbezeichnung „SharePoint". Üblicherweise würden wir schreiben, wenn wir die Marketingschreibweise mit dem Großbuchstaben mitten im Wort tolerieren: *der* „SharePoint-Server". Mit einem Strich zwischen dem Produktnamen und dem Wort „Server", weil wir eben denken, es gehe um *einen* Server. Reingefallen! Das Ganze ist ein Feature und heißt im Grunde: *das* „SharePoint Server" mit Betonung auf „Server". Die ganze Konstruktion soll einen Begriff darstellen, obwohl das Leerzeichen nach sprachlichen Kriterien das Ende des Begriffes markiert. Sprachlich begabte Menschen steigen hier aus – es verletzt ihr Feingefühl, wenn jemand so grobschlächtig mit Sprache umgeht und falsche Leerzeichen setzt. Ein Verstoß gegen das „KISS"-Prinzip ist es allemal.

Krass wird es, wenn Unternehmen mit Wortgruppen auf den Markt gehen, die drei oder vier Wörter lang sind und keine Bindestriche enthalten – weil das eben so schick ist. Tödlich ist es dann, nicht konsequent bei exakt diesen Bezeichnungen zu bleiben, sondern mal dies und mal das zu formulieren. Da steigt der potenzielle Kunde aus. Bei genialen Produkten ist das sehr schade, aber nicht zu ändern, wenn die Macher glauben, mit einer Kunstsprache operieren zu müssen, statt einfach und klar mit dem Kunden zu reden.

Schon dass die originäre Wortfolge, also die künstlich ersonnene Abfolge von drei Wörtern ohne Bindestriche, in einem Satz untergeht, bedenken die Macher in der Konzeptphase oft nicht. Sie missachten auch, dass die Käufer des Produktes in aller Regel keine Marketingleute sind.

Was genau bringen wir wem? Darum geht es – nicht um schicke Schreibweisen und Wortgeklingel.

Käufer haben üblicherweise ein völlig anderes Verständnis von Sprache: Sie schreiben weniger abgehackt und verwenden weniger Abkürzungen als Leute, die in der Marketingsphäre zu Hause sind wie die Figur des Römers Technokratus im Asterix-Band „Obelix GmbH & Co. KG". Kunden rezipieren Inhalte redaktionell, nicht mit einem sprachlichen Verständnis aus einem MBA-Hintergrund heraus. Auf viele Käufer wirkt Marketingsprache schlicht wie Gestammel – besonders dann, wenn die Texte am Ende nur dümmliche Anhäufungen von Keywords im Sinne der Suchmaschinenoptimierung sind.

All das ist beim Konzipieren zu überlegen. Wie gelingt es, einen Kundennutzen zu formulieren, damit abstruse Wortschöpfungen die Findbarkeit im Internet gar nicht erst erschweren? Und damit Menschen auf Anhieb verstehen, worum es geht?

Nach dem „KISS"-Prinzip zu arbeiten heißt wie gesagt, dem Kunden überhaupt keine Steine in den Weg zu legen. Zahlreiche Marketingkonventionen sind solche Steine, vor allem in der Kommunikation. Sie begegnen uns interessanterweise nicht bei etablierten Unternehmen, aber eben massenhaft bei Start-ups, die vorwiegend MBA- und marketinglastig geführt sind. Vor allem diese jungen Unternehmen verlieren oft den Sinn des Ganzen, den Kauf, vor lauter Konzeption aus den Augen. Diese Konzeption besteht zu etwa 50 Prozent aus Wortgeklingel, das den Kunden nicht interessiert, und zu den anderen 50 Prozent aus E-Mail-Bombing, in dessen Folge die Leute sich aus dem Verteiler austragen.

Nutzen, Nutzen, Nutzen!

Was ist es, was wir wem genau bringen? Das ist die einzige Frage, die wir uns beim Konzipieren erst mal stellen sollten. Ist die beantwortet, geht es darum, diesen Nutzen auf den Punkt genau zu formulieren. Ohne erklärungsbedürftige Kunstbegriffe, ohne Schnickschnack, in einer professionellen Sprache ohne modische Fehler. Alles, was erklärungsbedürftig oder falsch ist, erschwert den Kauf.

Und so kommunizieren vor allem viele Gründer eben am Kunden vorbei. Sie schließen von sich auf andere und meinen, ihr Marketingdenken sei der Normalzustand. Dabei ist es grotesk und realitätsfern. Aber damit sind sie in guter Gesellschaft – schließlich gehen auch andere Fachleute von sich aus und kommunizieren ohne jeden Sinn für Ergebnisorientierung juristisch, medizinisch oder technisch. Es wäre seltsam, wenn sich der Trend zur egozentrischen Betrachtung der Welt nicht auch im Querschnitt der abhängig Beschäftigten und der Gründer widerspiegeln würde.

DIE FÄHIGKEIT ZUM PERSPEKTIVENWECHSEL

Lassen Sie mich noch einmal zum schwarzen Ölmessstab kommen. Ein schwarzer Ölmessstab eignet sich nicht sehr gut dafür, einen schwarzen Ölstand abzulesen. Wer kundenorientiert denkt, weiß, dass Motoröl rasch schwarz wird. Für jemanden mit Kundenorientierung verbietet es sich, einen schwarzen Ölmessstab zu produzieren oder einzukaufen. Es gibt silberfarbene Messstäbe, die sich besser eignen.

Warum stellt jemand schwarze Ölmessstäbe her oder bestellt sie für seine Autoproduktion? Dafür gibt es zwei mögliche Gründe:

- Entweder er denkt nicht mit und erfasst gar nicht die Performance des Produktes in der konkreten Anwendung durch den Kunden.
- Oder es ist ihm egal – dann fehlt es ihm an Empathie, also an der emotionalen Fähigkeit, dem Kunden ein brauchbares Produkt bereitzustellen.

An diesem Beispiel zeigt sich auch, dass es zwei verschiedene Sorten von Kunden gibt. Genauer lässt sich das an einem Thread bei „Motortalk" ablesen, einem Autotechnik-Forum. Konkret: Die eine Sorte von Kunde nimmt hin, was Unternehmen anbieten, und hinterfragt in keiner Weise, ob sich ein Produkt kundenorientierter bereitstellen ließe. Die andere Sorte von Kunde erwartet von Unternehmen Produkte, die aus Kundensicht funktionieren. Vereinfacht: Die erste Gattung Kunde liest Handbücher, die zweite nicht. Die zweite Sorte erwartet intuitive Anwendbarkeit und ärgert sich, wenn Produkte nicht intuitiv anwendbar sind, obwohl es möglich wäre. Die erste Art von Kunde nimmt das Prinzip hin: „Was auf den Tisch kommt, wird gegessen." Die zweite Art von Kunde wählt gern selbst aus, was sie isst. Und ich schätze, dass die Zahl dieser Kunden mit der zunehmenden Individualisierung unserer Gesellschaft wächst.

Der Thread behandelt tatsächlich die Frage, weshalb bei einem bestimmten Modell der Ölmessstab schwarz ist.[8] Der Thread-Eröffner sagt, es sei recht mühsam, anhand eines schwarzen Ölmessstabs den Stand von schwarzem Öl abzulesen. Und er fragt sich, wie ein Ingenieur nur auf die Idee kommen kann, einen schwarzen Ölmessstab einzusetzen, obwohl alle Welt weiß, dass Motoröl nach einigen Kilometern eben nicht mehr goldfarben ist wie neues Öl. Weil es unter anderem der Sinn des Öls ist, die Verschmutzungen aus dem Motor aufzufangen.

Obwohl sich die Frage tatsächlich stellt, bekommt der Thread-Eröffner heftigen Gegenwind. Der User „PowerofGTI" fragt, was daran schwer abzulesen sei – er negiert also das Problem und tut so, als sei ein silbern-metallischer Stab nicht praktischer. Der User „The Banker" bedient sich einer anderen Form schmutziger Rhetorik, nämlich des Ausweichens: Wenn der Ölstand zu gering sei, melde das doch die Bordelektronik.

Wer ein Kundenproblem leugnet, kleinredet oder relativiert, eignet sich kaum zur Kundenorientierung.

Interessant, oder? Da thematisiert jemand die Usability eines Features, und andere Autofahrer – mutmaßlich keine Unternehmensvertreter – verteidigen den Mangel an Mitdenken seitens des

Herstellers, indem sie das Thema kleinreden, statt zu akzeptieren, dass wir es hier mit einem Usability-Problem zu tun haben. Angenommen, die Bordelektronik wäre ausreichend, um den Ölstand zu messen – wozu dann noch ein Ölmessstab? Kommt nun der Einwand, der Ölmessstab sei nur als Notfalllösung gedacht, falls die Bordelektronik streikt: Wozu ist er dann schwarz?

Wie auch immer wir es drehen: Aus Sicht eines Menschen, der mithilfe eines Ölmessstabs den Ölstand misst, gibt es keinen vernünftigen Grund für einen schwarzen Ölmessstab. Zumal auch Werkstätten mit dem Ölmessstab arbeiten, nicht nur Autofahrer.

Andere User dagegen vollziehen das Problem nach: Eine Werkstatt habe einen Messstab sogar silberfarben lackiert, berichtet einer – eine simple Lösung, zugegeben. Diese Leute bleiben beim Thema – und wer beim Thema bleibt, sich also darauf einlässt, kann nur zu dem Schluss kommen, dass ein schwarzer Ölmessstab eine Fehlkonstruktion ist. Unstreitig.

Die einen sehen das Problem, die anderen leugnen es und reden es klein – beide Gruppen unterscheidet eine Kernkompetenz, wenn es um Unternehmenserfolg geht: zu verstehen, dass der Anwenderblick zählt und nicht der Entwicklerblick. Es ist zuerst einmal eine kognitive Fähigkeit, hat also mit Intelligenz zu tun. Es geht um die einfache Erkenntnis, dass der Kunde im Zweifel ein anderes Produkt wählt, also auf einen Anbieter ausweicht, wenn etwas nicht intuitiv verständlich ist und nicht auf Anhieb funktioniert. Das zu begreifen setzt ein Mindestmaß an ökonomischem Sachverstand voraus – der ja, wie erwähnt, in Deutschland gelinde gesagt unterentwickelt ist.

„Blankoscheck" oder „Handschlagdarlehen"?

Es ist so ähnlich wie bei der Kommunikation: Zielorientierte Kommunikation setzt verständliche Informationen voraus. Wer rein absenderorientiert denkt und sich keine Gedanken darüber macht, ob der Empfänger eine Botschaft versteht, sendet interne Codes und unverständliche Fachbegriffe.

Ein Beispiel dazu aus meinem Seminar ist das Produkt „Blankokredit". Finanzexperten kennen den Begriff – es geht um einen Kredit ohne Sicherheiten. Wer als Experte von sich auf andere schließt und erwartet, dass das Publikum diesen Fachbegriff versteht, irrt sich. Menschen, die den Begriff nicht kennen, verstehen ihn nicht. Da unser Gehirn nach möglichen Interpretationen sucht, greift es nach der nächstverfügbaren Referenz, dem „Blankoscheck". Dann stellt es eine Analogie her und überträgt die Eigenschaften des bekannten „Blankoschecks" auf den unbekannten Begriff „Blankokredit". Laien vermuten also oft, ein Blankokredit sei eine pauschale Kreditzusage, bei der der Kunde jede beliebige Zahl eintragen kann – die Bank sagt also zu, ihm jeden gewünschten Betrag zur Verfügung zu stellen. Natürlich stimmt das nicht, aber das Gehirn arbeitet eben so. Auf der Suche nach Verständnis stellt es auch falsche Analogien her und produziert Denkfehler und Irrtümer.

Konvergent denkenden Absendern ist es egal, wenn der Kunde einen Begriff nicht versteht. Sein Problem, denken sie. Soll er sich doch bitte mit unserer Materie befassen. Sie agieren wie Lehrer, die von Schülern verlangen, sich gefälligst anzustrengen, wenn sie einen Text nicht verstehen. Dass das Problem im Kern darin besteht, dass sich der Autor nicht klar ausdrückt, erfassen konvergent denkende Menschen in aller Regel nicht.

Doch es geht auch divergent gedacht: Wenn die Sparkasse Attendorn-Lennestadt-Kirchhundem (sie heißt tatsächlich so) in einem Workshop den Begriff „Handschlagdarlehen" entwickelt, dann ist dieser Begriff vielleicht nicht der korrekte Fachbegriff. Aber er funktioniert. Und darauf kommt es an: Das Gehirn findet zu einer Interpretation, die dem Kern der Sache sehr nahekommt.

Der Unterschied zwischen beiden Denkweisen ist hier eklatant: In der Schule und in der Universität mussten wir lesen. Als Erwachsene lesen wir in aller Regel freiwillig. Heißt: Lehrer konnten uns zwingen, uns mit unverständlichen Texten herumzuquälen. Ein Unternehmen – sofern wir nicht für dieses Unternehmen oder mit ihm arbeiten – kann das nicht. Ist die Kommunikation eines Unternehmens nicht sonnenklar, nimmt niemand seine Unternehmensbotschaften auf, fertig. Und das muss ja auch keiner. Es ist dann einfach selbst verschuldetes Versagen des Unternehmens: Es könnte ja kundenorientiert kommunizieren, aber es verzichtet aus freien Stücken darauf. Völlig ohne Not.

Die Beobachtung der Kommentare in dem Thread bei „Motortalk" ist also alles andere als oberflächlich. Das Verhalten dieser Trolle bildet ein Grundproblem unseres Denkens ab, aus dem massive Kundenfeindlichkeit resultiert. Wer allen Ernstes erwartet, jemand solle sich mit einem schwarzen Ölmessstab abfinden und den auch noch als normal oder gar praktisch empfinden, ist mit größter Wahrscheinlichkeit ein komplett konvergenter Denker. Die Geisteshaltung dahinter ist die gleiche „Friss oder stirb"-Haltung wie im öffentlichen Dienst, der die Verantwortung fürs Verständnis von Texten auf den Empfänger schiebt – ob es dabei um Behördenbriefe geht oder um die Texterschließung in der Schule oder im Studium.

Ein gutes Produkt floppt, wenn die Akteure im Unternehmen nicht die Perspektive wechseln können.

Kundenorientierte Produkte lassen sich mit solchen Leuten kaum auf die Beine stellen – sie können einem guten Unternehmen mit guten Produkten sogar die Performance versauen. Sitzen solche Leute an entscheidenden Stellen, wird jeder Versuch, das Unternehmen kundenorientierter auszurichten, zumindest erschwert.

Perspektivenwechsel rational und emotional

Aus Sicht des Kunden denken, seine Perspektive einnehmen – diese Fähigkeit besteht für meine Begriffe aus zwei Teilen, und zwar aus einem rationalen und einem emotionalen Teil. Es geht um „Mitdenken" und „Empathie". Diese beiden Kompetenzen bilden die Grundlage für jede Form von Kundenorientierung. „Empathie" bedeutet so viel wie die Fähigkeit, mitzufühlen. Der Unterschied zwischen Mitdenken und Mitfühlen ist der gleiche wie der zwischen Denken und Fühlen: Das eine ist rational, das andere emotional. Beide erfordern unterschiedliche Formen von Perspektivenwechsel.

Und beide sind unterschiedlich wichtig. Um es vorwegzunehmen: Ich halte die Empathie für nachrangig. Warum?

Der oft vermittelte Grundgedanke, dass es bei Kundenorientierung und Service um eine rein emotionale Sache geht, ist in meinen Augen unzutreffend. Und das aus einem einfachen Grund: Wenn der Kunde ein Problem hat, dann hilft ihm das menschliche, empathische und nachfühlende Bedauern der Hotline nicht. Die gesamte emotionale Anteilnahme und die in Workshops erarbeitete menschenfreundliche Sprache bringt nichts, solange das Unternehmen nicht konkret *hilft*. Viele Unternehmen helfen aber nicht, sondern bedauern nur. Und das ist schlichtweg keine Kundenorientierung. Von Kundenorientierung können wir dann sprechen, wenn das Unternehmen *in erster Linie* das Kundenproblem löst – das ist das Must-have. Wenn das gegeben ist, kann es meinetwegen auch noch sein Bedauern ausdrücken – das ist das „Nice-to-have". Unternehmen nur beizubringen, dass Supportmitarbeiter freundlich sein und Verständnis für die Lage des Kunden äußern sollen, bringt Unternehmen auf eine völlig falsche Spur.

Mitdenken

Der rationale Teil des Perspektivenwechsels besteht aus mehreren Komponenten – vor allem aus Geistesgegenwart und Vorstellungsvermögen. Insgesamt bedeutet „Mitdenken“, die Perspektive eines anderen einzunehmen und in dessen Sinne zu handeln.

Jemand denkt mit, wenn er den Fahrer vom Beifahrersitz aus auf ein nahendes Schlagloch hinweist. Das erfordert die Geistesgegenwart, das Schlagloch überhaupt zu sehen und seine Bedeutung rasch zu erfassen. Und es erfordert das Vorstellungsvermögen, dass der Fahrer das Schlagloch übersehen könnte – jedenfalls dann, wenn der Fahrer keine Anstalten macht, vom Gas zu gehen oder auszuweichen. Den Fahrer auf jedes Verkehrsschild hinzuweisen ist ganz sicher zu viel mitgedacht und beleidigt die intellektuellen Kompetenzen des Fahrers. Mitdenken ist für sich genommen also auch schon eine Kunst – es sollte nicht zu viel und nicht zu wenig sein.

Geistesgegenwart: Neue Situationen sofort erfassen

Für sich genommen ist Geistesgegenwart die Fähigkeit, eine neue Lage sofort zu erkennen, ihre Bedeutung zu erfassen und daraus einen Handlungsimpuls abzuleiten. Das ist im Grunde nicht viel verlangt.

Ein simples Beispiel erlebe ich immer wieder in Hotels: Ein Rezeptionist ordnet Unterlagen, und ein Gast kommt an den Tresen. Das ist eine neue Lage. Der Rezeptionist zeigt dann Geistesgegenwart, indem er die Bedeutung erkennt: Hier will jemand Aufmerksamkeit, und zwar sofort. Das zu erkennen ist eine rein kognitive Aufgabe, der Rezeptionist braucht dafür keinerlei Fähigkeit zur Empathie und keine Emotion.

Viele Mitarbeiter an Rezeptionen blicken aber nicht einmal

auf, sondern ordnen ihre Unterlagen weiter. Natürlich merken sie, dass da jemand wartet, und natürlich ist ihr Verhalten unhöflich. Aber sie kommen mit dem Konflikt nicht klar, zwei Dinge auf einmal tun zu müssen. Also tun sie so, als würden sie nichts merken.

Kunden zu ignorieren ist alltäglich – nur wenn die Personalabteilung es mitbekommt, wird es zum Problem.

Wissen Sie, was mein Problem als Gast in solchen Situationen ist? Zuerst wirkt es aus der Kundenperspektive so, als nehme der Rezeptionist mich tatsächlich nicht wahr. Das kann theoretisch auch sein, vielleicht hat er ein eingeschränktes Gesichtsfeld und hört schlecht. Also sage ich vernehmlich: „Hallo?“ Dann zeigt sich sofort, wer gut ist und wer nicht. Manche kläffen zickig zurück: „Ich habe Sie gesehen, aber ich kann nicht alles auf einmal machen.“

Hui, das sollte aber besser niemand aus der Personalabteilung hören! Personaler führen solche Sozialkom-petenzen gern rasch wieder dem Arbeitsmarkt zu – irgendwas kann schließlich jeder, und das dem Markt vorzuenthalten ist unverantwortlich. Ich wollte gar keinen Druck machen, sondern nur sichergehen, dass ich „in der Pipeline“ bin. Ohne ein Feedback des Gegenübers weiß ich das nicht, also frage ich nach.

Dabei spricht nichts dagegen, kurz etwas fertig zu machen. Dazu erfordert die Geistesgegenwart nur ein kurzes kommunikatives Signal: „Eine Sekunde bitte, ich bin sofort bei Ihnen.“ Jeder normale Mensch wird es verstehen, dass ein Mitarbeiter erst kurz noch etwas zu Ende bringt. Also: die neue Lage erkennen (jemand will etwas), die Bedeutung dieser neuen Lage erfassen (das Gegenüber braucht das Signal, erkannt worden zu sein) und dann daraus eine Handlung ableiten (dem Gegenüber signalisieren, dass man es wahrgenommen hat, und kurz um Geduld bitten).

In vielen Serviceschulungen geht es im Zusammenhang mit solchen Themen um den emotionalen Aspekt, also um Anteilnahme, um das Verständnis für die Situation des Gastes. Das ist ein netter Ansatz, aber erschreckend viele Menschen sind nun einmal empathieunfähig, und wir werden sie nicht ändern können.

Wollen wir mit solchen Leuten arbeiten, müssen wir eben einen konvergent gedachten Prozess und eine mathematisch gedachte Funktion vorgeben: *Wenn* du gerade Unterlagen ordnest und ein Gast an die Rezeption kommt, *dann* signalisierst du ihm, dass du ihn gesehen hast und bittest ihn kurz um Geduld. Mit diesem Konzept performt sogar ein unempathischer Mensch kundenorientiert.

Oder: *Wenn* im Supermarkt nur zwei Kassen geöffnet sind und sich lange Schlangen bilden, *dann* ist eine weitere Kasse zu öffnen. Um diese Funktion zu erfüllen – es handelt sich schließlich um eine simple Funktion im Geiste des konvergenten Denkens –, braucht niemand Empathie. Im Gegenteil wäre es für die Wartenden in einer Kassenschlange ein Hohn, lediglich einen emotional-empathischen Ausdruck des Verständnisses für die Wartezeit zu hören, während niemand eine weitere Kasse öffnet. Denn das Helfen steht vor der Anteilnahme, das Mitdenken vor der Empathie.

Statt also von empathielosen Menschen zu verlangen, sich in andere einzufühlen, kann man ihnen auch einfach Checklisten vorgeben. Funktionieren diese rationalen Aspekte des Perspektivenwechsels – das Unternehmen löst das Problem –, spricht nichts gegen zusätzliche emotionale Signale. Aber solange das Unternehmen nicht kundenorientiert agiert, ist es Unsinn, Geburtstagsgrüße zu verschicken. Solange ein Unternehmen seine Hausaufgaben in Sachen Mitdenken nicht macht, bewirken solche Spielereien keine Kundenorientierung, sondern Spott.

Geistesgegenwart im Business heißt auch, zu merken, dass sich Leute vom Newsletter abmelden. Wenn die Öffnungsraten sinken oder immer mehr Menschen die Abmeldefunktion betätigen, dann stimmt etwas an den Inhalten der Newsletter nicht. In aller Regel sind diese Newsletter zu sehr vom Unternehmen aus gedacht und berücksichtigen zu wenig die Kundenperspektive. Im Kapitel „Ein unwiderstehliches Angebot" geht es um die Frage, wie wir einer Zielgruppe oder konkreten Kunden etwas verkaufen. Ohne Kundenorientierung funktioniert das nahezu nicht.

Vorstellungsvermögen: Den Teller verlassen

Der zweite wichtige Teil des Mitdenkens – das Vorstellungsvermögen – ist im Kern die Fähigkeit, zu verstehen, dass wir uns möglicherweise in einer Filterblase befinden. Eine Filterblase ist eine Welt der selektiven Wahrnehmung, auch „Betriebsblindheit" genannt. Wer Vorstellungsvermögen hat, sieht die Gefahr, vor lauter internen Denkstrukturen die Kundenperspektive zu vergessen.

Vorstellungsvermögen bedeutet nicht nur, über den Tellerrand zu blicken und zu schauen, wie andere Menschen sich verhalten. Sondern es bedeutet auch, den Teller zu verlassen.

Eine Marketingabteilung blickt zaghaft über den Tellerrand, wenn sie eine Kundenumfrage startet. Den Teller zu verlassen würde bedeuten, dass sich jemand mit verschiedenen Testadressen für verschiedene Onlinemarketing-Prozesse anmeldet und aus Kundensicht nachvollzieht, ob das Unternehmen überhaupt klug performt oder die Leute eher nervt. Es würde bedeuten, dass Hotelmanager selbst im Hotel übernachten und am eigenen Leib erfahren, wie unsinnig die Lichtschaltung im Zimmer ist. In der IT würde es bedeuten, tatsächlich reale Kunden als Tester einzusetzen, die dem Unternehmen bescheinigen, dass die geplante Benutzeroberfläche Unsinn ist, weil sich die einfachsten und häufigsten Funktionen nicht auf Anhieb finden lassen.

Der Grundgedanke des Vorstellungsvermögens ist einfach: Nur weil wir irgendwie handeln, heißt das nicht, dass andere auch so handeln. Konkret:

- Nur weil wir etwas tun, heißt das nicht, dass auch Kunden das tun (Handbücher lesen, uns in Funktionen hineindenken, gern Prozesse durchlaufen).
- Nur weil wir etwas nie tun würden, heißt das nicht, dass auch sonst niemand es tut (von der Logik anderer Websites auf unsere schließen).
- Nur weil wir selbst unsere Newsletter lesen, heißt das nicht, dass auch unsere Kunden unsere Newsletter lesen.
- Nur weil wir selbst unsere Newsletter gut finden (wir schreiben sie ja und sind davon überzeugt), heißt das nicht, dass auch unsere Kunden unsere Newsletter gut finden – wenn wir über uns statt über den Kundenbedarf und -nutzen sprechen, kommunizieren wir am Kunden vorbei.
- Nur weil wir unser kompliziertes System von Produktbezeichnungen nachvollziehen (schließlich haben wir es uns ausgedacht), vollzieht es der Kunde noch lange nicht nach. Auf den Kunden können unsere Wortschöpfungen höchst verwirrend wirken – vor allem wenn die Bezeichnungen wie erwähnt aus mehreren zusammenhängenden Kunstbegriffen ohne Bindestriche bestehen.
- Nur weil unser Unternehmen im Zentrum unserer Aufmerksamkeit steht, steht es noch lange nicht im Zentrum der Aufmerksamkeit des Kunden. Für ihn ist unser Unternehmen einer von vielen Anbietern verschiedenster Dinge. So wie wir viele einzelne, individuelle Interessenten und Kunden haben (die wir absurderweise wie ein Kollektiv behandeln), so hat jeder einzelne dieser Menschen zahlreiche Anbieter für vieles.

Wir sind also nicht der Nabel der Welt.

Entsprechend ist es übrigens auch nicht von Belang, was wir uns vorstellen können. Den Satz „Das kann ich mir nicht vorstellen", höre ich von Mitarbeitern in Kunden-Unternehmen immer wieder. Dabei spielt es keine Rolle. Sicher kann es sein, dass sich jemand aus dem Marketing nicht vorstellen kann, dass angesichts der E-Mail-Flut die Glaubwürdigkeit des Unternehmens sinkt. Aber es ist eben so. Ob er sich das nun vorstellen kann oder nicht.

Empathie

Wenn es um Kundenorientierung und um die Fähigkeit geht, die Perspektive anderer Menschen einzunehmen, ist meist ausschließlich von „Empathie" die Rede. Sie steht auch für viele Trainerkollegen über allem – das Mitdenken blenden sie aus. Empathie bedeutet „Einfühlungsvermögen", und der Begriff sagt es: Es geht ums Gefühl.

Wie erwähnt, halte ich diesen emotionalen Teil des Perspektivenwechsels für viel weniger bedeutend als den Aspekt des Mitdenkens. Denn sofern jemand nicht mitdenkt, bringt uns auch sein Mitgefühl nichts.

Empathie heißt, überhaupt wahrzunehmen, dass es andere Sichtweisen als die eigene gibt.

Das Thema „Empathie" birgt noch ein weiteres Problem: Sich in andere einzufühlen ist für viele Menschen zu viel verlangt. Viele können es einfach nicht. Fragen Sie mich bitte nicht nach dem Grund, aber bei erstaunlich vielen Menschen fehlt die entsprechende Gehirnwindung. Sie denken nur an sich selbst, gehen in allem von sich aus, schließen von sich auf andere und kommen im Traum nicht auf die Idee, dass sich die Benutzeroberfläche ihrer neuen Software dem Kunden gar nicht erschließen *kann*.

Solche Leute erfassen gar nicht, dass eine andere Sichtweise als ihre nötig sein könnte, um ihre Geschäftsprozesse zu betrachten. Sie haben in ihrer Ausbildung oder in ihrem Studium *eine* Sichtweise gelernt und wenden sie auf alles an – eine für die Psychologie seit Jahrzehnten bekannte kognitive Verzerrung. Der US-Philosoph und -Psychologe Silvan Solomon Tomkins (1911–1991) formulierte 1963: „Wenn man einen Hammer hat, neigt man dazu, nach Nägeln zu suchen." Der durch sein Modell der „Bedürfnispyramide" bekannte US-Psychologe Abraham Maslow (1908–1970) schrieb 1966: „Ich glaube, es ist verlockend, wenn das einzige Werkzeug, das man hat, ein Hammer ist, alles zu behandeln, als ob es ein Nagel wäre."

Dem Phänomen liegt die Erfahrung zugrunde, dass sich auch bisherige Probleme mit der gewohnten Methode haben lösen lassen. Also – und das ist der Denkfehler – lassen sich auch künftige Probleme damit lösen. Daraus resultiert nicht nur, dass Ärzte tendenziell Krankheiten sehen, Polizisten Verbrecher und Journalisten Storys, sondern die zunehmende Betriebsblindheit schränkt auch die Empathie ein, also die Fähigkeit, eine andere Sichtweise als die eigene überhaupt erst wahrzunehmen und anzuerkennen.

So glauben beispielsweise Manager oft, alles mit Managementmethoden lösen zu können. Sie sind methodengläubig und denken, sie könnten für jeden „Need" entweder ein Tool oder einen Experten buchen, um die Lücke zu füllen. Und in dem Moment, in dem sie das Tool angeschafft oder den Experten ins Haus geholt haben, lassen sie das Problem los, als sei es schon gelöst. Abends in der Sauna denken sie, sie hätten etwas geschafft.

Es mag für manche Manager ein ungewohnter Gedanke sein, aber sehr vieles im Leben lässt sich eben nicht durch Managementmethoden lösen. Konflikte im Team zum Beispiel erfordern eher einen menschlichen als einen prozesshaften Zugang. Auch die Kundengewinnung folgt diesem Phänomen. Denn – Überraschung! – Kunden sind Menschen.

Was tun, wenn Manager unempathisch sind?

Unempathische Mitarbeiter können Sie zu einem Perspektivenwechsel zwingen, wenn Sie ihnen wie empfohlen einen Prozess vor die Nase setzen, dem sie folgen müssen – die erwähnten Wenn-dann-Bedingungen. Aber was tun, wenn das Management oder sogar die oberste Führungsspitze empathieunfähig ist? Wie wollen Sie den Gedanken der Empathie in der Unternehmenskultur implementieren, wenn die Manager dort glauben, alles lasse sich in Kennzahlen abbilden?

Ich denke, hier sind wir an einem zentralen Punkt. Kundenorientierung ist kein Tool. Sie ist eine Haltung. Eine Führungsspitze, die selbst nicht in der Lage zum Perspektivenwechsel ist, wird in der Unternehmenskultur keine Kundenorientierung verankern können. Stattdessen wird sie wie üblich versuchen, menschliches Verhalten zu quantifizieren. Sicher lässt sich vieles messen – Verweildauern auf Websites und Videos oder ob jemand eine E-Mail liest. Auch lässt sich messen, dass die Leute eben keine E-Mails mehr lesen, dass die Öffnungsraten sinken und dass sich immer mehr vom Verteiler abmelden.

Wenn der Kunde weg ist, war er halt nicht Zielgruppe? Denkfehler! Wir können ihn auch vergrault haben.

Nur: Wie wollen Sie mit Managementmethoden messen, warum die Leute das tun? Wollen Sie denen, die sich abmelden, datenschutzrechtswidrig eine E-Mail-Umfrage schicken mit der Frage, warum sie sich abgemeldet haben? Welche Art der Antwort sehen Sie dabei vor? Formulieren Sie Antwortoptionen vor, bei denen die Gefahr besteht, dass Sie durch Ihre Betriebsblindheit die realen Gründe in keiner Ihrer Antwortoptionen berücksichtigen? Wie auch? Sobald Sie die Gründe für die Abmeldungen kennen, müssen Sie sie nicht mehr erfragen, sondern können gegensteuern.

Ich weiß, dass es in Abmeldeprozessen oft die Schleife gibt, dass man einen Grund angeben kann. Ich kenne das, weil ich mich schon oft aus Verteilern abgemeldet habe. Gibt es ein offenes Textfeld, schreibe ich: „Weil ich mich nie angemeldet habe." Oder: „Spam."

Nur stellen Sie sich jetzt bitte das Absenderunternehmen vor. Das liest jetzt also im Feedback von vielen Abmeldern „Spam". Wie reagiert jetzt ein klassisches Management? Es redet sich das Ganze schön und sagt sich: „Dann ist der Typ eben nicht unsere Zielgruppe." Doch das muss gar nicht gesagt sein. Der Typ könnte durchaus als Kunde infrage kommen. Der Punkt ist: Viele Leute melden sich wirklich nur ab, weil ihnen die hohlen Nachrichten auf die Nerven gehen. Das will das Unternehmen aber nicht hören. In der Folge verliert das Unternehmen durch seine Verzerrung der Wirklichkeit potenzielle Kunden.

Wenn eine Unternehmensführung hier nicht erkennt, dass es die Leute mit irrelevanten und aufdringlichen Botschaften belästigt, wird es die Situation nicht retten. Und um das zu begreifen, ist die Fähigkeit zum Perspektivenwechsel unabdingbar. Ohne diese Fähigkeit können Sie messen, so viel Sie wollen – sofern die Bereitschaft fehlt, die Kundenperspektive einzunehmen, wird das mit dem Kunden nicht klappen.

So setzen Sie die Kundenbrille auf

Wie beschreiben Sie jemandem die Mitternachtssonne, der sie nicht kennt? Und zwar so, dass er sie sich vorstellen kann?

Die meisten Menschen, die nördlich des nördlichen Polarkreises schon mitten in der Nacht Sonnenschein erlebt haben, beschreiben einfach, dass es nachts hell ist. Das Phänomen so zu beschreiben liegt auch nahe, schließlich stimmt es. Nachts scheint die Sonne. Und doch vollziehen das Menschen, die noch nie im Sommer in Nordskandinavien waren, nur schwer nach. Denn sie können sich nichts darunter vorstellen. Sie gehen von der Vorstellung aus, die das Wort „nachts" erzeugt. Und danach ist es dunkel. Dann sagt das Gegenüber, es sei hell? Das funktioniert nicht. Wir versuchen, uns nachts den Tag vorzustellen. Damit ist unser Gehirn überfordert.

Leichter ist es, die Perspektive zu wechseln und den Gedanken umzudrehen. Sagen Sie also nicht, dass nachts die Sonne scheint, sondern tauschen Sie die Sonne und die Tageszeit in Ihrer Argumentation aus. Sagen Sie an einem Sommertag um 20 Uhr: „Stell dir vor, es ist jetzt nachts um eins."

So funktioniert Perspektivenwechsel. Wir gehen nicht von dem aus, was wir uns vorstellen können, der Kunde aber nicht. Sondern wir gehen von dem aus, was der Kunde sich vorstellen kann. Dorthin werfen wir den Anker. Und dann ziehen wir den Kunden in unser Boot.

Wenn Sie einem kleinen Mädchen erklären, was ein Onkel ist, sagen Sie ja auch nicht: „Du bist die Tochter seiner Schwester", sondern: „Er ist der Bruder deiner Mutter." Obwohl beides das Gleiche sagt. Im Umgang mit Kindern wechseln wir intuitiv die Perspektive. Wir setzen keinen Hochschulabschluss und die Kenntnis von Fachbegriffen voraus, sondern sprechen mit Kindern so, dass sie uns verstehen. Wir setzen die Kinderbrille auf.

Und genauso wie wir die Kinderbrille aufsetzen können, können wir die Kundenbrille aufsetzen. Oder – im öffentlichen Dienst – die Bürgerbrille. Als Ärzte die Patientenbrille, als Anwälte die Mandantenbrille. Als Marketingabteilung können wir die Brille der Empfänger unserer E-Mails und Werbebotschaften bei Facebook und Instagram aufsetzen und uns überlegen, ob unsere Botschaften tatsächlich einen Sinn aus Empfängersicht haben. Der entscheidende Punkt ist dabei, aus der internen Perspektive in eine externe zu wechseln.

Die Absender von Marketingbotschaften könnten sich zum Beispiel überlegen („vorstellen"), wie ihre Botschaften beim Empfänger ankommen. Stellen Sie sich vor, die Botschaft sei die Aufforderung, sich ein bestimmtes PDF herunterzuladen oder sich zu einem automatisierten Webinar anzumelden. Zeitdruck besteht da nie, und das wissen die Leute heute auch.

Wer Kunden täuscht und für dumm verkauft, hat keine Kunden verdient.

Selbst wenn ein Webinar live ist, gibt es danach in aller Regel eine Aufzeichnung. Schon gar kein Zeitdruck besteht bei automatisierten Webinaren, die auf den ersten Blick erst einmal wie eine Live-Veranstaltung daherkommen: Zufällig ist der nächste Startpunkt in weniger als einer Stunde. Der erste Betrug solcher Webinaranbieter ist der, dem Kunden vorzutäuschen, es sei ein realer Termin. Der zweite Betrug ist die dann folgende durchgängige Inszenierung eines Live-Charakters durch einen vorab formulierten Chatverlauf mit fiktiven Figuren, wobei der Seminarleiter immer wieder auf manche Beiträge im Chat eingeht, auf unsere aber nie. Zugleich erhält er natürlich unsere Chatnachrichten separat per E-Mail und kann dann in Ruhe lesen – ohne gerade ein Webinar zu geben –, was wir als Kunde für einen Bedarf haben.

Wie kommt so etwas beim Empfänger an, wenn er es einmal durchschaut hat? Jede Menge Leute haben diesen Bluff inzwischen erkannt, und jede Menge Webinaranbieter landen durch das Für-dumm-Verkaufen potenzieller Kunden als dubios auf der mentalen Blacklist. Aus Kundensicht völlig verständlich, denn wer will sein Geld schon Leuten geben, die einen schon bei der Akquise belügen und einen Zeitdruck vortäuschen, der reine Fiktion ist?

Ebenso abschreckend sind E-Mails mit Betreffzeilen wie „Du hast dich noch gar nicht angemeldet!“ oder „Thilo, fehlt da nicht noch was???“. Würden sich die Absender auch nur für eine Sekunde in die Empfängerperspektive versetzen, wäre ihnen sofort klar, dass sich jeder normale Mensch vom Verteiler abmeldet.

Hat dieses Unternehmen dann zufällig doch einmal eine spannende Information für uns, dann bekommen wir das eben nicht mehr mit.

Mein Eindruck gerade infolge der Corona-Wirtschaftskrise ist der, dass sich zumindest die reflektierten Menschen aufs Wesentliche besinnen und viel rigoroser als früher die Spreu vom Weizen trennen. Alle scheinen sich sehr genau zu überlegen, wofür sie ihr Geld ausgeben. Wir erleben in meinen Augen eine Rückbesinnung aufs Wesentliche, auf das, was wirklich zählt.

Und auch weniger reflektierte Leute haben kein Geld, um es aus dem Fenster zu werfen. Auch wer jeden Tag ziellos fernsieht oder sich im Internet flach unterhalten lässt, kalkuliert genau, welcher sinnlose Konsumartikel Priorität hat. Die Kurzarbeit infolge der Lockdowns hat diese Zielgruppe sicher nicht zahlungskräftiger gemacht.

An manchen Unternehmen scheint das vorbeizugehen: Sie halten sich nach wie vor für unwiderstehlich. Obwohl sie oft keine Relevanz bieten.

Relevanz aus Kundensicht

Mit „Relevanz" meine ich eine Bedeutung, die eine Botschaft oder ein Produkt für die Empfänger hat. Und zwar nicht irgendeine vage Überlegung, sondern einen konkreten Sinn. Eine Botschaft oder ein Produkt kann interessant sein, lehrreich – oder vielleicht auch unterhaltsam. Wichtig ist, dass etwas jemanden wirklich berührt, ob intellektuell oder emotional.

Was mit mir und meinem Leben nichts zu tun hat, blende ich aus. Und das ist keine mangelnde Offenheit, sondern klug, um Irrelevanz und Unsinn fernzuhalten. Die Algorithmen von Facebook und anderen filtern hier schon einmal gut vor – so wirkt eine Timeline zumindest annähernd relevant. Und trotzdem beschäftigt sich niemand mit jedem einzelnen Eintrag. So wie Leserinnen und Leser beim Durchblättern einer Zeitung in Sekundenbruchteilen entscheiden, ob etwas relevant ist oder nicht, entscheiden wir das auch bei Facebook & Co und in unserem E-Mail-Eingang. Und zwar meist, ohne die jeweilige E-Mail dazu öffnen zu müssen. Wir müssen ja auch keinen Zeitungsartikel bis zu Ende lesen, um festzustellen, dass er irrelevant ist.

Seriöse Unternehmen erzeugen keinen Kaufdruck.

Vor diesem Hintergrund ist es mir völlig unbegreiflich, wenn Unternehmen Druck erzeugen. Selbst wenn ich weiß, worum es geht – also darum, dass ich mich zu etwas (noch) nicht angemeldet habe –, hat Druck zumindest für mich keine Relevanz. Und ich bin nicht allein. Die Mehrheit dürfte wissen, dass der Anbieter Druck hat, nicht der Kunde. Und dass Angebote wiederkommen.

Meine Haltung mag da ein wenig konservativ sein, aber ich denke: Seriöse Anbieter setzen Kunden niemals unter Kaufdruck. Es mag sein, dass es eine bestimmte Ware nur vorübergehend gibt („solange der Vorrat reicht“), aber ansonsten gehe ich dann ins Restaurant, wenn ich etwas essen will. Kein Restaurant proklamiert: „Heute nur bis 17 Uhr geöffnet!“ und schickt dann um 16 Uhr eine E-Mail aufs Handy: „Du hast dich ja noch gar nicht zum Essen angemeldet!“ Aber nahezu das gesamte Onlinemarketing arbeitet so.

Worum geht es?

Woran merken Menschen eigentlich, ob ein Zeitungsartikel für sie relevant ist, ohne ihn zu lesen? Um das zu verstehen, ist zweierlei wichtig: einmal die unfassbare Geschwindigkeit, in der unser Gehirn neue Informationen erkennt, und dann der Weg, auf welche Weise das Gehirn diese Informationen einordnet.

Stellen Sie sich vor, Sie zappen durchs Fernsehprogramm. Und zwar klicken Sie sich wirklich rasch durch. Sie verweilen nicht mehrere Sekunden bei jedem Sender, sondern drücken sofort wieder auf den Knopf. So sehen Sie vielleicht von jeder Sendung und jedem Beitrag anderthalb Sekunden.

Entscheidend ist zunächst nicht der Inhalt. Entscheidend ist erst einmal, worum es geht.

Diese anderthalb Sekunden genügen komplett, damit Ihr Gehirn versteht, ob es sich um ein fiktionales oder nicht-fiktionales Format handelt. Sie hören dabei nicht einmal einen vollständigen Satz, Sie können also gar keinen vollständigen Sinnzusammenhang erfassen. Und trotzdem begreifen Sie sofort, worum es geht und womit Sie es zu tun haben: mit einer Nachrichtensendung oder einem Nachrichtenbeitrag, mit einem Dialog zweier Schauspieler in einer amerikanischen Komödie, in einer Quizshow oder in einer Kochsendung. Und dann entscheiden Sie eben, ob Sie sich im Augenblick für eine Komödie oder eine Kochsendung interessieren.

Unser Gehirn erkennt also innerhalb weniger Augenblicke, worum es sich bei etwas handelt. Es erfasst, worum es geht. Das genügt als Basis, um zu entscheiden, ob wir uns dafür interessieren. Bei der Zeitung ist das genauso: Anhand der Überschrift erfassen wir das Thema, im Zweifel scannen wir den Text und erkennen Schlüsselbegriffe. Unser Gehirn ordnet diese Informationen ruckzuck ein, und wir entscheiden ebenso schnell, ob wir uns für einen Beitrag zur Innenpolitik interessieren oder für einen Bericht über den Aktienkurs eines Unternehmens.

Die Art, wie das Gehirn Informationen einordnet, beruht im Grunde auf Schubladendenken, also auf dem Denken in Kategorien und Kriterien. Das Gehirn muss nicht erfassen, was in dem Beitrag über den Aktienkurs steht. Für die Entscheidung, ob das Thema interessant ist, ist es völlig gleich, ob der Aktienkurs bemerkenswert gesunken oder gestiegen ist. Das Gehirn entscheidet viel gröber: Möglicherweise ist der Bericht uninteressant, weil es ein Wirtschaftsbericht ist – dann interessieren wir uns nicht für diese *Kategorie*. Oder er ist uninteressant, weil so ein Wirtschaftsbericht erfahrungsgemäß ernst ist – dann missfällt uns ein *Kriterium*. Es kann auch sein, dass uns der Bericht interessiert, weil ein bestimmter Unternehmensname in der Überschrift steht – dann geht es wieder um eine Kategorie. Und so weiter. Wir alle haben verschiedenste Kategorien und Kriterien im Kopf, wonach wir Relevanz oder Irrelevanz erkennen.

Wenn sich jemand dessen bewusst ist, kann er ja noch einmal überlegen, ob sich Betreffzeilen wie „Thilo, fehlt da nicht noch was???" tatsächlich dafür eignen, in einer von Infoflut gekennzeichneten Zeit das Interesse von Menschen zu wecken.

Es ist dabei völlig unerheblich, was in einem Text steht – wenn wir ihn nicht lesen, weil uns das Thema nicht interessiert, erfahren wir das nicht. Egal wie wichtig dieser Inhalt aus Absendersicht für uns ist. Auch die Features eines Produktes sind nicht der Punkt, solange wir uns nicht mit diesem Produkt befassen. Das Gehirn denkt hier strikt vom Großen ins Kleine – das Konzept hatten wir ja schon. Das Gehirn fragt erst: „Worum geht es?" Und wenn das, worum es geht, interessant ist, geht es *möglicherweise* ins Detail. Aber auch das vermutlich nicht sofort, nur weil das Unternehmen das will. Sondern irgendwann. Sofern die betreffende E-Mail bis dahin nicht vergessen ist, weil die gesamte Aktion im Grunde nur für die Absender ein Riesenthema ist, für uns aber nicht.

Interessieren wir uns aber für bestimmte Themen und sind offen für den Absender – weil er sich kontinuierlich als Lieferant von relevantem Content erweist –, dann öffnen wir auch seine E-Mails. Eine Betreffzeile wie „Fünf Tipps für gute Mitarbeitergespräche" kann funktionieren, wenn der Absender bekannt und seriös ist und wenn dann in der E-Mail tatsächlich relevanter Content steht, der die Leser weiterbringt. Ob Content relevant ist oder nicht, zeigt sich im besten Fall daran, dass der Empfänger die E-Mail weiterleitet an Menschen, von denen er denkt, dass sie sich dafür interessieren könnten – so wie man auch mal eine WhatsApp-Nachricht an einen Freund schreibt, in der einfach nur steht: „Jetzt *RTL* einschalten."

Eine solche Zeile funktioniert nicht, wenn das Unternehmen seinen Ruf ansonsten mit Irrelevanz ruiniert hat. Das geschieht durch irrelevante Betreffzeilen oder auch durch relevante Betreffzeilen, wenn die E-Mail das Versprechen nicht hält. Auch geschieht es, wenn die E-Mail-Flut überhandnimmt.

Dass das Gehirn vom Großen ins Kleine denkt, betrifft übrigens auch das Konzipieren von Büchern und Vorträgen. Manche Fachleute und Autoren wundern sich, wenn ich mich am Anfang gar nicht für ihre großartigen Thesen und Geschichten interessiere. Viele reden gleich auf mich ein, auf Detailebene, mit vielen guten Ideen – mein Gehirn kann aber nichts davon einordnen, weil es noch keine Kategorie erkennt, in die das Ganze gehört. Die Schublade fehlt. Den Redeschwall unterbreche ich dann gern je nach Situation sinngemäß mit dem Satz: „Ich will nicht wissen, was du zu sagen hast. Ich will wissen, worum es geht."

Worum es geht, ist genau der Punkt: Konzepte müssen sinnvoll sein, also am Ende dem Kunden etwas bringen und für Einnahmen sorgen. Wer genug Ressourcen hat, kann sicher auch originelle Kunstaktionen auf die Beine stellen, die dem Geschäft überhaupt nichts bringen, aber die meisten haben keine Ressourcen zu verschwenden. Die Frage ist bei jeder Idee und jedem Projekt, das daraus entsteht: Bewirkt es ein erwünschtes, konkretes Ergebnis? Wenn ja, und wenn das Ganze ökonomisch läuft, kann so ein Projekt sinnvoll sein. Wenn nein, ist es wohl eher sinnlos. Und von sinnlosen Projekten sollten Geschäftsleute die Finger lassen.

Entweder wir machen etwas – dann machen wir es richtig. Oder wir machen etwas nicht – dann machen wir es gar nicht.

Ist ein Projekt sinnvoll, dann machen wir es – und zwar richtig. Dann verfolgen wir das nicht halbherzig, sondern mit voller Kraft: Wir statten das Projekt mit Personal, Zeit und Budget aus. Ist ein Projekt sinnlos, dann machen wir es nicht – und zwar gar nicht. Dann spielen wir auch nicht weiter an dem Gedanken herum. Ist ein Konzept relevant, verdient es Aufmerksamkeit. Ist es irrelevant, sollten wir es in die Tonne kloppen.

Kooperationen: Was genau dient dabei dem Kunden?

Dieser Gedanke gilt übrigens auch für Kooperationen. Auch hier ist die Frage wichtig, worum es geht und worum es nicht geht. Wer sich dauerhaft mit irrelevanten Projekten befasst – zum Beispiel weil er jede Kooperation eingeht, die sich anbietet –, wird unternehmerisch kaum erfolgreich werden. In vielen solchen beliebigen Kooperationen machen die Beteiligten *irgendetwas*, aber es hat kaum mit dem Kunden zu tun.

Möglicherweise kennen Sie das, wenn sich jemand bei Xing oder LinkedIn mit Ihnen vernetzen will. Oft sind das Einzelkämpfer, die Ihnen etwas verkaufen wollen. Oft sind es aber auch Fachkollegen. Mit mir zum Beispiel wollen sich jede Menge Trainer, Speaker und Coaches verknüpfen. Ich habe nichts dagegen, aber was wollen die? Ein Rechtsanwalt kontaktiert ja auch nicht einen anderen Rechtsanwalt und sagt: „Wir arbeiten in derselben Branche, wir sollten uns vernetzen." Wozu auch?

Mein Ziel auf Plattformen wie LinkedIn ist es, dass meine *Zielgruppe* mich als relevant erkennt. Also Geschäftsführer/-innen, Manager/-innen, Personalchefs und -chefinnen, Marketingchefs und -chefinnen sowie Vertriebschefs und -chefinnen (in diesem Satz gendere ich mal ausdrücklich, weil es bei meiner Zielgruppe definitiv nicht ums Geschlecht geht, sondern um die Funktion). Ob mich meine *Konkurrenten* als relevant erkennen, spielt für mich keine Rolle. Deren Meinung über mich ist mir gleichgültig.

Sie sehen, es ist genau das gleiche Konzept wie zuvor: Ist etwas relevant, dann kümmern wir uns darum. Ist etwas irrelevant, dann kümmern wir uns darum nicht.

Einzig entscheidend ist: Wie generieren wir Geschäft? Das hat nichts mit Habgier zu tun, sondern mit dem bekannten Satz des dm-Gründers Götz Werner (1944–2022), wonach der Gewinn nicht das Ziel eines Unternehmens ist, sondern seine Bedingung. Ohne Gewinn keine Jobs und keine Steuern. Für Gründer, Selbstständige und Unternehmen ist es ruinös, Dinge zu tun, die nichts bringen. Doch weil wir vor allem auf dem Bildungsweg zum Abitur großteils intellektuelle und schöngeistige Sichtweisen auf die Welt kennengelernt haben, stehen viele Erwachsene dem Gedanken der Effizienz feindlich gegenüber. Sie halten Kommunikation und Austausch hoch, und so bilden sie „Gruppen" und „Netzwerke", in denen sie viele schöne Dinge besprechen – aber sie generieren kein Geschäft. Und währenddessen stürmen die Dummen gemäß dem alten Sprichwort die Burg.

Wer mit seinem Produkt auf die Straße will, sollte solche Laberrunden in meinen Augen unbedingt meiden. Entweder es gibt ein solides Konzept oder nicht. Auch zum Austausch sind solche „Netzwerke" oft nur trügerische Zeitfallen. Wichtig sind einzig Ratgeber, die erfahren und kompetent sind und uns durch die richtigen Anregungen tatsächlich weiterbringen. Und die haben, so jedenfalls meine Erfahrung, für den *sinnlosen* Austausch mit *irgendjemandem* keine Zeit. Auch hier gilt: Ist ein Austausch relevant, dann begeben wir uns möglicherweise hinein. Ist er irrelevant, verzichten wir darauf.

Also nichts gegen die Menschen selbst: Alle dürfen ihr Geld verdienen, wie sie es für richtig halten. Aber deswegen sind sie noch lange keine guten Ratgeber oder gar geeignete Geschäftspartner. Ihre Meinungen sind oft unmaßgeblich.

Zumal oft auch einfach die Substanz fehlt. Immer wieder erhalte ich Kooperationsangebote, hinter denen nur heiße Luft steckt. „Wir planen eine Plattform, bist du dabei?", lautet so eine typische Anfrage. Was fehlt, sind Informationen dazu, wer warum als Kunde diese Plattform nutzen soll und wie er davon erfährt. Ein klassischer Businessplan wäre hilfreich. Mein Eindruck von der Szene der Selbstständigen außerhalb des klassischen Handwerks ist: Alle sind auf der Suche nach dem *big deal.* Aber sie vergessen, dass der Kunde im Mittelpunkt steht. Und dass eine Plattform für sich allein ohne Reichweite gar nichts bringt.

Auch potenzielle Geschäftspartner können Sie mit dem Konzept „Vom Großen ins Kleine" prüfen. Wessen Gedanken sich nur auf Detailebene ansiedeln, hat vermutlich den Überblick nicht. Er hat vielleicht einen Überblick über die Details. Aber worum es geht, welche Relevanz das Ganze für den Kunden hat, über welche Kanäle der Kunde von dem Angebot erfährt und weshalb er zugreifen sollte, das sagen sie nicht.

Und das ist ein Alarmzeichen. Denn dann ist das angepriesene Konzept vermutlich nur aus Anbietersicht gedacht. Entsprechend wahrscheinlich ist es, dass die Kooperation oder das Produkt floppt.

Es ist wie in der Zeitungsredaktion: Ein Mensch kommt hereingestürmt und erzählt ganz aufgeregt von einem Skandal. Die Redakteure haben keine Ahnung, wer das ist und worum es geht. Der „Bürger" überschüttet die Redaktion mit Unmengen von Details. Gute Redakteure werden den Redeschwall stoppen und den Menschen fragen: „Worum geht es?" So wie Rettungsleitstellen erst mal wissen wollen: „Wo ist es passiert?" Dann: „Was ist passiert?" Niemand kann einem gedanklichen Konzept folgen, wenn jemand anfängt zu erzählen: „Also, da ist ein Auto gekommen."

Um Konzepte bewerten zu können, müssen wir raus aus der Binnensicht. Und wer uns sein Konzept nicht von Anfang an glasklar aus einer externen Sicht erklären kann, dessen Konzept taugt erfahrungsgemäß nichts. Es wird zum Beispiel schon einmal nicht dem „KISS"-Prinzip entsprechen. Und taugt das Konzept, dann taugt der Macher nichts – er holt uns mit seinem detailfokussierten Redeschwall nicht ins Boot. Jemanden ins Boot holen zu können ist aber elementar bei Kooperationen und auch bei der Kundengewinnung. Auch Kooperationspartner sollten nicht nur qualifiziert und kompetent sein, sondern vor allem auch geeignet.

Ähnlich wie bei der Notfallmeldung sind die entscheidenden Fragen, die Sie nicht nur sich selbst, sondern auch möglichen Projektpartnern stellen sollten:

- Worum geht es bei dem Produkt/dem Projekt/der Kooperation aus Sicht des Kunden?
- Welchen Nutzen hat der Kunde konkret davon?
- Warum sollte sich der Kunde interessieren?
- Was soll der Kunde konkret tun?
- Wie stellt sich das Ganze in der konkreten Performance für den Kunden dar?
- Wie erfährt der Kunde von diesem Angebot?
- Was genau ist der konkrete Punkt, an dem der Kunde zugreift und sich für den Kauf entscheidet?

Solange diese Fragen nicht zufriedenstellend beantwortet sind, haben Kooperationen in meinen Augen wenig Sinn. Lassen Sie mich das am Beispiel der revolutionären Plattform beleuchten, für die man Sie gewinnen will:

- Worum geht es bei der Plattform aus Sicht des Kunden? Was leistet diese Plattform? Was ist es für eine Plattform? Wie würde der Kunde sie nennen? Gibt es bereits eine verständliche Bezeichnung, die allen sofort klarmacht, womit sie es zu tun haben? Welche Plattformen sind ähnlich, damit wir uns etwas darunter vorstellen können?

- Worin exakt besteht der Nutzen? Welchen Schmerz lindert die Plattform konkret? Inwieweit verbessert sie das Leben des Kunden oder bringt ihn weiter?
- Wozu sollte sich jemand auf dieser Plattform eintragen? Weshalb sollte er möglicherweise dafür auch noch bezahlen? Viele Dinge helfen uns, und wir kaufen sie trotzdem nicht. Wieso also sollte der Kunde mit unserer Plattform Zeit verbringen, die er vermutlich an anderer Stelle braucht? Weshalb sollte er sich dauerhaft damit befassen, also nicht nur einmal?
- Wie genau sieht der Prozess aus, durch den die Plattform-Erfinder den Kunden involvieren? Durch welche Nutzenargumentation überzeugen die Macher ihn?
- Wie nutzerfreundlich ist die Plattform? Wie intuitiv verständlich läuft alles ab? Wie gut entsprechen die Prozesse dem „KISS"-Prinzip?
- Wird überhaupt eine relevante Zahl von Interessenten auf diese Plattform aufmerksam? Wie? Über welche Kanäle wird die Plattform bei der Zielgruppe bekannt? Wodurch genau vermitteln die Macher die Relevanz und ihre Absenderkompetenz? Wie groß sind die Reichweiten der Macher? Wie groß und wie qualifiziert ist der Newsletter-Verteiler? Wie viele Fans und Follower haben die Macher?
- An welcher Stelle oder an welchen Stellen trägt sich der Kunde ein? Wie genau leiten ihn die Plattform-Macher dorthin? Was geschieht dann?

Sollten die Menschen, die mit einer Idee auf Sie zukommen, diese Fragen nicht beantworten können, besteht nach meiner Erfahrung die Gefahr, dass Sie Zeit ohne Ende verbrennen. Sinnlose Meetings, sinnlose Notizen, sinnlose Brainstormings, sinnlose Präsentationen, sinnlose Konzepte. Sicher kann sich so etwas auch in eine gute Richtung entwickeln, aber aller Erfahrung nach ist das eher die Ausnahme.

Und das Ganze betrifft eben auch jede Gründung. Sind diese Fragen nicht geklärt, dürfte das Geschäftsmodell nicht tragen, weil es den Kunden ignoriert. Die beste Plattform bringt nichts, wenn niemand davon erfährt. Oder wenn die Nutzeroberfläche nicht nachvollziehbar ist. Und vor allem wird es nicht funktionieren, wenn nicht klar ist, weshalb sich jemand anmelden und dafür bezahlen soll. Das allein aus Entwicklersicht zu begründen ist zu wenig – hier brauchen wir die Kundenbrille.

EIN UNWIDERSTEHLICHES ANGEBOT

Ich habe ein unwiderstehliches Angebot für Sie. Wollen Sie ohne Arbeit reich werden? Dann sind Sie bei mir genau richtig. Ich zeige Ihnen, wie Sie im Handumdrehen jeden Monat einfach so 15.000 Euro aufs Konto bekommen. Melden Sie sich jetzt zu meinem Webinar an, in dem ich Ihnen zeige, wie es geht! Die Teilnahme kostet nur 149 Euro.

Wo ist der Haken? Sofern Sie über einen hohen „GMV" verfügen (Sie erinnern sich: die betriebliche Kennzahl für gesunden Menschenverstand), durchschauen Sie den Betrug sofort. Angenommen, ich wüsste tatsächlich, wie ich monatlich 15.000 Euro generiere – weshalb sollte ich Webinare geben und mich mit Leuten rumschlagen?

Meine Ausrede: Natürlich habe ich ausgesorgt! Ohne Frage. Das ist ja gerade meine Absenderkompetenz. Deswegen sehen Sie mich in meiner Facebook-Werbung ja vor einer Jacht oder einem Privatjet. Deswegen sitze ich bei meinen Fotos ja auf dem Kühler eines Bentleys. Ist doch klar, dass ich schwerreich bin. Oder zweifeln Sie daran?

Der Punkt ist trotz meines Reichtums: Ich will diese grandiose Methode, mit der auch Sie ruckzuck reich werden können, in die

Welt hinaustragen. Denn ich will damit meinen Beitrag leisten für die Welt und „etwas zurückgeben". Ich bin so ein guter Mensch, dass ich meinen Mitmenschen völlig selbstlos etwas von diesem Glück schenke. Ich teile mein Wissen großzügig, weil ich ein Geber bin, kein Nehmer!

Und 150 Euro sind ja nun wirklich nicht viel Geld. Sie sind eine Geste. Damit Sie Ihr Commitment zeigen. Ich will schon, dass Sie es ernst meinen, schließlich verdienen nur ganz wenige, besondere, exklusive Menschen und Top-Performer diese besondere Gnade. Wissen Sie, das einfache Pack ohne Geld wollen wir draußen halten, insofern ist der Eintrittspreis eigentlich nur ein sozialer Filter. Es geht mir doch nicht um die läppischen 150 Euro! Da stehe ich drüber.

Also: Bewerben Sie sich jetzt! Es gibt nur noch wenige Plätze. Oder gehören Sie zum einfachen Pack ohne Geld und sind vielleicht sogar noch geizig? Pfui! Ein so guter Content sollte Ihnen schon was wert sein! Sie wissen doch: „Wert" hat mit „Wertschätzung" zu tun. Außerdem ist Geld im spirituellen Sinne Energie und über Ihr Karma gibt Ihnen das Universum ein Vielfaches zurück.

Als kluger Mensch wissen Sie: Alles Fake. Ich lüge Ihnen mitten ins Gesicht. Ehrlichkeit und Solidität sind mir völlig fremd. Es ist ein Scheinprodukt und die vorgegaukelte angebliche Knappheit ist eine betrügerische Täuschung. Mich selbst inszeniere ich als besseren Menschen, altruistisch und wohltätig, und alle, die nicht mitmachen, diffamiere ich als egoistisch, geizig und dumm. So ein plattes Gegensatzpaar funktioniert in einem James-Bond-Drehbuch hervorragend und genau deswegen schauen sich Menschen James-Bond-Filme auch an – aber in der Realität arbeiten mit solchen Methoden eigentlich nur Betrüger, Sekten und politische Ideologen. Schon wenn auf einer Landingpage eine Uhr herunterzählt und steigende Knappheit simuliert, läuten bei reflektierten Menschen die Alarmglocken.

Aber lassen Sie sich von dieser Skepsis nicht ablenken! Oder sind Sie etwa ein negativer Mensch, der immer nur das Haar in der Suppe sucht? Schämen Sie sich! Sie werden schon sehen: Das Universum wird Ihnen für Ihr negatives Denken nur Schlechtes zurückgeben. Wirklich gute Menschen denken positiv und sind offen für Neues! Und das sind Sie doch, oder? Deshalb nehmen Sie am Webinar teil! Denn natürlich wissen Sie: Erst säen, dann ernten! Also ist es wichtig, dass Sie investieren und Geld ausgeben. Ach übrigens: Mein Webinar beginnt durch Zufall schon in einer halben Stunde. Melden Sie sich jetzt an!

Ganz offenbar denken die Macher eines solchen Marketings ebenso platt wie ihr Marketing selbst. Das Kuriose daran: Sie merken nicht, dass wir es merken.

Seriös oder unseriös?

Natürlich sagen „normale" Menschen: So ein Angebot ist eben Spam. Vergleichbar mit der Betrugsmasche, wonach irgendein Unbekannter behauptet, wir hätten Millionen geerbt und müssten eine „Gebühr" von 600 Euro bezahlen, um die Überweisung zu ermöglichen. Im besten Fall bekommen wir tatsächlich 15.000 Euro monatlich, aber eben über ein Kettenbriefsystem, das uns zum Straftäter macht.

Im Grunde könnte ich Ihnen auch gleich anbieten, dass wir uns die Beute unserer gemeinsamen Raubüberfälle teilen. Weil ich Verwaltungsaufwand habe (Website, Onlinemarketing), bekommen Sie 20 Prozent und ich 80 Prozent. Gegen eine Franchisegebühr können Sie das exklusive Konzept des Handtaschenraubes selbst an weitere Leute untervermieten, die Sie dann abzocken.

Völliger Schmu? Im Onlinemarketing gibt es diese Angebote zuhauf. Wir begegnen ihnen meist in Form von Facebook-Werbung und den erwähnten „Funneln". Diese Werbung stammt teilweise von Leuten, die als Trainer etabliert sind, also von Kollegen von mir. Diese Luftpumpen sind peinlich für die Branche. Und es gibt Menschen, die sich für normal halten und trotzdem dabei mitmachen.

Weil Sie übrigens bis hierher gelesen haben, haben Sie sich jetzt qualifiziert. Ihr Commitment ist wirklich großartig! Darum dürfen Sie exklusiv eines der begehrten VIP-Tickets buchen, wodurch Sie sich die Option offenhalten, später das „Black"-Paket in unserer Zusammenarbeit zu buchen. Greifen Sie zu – nur noch heute! Weil Sie es sind, sichern Sie sich diese attraktive Option für nur 499 statt 999 Euro.

Und dann habe ich noch ein unwiderstehliches Angebot für Sie. Räderwechseln mit Auswuchten und Einlagerung der Räder, die Sie in den kommenden Monaten nicht brauchen – und das Ganze ebenfalls für 149 Euro.

Worin besteht der Unterschied?

Anders als beim Onlinekurs mit seinem aggressiven Marketing haben Sie beim Räderwechseln eine klar beschriebene Dienstleistung als Gegenwert. Unser „GMV" neigt dazu, dieses Angebot als „seriös" zu bezeichnen. Über den Preis kann man reden, aber hier bietet das etablierte Handwerk einen klaren und sofort verständlichen Deal. Das Angebot für den Radwechsel entspricht dem „KISS"-Prinzip, es ist also einfach, und nichts daran macht uns zu einem Sektenmitglied.

Lassen Sie uns einmal schauen, worin genau der Unterschied besteht zwischen seriösen und unseriösen Angeboten. Es geht dabei um mehrere Kriterien:

- Unseriös handeln Sie, wenn Sie Leute „kalt" anrufen oder ihnen einfach E-Mail-Werbung schicken. Inzwischen wissen alle: Kaltakquise per Telefon oder E-Mail widerspricht dem Datenschutzrecht. Wir dürfen Menschen nur anrufen oder anmailen, wenn wir vorher ihre Erlaubnis dafür eingeholt haben. Das klingt wie ein Zirkelschluss, der die Kontaktaufnahme unmöglich macht, aber es gibt trotzdem gute Wege für die Neukundenakquise. Seriös agieren Sie also, wenn Sie sich entweder die Erlaubnis für einen Anruf holen (dann ist der Anruf nicht mehr „kalt“) oder indem Sie den Kunden auf einem anderen legalen Weg auf Ihr Angebot aufmerksam machen, beispielsweise über Content.

- Unseriös wirken Sie, wenn Sie Zeitdruck erzeugen. Das betrifft auch das Vortäuschen angeblicher Knappheit durch eine zeitliche Begrenzung des Angebotes. Seriöse Angebote erzeugen keinen Zeitdruck.
- Unseriös ist es, wenn Sie die Persönlichkeit des Kunden in Ihr Marketing hineinziehen. Menschen in irgendeiner Weise zu bewerten, auch suggestiv, wirkt und ist unseriös. Seriöse Angebote erzeugen kein schlechtes Gewissen und überlassen den Menschen die freie Wahl, zu entscheiden, was sie für richtig halten.
- Unseriös ist Ihr Angebot, wenn der Nutzen nicht klar wird, den der Kunde am Ende durch Ihr Produkt hat. Formulierungen wie „Lassen Sie sich überraschen!“, wobei vor der Überraschung die Bezahlung steht, hat nichts mit einem soliden Angebot zu tun – außer vielleicht im Varieté, im Zirkus oder in einer Geisterbahn, wenn also die Überraschung selbst der Nutzen ist.

Ob Sie sich für einen unseriösen Weg entscheiden oder nicht, kann ich nicht beeinflussen. Ich will nur anmerken: Wer wirklich etwas Relevantes anzubieten hat, muss nicht unseriös agieren. Wenn Ihr Produkt wirklich etwas taugt, genügen ganz normale seriöse Verkaufsmethoden. Denn die Leute ziehen auch den Umkehrschluss: Wer mit unseriösen Methoden versucht, Kunden zu gewinnen, in dessen Produkt ist mit hoher Wahrscheinlichkeit der Wurm drin.

Was kaufen Menschen?

Was kaufen Menschen? Ich denke, sie kaufen Dinge, die sie *brauchen* oder *wollen*. Wer geschäftlich erfolgreich sein will, sollte genau wissen, was von beidem aufs Produkt zutrifft. Denn davon hängt entscheidend ab, wie wir ein Produkt bewerben und wie wir mit unserem Angebot auf unsere potenziellen Kunden zugehen.

Vereinfacht gesagt lösen Produkte, die wir *brauchen*, ein Problem. Irgendetwas am Status quo ist unschön, wir müssen das ändern. Produkte, die wir *wollen*, stillen dagegen ein Bedürfnis. Wir müssen den Status quo nicht ändern, aber wir wünschen uns eben eine Änderung.

Davon hängt eine Menge ab. Wenn Sie ein Produkt verkaufen, das die Leute brauchen, dann könnte eine zu emotionale Werbung seltsam wirken – beispielsweise habe ich noch nie aus emotionalen Gründen ein HDMI-Kabel gekauft. Ich kaufe es, weil ich es *brauche*. *Wollen* die Menschen Ihr Produkt aber, ist der emotionale Zugang durchaus klug, während rationale Argumentationen irritieren. Es gibt für den Kauf eines Chanel-Kleids für mehrere Tausend Euro kein einziges rationales Argument. Auch bei Parfums ist es hoffentlich nicht so, dass wir sie brauchen. Es geht hier nur um die Emotion. Entsprechend hoch sind die Margen der Hersteller.

Wie wichtig sind Produkteigenschaften?

Die Luxusgüterindustrie hat das begriffen. Sie argumentiert – bis auf wenige Ausnahmen etwa bei Armbanduhren, Sportwagen und Jachten – nicht mit Zahlen und Fakten. In fast allen anderen Marktsegmenten bombardieren uns Anbieter mit Produkteigenschaften. Wie wichtig aber sind die?

Vermutlich erinnern Sie sich an das konvergente und divergente Denken und an die Überlegung, wir sollten geschäftlich statt nur konzeptionell vorgehen. Wer konvergent denkt und rein konzeptionell agiert, denkt vorwiegend produktorientiert und featurelastig. Er oder sie denkt also, das Produkt sei der Punkt, und entscheidend für einen Kauf seien die Features.

Wir bieten dann unser Produkt an und bewerben dessen Eigenschaften, weil wir selbst gedanklich mit diesen Eigenschaften befasst sind. Gegen die Kommunikation von Features spricht nicht grundsätzlich etwas, aber es hat eben nur dann Sinn, wenn die potenziellen Käufer bereits wissen, welchen Nutzen das Produkt hat. Es ist also ein gewisses Vorwissen erforderlich. Wenn ich zum Beispiel genau weiß, dass ich ein MacBook Pro haben will, dann muss mir niemand mehr erzählen, wofür ein MacBook Pro gut ist. In dem Fall bin ich auch offen für Features wie den „M1"-Chip von Apple oder die „Touch Bar". Ich denke mich dann durchaus in die Technik hinein und interessiere mich für Features, damit ich entscheiden kann, welche Konfiguration mein neuer Rechner braucht.

Auch wenn ich ein Ersatzteil brauche, interessiere ich mich für das Produkt. Kürzlich zerbrach an einer historischen Schreibtischlampe der gläserne Lampenschirm – ein Katzenangriff. Ersatz fand ich bei Ebay. Ich habe also bei Ebay genau nach diesem Lampenschirm gesucht und die Begriffe eingegeben, die ihn möglichst gut bezeichnen. Das Ganze hat geklappt, weil das Internet Angebot und Nachfrage zusammenbringt, wenn die Zeichenabfolge ähnlich ist. Und es gab diesen Lampenschirm genau nur ein Mal. Ich habe zugeschlagen. Ohne das Internet hätte ich mich auf Flohmärkten dumm und dämlich suchen können, ich hätte diesen Lampenschirm vermutlich nie gefunden.

Es geht nicht darum, was vor dem Kauf mit dem Produkt passiert ist. Es zählt nur, was nach dem Kauf damit passiert.

Aber wenn ich keine Ahnung habe vom Nutzen eines Produktes, hat es keinen Sinn, mich mit Produktinformationen vollzuballern. Erst recht nicht, wenn ich für dieses Produkt tatsächlich keinerlei Verwendung habe.

Stellen Sie sich vor, ein Pharmavertreter klingelt an Ihrer Tür und bietet Ihnen „Metacam" an. Sie haben überhaupt keine Ahnung, wovon der Vertreter spricht, weil Sie keine Vorstellung vom Produkt haben. Er erzählt Ihnen, wie lange der Hersteller geforscht hat, wie viele Millionen Euro in die Entwicklung geflossen sind, und er schwärmt Ihnen von dem Wirkstoff vor („Meloxicam"). Er zeichnet Ihnen sogar die chemische Formel aufs Tablet. Sie sind beeindruckt, aber noch immer haben Sie keine Ahnung, wieso der Vertreter Ihnen das alles erzählt. Bis er mit dem Nutzen dieses Präparates herausrückt: Es lindert den Arthroseschmerz bei Katzen.

Gut, denken Sie, tolle Sache. Es wäre interessant, wenn ich eine Katze hätte, die Arthrose hat. Aber so?

Er geht vielleicht auch auf den Nutzen ein und präsentiert Testimonials, in denen Katzen glaubwürdige Referenzen darüber in die Kamera sprechen, wie gut das Präparat wirkt. Alles schön, denken Sie, beeindruckend – aber weshalb sollten Sie dieses Produkt kaufen? Sie haben keine Katze mit Arthrose.

Es ist ein Phänomen, das unfassbar viele Unternehmen und Marken betrifft: Der Kunde interessiert sich nicht für das Produkt. Nehmen wir die Dienstleistung eines Taxis. Sind Sie schon einmal Taxi gefahren, um Taxi zu fahren – außer vielleicht aus touristischen Gründen in New York oder London? Kaum jemand interessiert sich fürs Taxifahren. Denn das Produkt ist nur das Mittel zum Zweck. Niemand interessiert sich für die Hintergründe, die das Produkt ermöglichen, also den Kilometerstand des Autos, die Tankfüllung, die Biografie des Fahrers. Das ist alles egal. Es geht einzig um den Nutzen, den so eine Taxifahrt hat.

Sobald Sie erkannt haben, dass sich niemand für Ihr Produkt interessiert, ist es ein Fehler, bei der Werbung das Produkt und seine Eigenschaften in den Vordergrund zu rücken. Und selbst bei Produkten, für die wir uns interessieren, wollen wir normalerweise nicht wissen, was *vor dem Kauf* so alles passiert ist. Dass Sie 200 Meter Kabel verbaut haben und dass ein interdisziplinäres Forscherteam von 20 Wissenschaftlern aus 30 Ländern an der Entwicklung beteiligt war, interessiert vielleicht Sie und die beteiligten Entwickler, aber nicht den Markt. Bestenfalls interessieren sich Kunden dafür, was *nach dem Kauf* passiert – also wie sich das Produkt anwenden lässt, sodass es den erwünschen Nutzen bewirkt. Was allerdings voraussetzt, dass der Kunde weiß, dass er das Produkt braucht.

Egal wie gut ein Produkt ist: Wenn wir nicht wissen, dass wir es brauchen, kaufen wir es nicht.

Oder denken Sie an das Beispiel mit dem Produkt „Craniosacraltherapie", in Klebebuchstaben ans Schaufenster der Praxis für Physiotherapie geklebt: Weshalb sollte sich jemand für diese Behandlung interessieren? Allein die Bezeichnung hilft uns nicht, zu verstehen, dass wir so eine Therapie brauchen. Es kann ja sein, dass Ihr Immunsystem dringend einer Stärkung bedarf – aber solange Sie das nicht wissen und solange Sie keinen Schimmer davon haben, dass eine Craniosacraltherapie möglicherweise helfen kann, interessieren Sie sich nicht für das Produkt.

„Der Kunde will keinen Bohrer, er will ein Loch in der Wand"

„Der Kunde will keinen Bohrer, er will ein Loch in der Wand", sagte einmal Obi-Gründer Manfred Maus (* 1935) bei einer Rede, bei der ich im Publikum saß.

Genauso geht es nahezu allen Anbietern: Der Kunde will kein HDMI-Kabel, sondern eine Verbindung vom Rechner zum Monitor. Der Kunde will keinen Mietwagen, sondern eine komfortable Reise vom Münsterland in den Bayerischen Wald. Der Kunde will kein Heizöl, sondern Wärme. Der Kunde will kein Hörgerät, sondern hören. Der Kunde will kein Schmerzmittel, sondern seine Schmerzen loswerden. Der Kunde will kein Waschmittel, sondern saubere und frische Klamotten. So weh es den Herstellern aller möglichen Produkte auch tun mag: Niemand außer ihnen interessiert sich für ihr Produkt.

Außer wie gesagt bei bestimmten Konsumgütern, die die Menschen *wollen*, vor allem im Luxussegment: Der Kunde *will* durchaus einen Diamantring, eine Kreuzfahrt, den neuen Louis-Vuitton-Schal oder das neue ABBA-Album. Er *will* auch High-End-Boxen und einen sündhaft teuren Verstärker – um Musik zu hören, *braucht* er diese Qualität nicht. Aber er *will* die Musik auf einem hohen Niveau genießen. Darum kauft er die teure Technik.

Darum habe ich für Sie einen einfachen gedanklichen Trick, der in meinen Augen übrigens auch in der Kommunikation gilt: Es geht nicht um die Sache. Das, was wir sagen oder verkaufen wollen, interessiert in aller Regel nur uns selbst. Sinnvoller ist es darum, die *Bedeutung* dieser Sache zu kommunizieren – oder eben zu verkaufen. Was also *bedeutet* Ihr Produkt aus Kundensicht?

Geht es um die Sache oder ihre Bedeutung?

Die Sache ist das, was wir sagen oder verkaufen wollen. Es ist das, wovon die allermeisten Menschen zunächst glauben, es sei der Punkt. Die Sache kann ein neues Produkt sein oder ein neues Feature. Sehr viele Unternehmen gehen damit raus – es ist das „Was?", um im Sinne des „Golden Circle" von Simon Sinek (* 1973) zu sprechen.

Tatsächlich stellen zahlreiche Unternehmen das „Was?" in den Vordergrund: Sie glauben, das Produkt sei die Botschaft. Dann gehen sie nach Sinek zum „Wie?" über und zeigen, wie sich ihr Produkt anwenden lässt. Sinek schlägt vor, die Reihenfolge umzudrehen und noch das „Warum?" voranzustellen: Erst wollen Menschen wissen, warum ein Unternehmen antritt. Was ist die

Motivation, was ist der große Hebel, den es betätigen will? Dann interessieren sie sich für das „Wie?“ und in der Folge möglicherweise auch für das „Was?“.

Nun sind manche Produkte selbsterklärend, wie die erwähnte Taxifahrt. Ein Taxiunternehmen muss nicht mit der Bedeutung werben, die Buchstabenfolge „Taxi“ genügt. Sagen wir es so: Bei Produkten mit allgemein bekannter Bedeutung genügt es durchaus, das Produkt und seine Features zu bewerben: Pizza mit extra Käse und extra Knoblauch, Zirkus mit Messerwerfer, Rummelplatz mit Geisterbahn. Die potenziellen Kunden wissen dann schon, warum sie so ein Angebot annehmen.

Aber daraus zu folgern, auch andere Produkte ließen sich ohne Erklärung der Bedeutung verkaufen, ist ein Irrtum.

Wir gehen nicht zum Zahnarzt, damit er uns behandelt – das wäre bedenklich. Wir gehen zum Zahnarzt, damit wir uns hinterher besser fühlen. Kein Zahnarzt bekommt Kunden, wenn er mit dem wirbt, was er macht.

Und so ist es im Grunde mit allen Produkten. Simon Sinek kritisiert zu Recht, dass es nicht um das „Was?“ geht. Das stimmt – das Produkt ist nicht der Grund, weshalb jemand kauft.

Nicht das „Warum?“ zählt, sondern das „Wozu?“

Die Frage ist allerdings, inwiefern es um das „Warum?“ geht. Beispielsweise ist mir der innere Antrieb eines Taxifahrers egal. Und auch wenn ich ein HDMI-Kabel kaufe, interessiert mich herzlich wenig, für welche große Vision der Hersteller antritt. Das „Warum?“ interessiert mich allerdings durchaus bei einem von der Ethik beeinflussten Kauf, beispielsweise bei der Wahl des Stromanbieters oder eines Autos.

Das „Warum?“ nach Simon Sinek stiftet Sinn und vermittelt Tiefgang. Der Kundennutzen ist wichtiger.

Ich bin überzeugt: Um das „Warum?“, wie Simon Sinek sagt, geht es im Kern weniger. Es vermittelt Sinn und Tiefgang, ohne Frage. Aber ist der konkrete Kundennutzen nicht wichtiger?

Besser geeignet, weil für nahezu alle Unternehmen und Produkte anwendbar, erscheint mir die simple Frage nach dem „Wozu?“: Die Frage „Warum?“ zielt auf eine Ursache, auf etwas Zugrundeliegendes, auf die Basis. Die Frage „Wozu?“ dagegen zielt auf das Ziel, das Ergebnis. Mir stellt sich die Frage nicht so sehr, warum ich Taxi fahre, sondern eher, wozu ich Taxi fahre. Die Antwort auf die Frage „Wozu?“ bezeichnet am Ende die Bedeutung eines Produktes. So fahre ich zum Beispiel Taxi, *um* trocken und schnell an eine Adresse zu kommen. Das HDMI-Kabel kaufe ich, *damit* ich ein Videosignal übertragen kann. Der Sinn eines Produktes – und damit der Sinn eines Kaufs – ist also für meine Begriffe eher einem Zweck untergeordnet als einer grundlegenden Motivation des Unternehmens.

Zehn gängige Marketing-Irrtümer

Können Sie sich übrigens vorstellen, ein HDMI-Kabel emotional motiviert zu kaufen? Ich bin diesbezüglich noch ein wenig ratlos. Viele Verkaufstrainer sagen, der Mensch kaufe immer emotional. Das stimmt insofern, als ich mich gut fühle, wenn ich mein Rechnerbild auf einem Monitor sehe. Aber lässt sich wirklich so argumentieren? Auf mich wirkt diese Herleitung dann doch sehr bemüht.

Damit sind wir bei Marketing-Irrtümern, von denen einige dafür sorgen, dass sich Kunden oft nicht verstanden fühlen. Marketing geht oft davon aus, zu wissen, warum Menschen kaufen, und stellt oft merkwürdige Annahmen an. Die folgende Liste von zehn Irrtümern ist ganz sicher unvollständig, aber sie birgt einige wichtige Punkte, die dazu beitragen können, ein Angebot und damit letztlich das Unternehmensverhalten kundenfreundlicher zu machen.

Irrtum 1: Der Kunde kauft immer emotional. Wie erwähnt: Ich bezweifle, dass wir ein HDMI-Kabel kaufen, weil es so toll ist. Wir kaufen es, weil wir es brauchen. Ist es montiert, laufen wir nicht über vor Glücksgefühlen, sondern fühlen uns völlig normal. Denn das Produkt befriedigt kein Bedürfnis, sondern löst ein Problem. Auch die Abwesenheit von Schmerz lässt sich vermutlich nicht zum Bedürfnis im Sinne des emotionalen Verkaufens hinbiegen. Zahlreiche Produkte kaufen wir nicht emotional. Auch wenn wir einen Steuerberater beauftragen, ist das selten emotional motiviert. Selbst wenn der Verkäufer noch so freundlich ist – was wir nicht brauchen, kaufen wir nicht. Daraus folgt: Wenn Sie ein Produkt verkaufen, das die Leute *brauchen*, können Sie auch rational argumentieren. Verkaufen Sie ein Produkt, das die Leute *wollen*, ist der Kauf durchaus emotional, und entsprechend sinnvoll ist es, über Gefühle zu verkaufen.

Irrtum 2: Der Kunde weiß, wer wir sind. Nein, das weiß er meistens nicht. Selbst bei einer bekannten Marke wie Mercedes-Benz kennen viele Menschen nicht die Rolle der heutigen Mercedes-Benz AG, der früheren Daimler AG, von Mercedes-AMG und Mercedes-Maybach. Kurz: Menschen bringen Unternehmensnamen und Markennamen durcheinander, also Dinge, die für Marketingabteilungen Heiligtümer sind. Zu erwarten, der Kunde müsse solche Konstruktionen kennen oder sich dafür interessieren, ist zu viel verlangt. Der Kunde interessiert sich bestenfalls für bestimmte Lösungen durch bestimmte Produkte. Manche Unternehmen akzeptieren das: Der Hersteller des Schokoriegels „Mars" zum Beispiel kommuniziert nicht in seiner Werbung, dass er auch das Katzenfutter „Whiskas" herstellt. Es ist aus Kundensicht nicht relevant.

Irrtum 3: Wir müssen Informationen über unsere Markenidentität vermitteln. Sicher: Ein kurzer Absatz am Ende der Pressemitteilung über das Unternehmen schadet nicht. Dadurch lässt sich einordnen, wer der Absender ist und was er macht. Aber viele Marketingleute denken, sie müssten das Unternehmen oder seine Marken als Persönlichkeiten inszenieren. So kommuniziert beispielsweise BMW Anfang März 2020 zu seinem Logo-Redesign: „Die Marke BMW verändert sich damit von einer reinen Automobilmarke hin zur Technologie- und Beziehungsmarke."[10] Aha. Was soll eine „Beziehungsmarke" sein? Eine Marke führt keine Beziehungen. Menschen führen Beziehungen. Das weiß auch der Kunde, und darum wirken solche theoretischen Aussagen aus seiner Sicht irrelevant und wie aus einer irrationalen Scheinwelt.

Irrtum 4: Der Kunde interessiert sich für unser Produkt. Nein, er interessiert sich nicht für das Produkt. Selbst bei den erwähnten Luxusprodukten geht es dem Kunden am Ende nicht um deren Bedeutung. Zum Beispiel um das Gefühl, eine echte Louis-Vuitton-Handtasche zu tragen (und keine Fälschung) oder Musik in erstklassiger Klangqualität zu hören. Die allermeisten Produkte sind den Kunden egal. Es geht ausschließlich um den Effekt, den ein Produkt jemandem bringt. Dem Kunden ist es egal, wie viele Mitarbeiter in der Produktentwicklung tätig sind. Ihm ist es gleich, wer das Produkt wann wie designt und gebaut hat. Überlegen Sie einfach kurz, wie schwer Ihr Auto ist und wie viele Kilowatt Leistung der Motor hat. Ich vermute, Sie wissen es nicht, sondern müssen nachschauen. Würden Sie sich für das Produkt interessieren, wüssten Sie es. Viele Menschen können nicht einmal aus dem Kopf das Ziffernblatt ihrer Armbanduhr zeichnen, obwohl sie diese Uhr täglich tragen, sofern es keine Apple-Watch ist.

Irrtum 5: Der Kunde versteht unser Produkt. Nein, das tut er nicht. Denn der Kunde kann keine Gedanken lesen. Wenn Sie eine Plattform oder Software entwickeln, die der Kunde nutzen soll, dann können Sie nicht erwarten, dass er Ihre Logik nachvollzieht. Er kann sich nicht denken, was Sie sich wie und warum gedacht haben. Also muss Ihre Plattform oder Software intuitiv bedienbar sein. Immer weniger Menschen sind bereit, sich ins Innere von Produkten hineinzudenken, denn dabei verlieren sie immer mehr Zeit. Es ist also auch bei einer Plattform oder Software nicht damit getan, dass Sie sie erklären. Bei hoch spezialisierten Produkten wie MRT-Geräten sind Produkteinführungen sinnvoll, aber wenn Sie sich ans allgemein gebildete Publikum richten, muss alles ohne Anleitung auf Anhieb funktionieren.

Irrtum 6: Wir müssen dem Kunden eine kontinuierliche Story erzählen. Klar, Sie können eine „Story" erzählen, die „Story", das Narrativ eines Produktes. Die Idee an sich ist gut. Kommunizieren Sie gern das „Warum?" nach Simon Sinek. Das aber bitte in aller Kürze und nicht als Fortsetzungsroman. Der Kunde verfolgt nicht andauernd Ihre internen Gedanken. Er liest nicht jeden Newsletter. Und der Kunde denkt auch nicht in Kampagnen: Wenn er an einem Tag zwei E-Mails bekommt, darf die Ausrede niemals lauten, dass diese E-Mails ja aus verschiedenen Kampagnen stammen. Es ist Unsinn, zu glauben, der Kunde lese alle unsere Nachrichten und wisse, welche E-Mails wann an wen rausgehen.

Irrtum 7: Der Kunde braucht sieben Kontaktpunkte, bevor er kauft. Eine höchst theoretisierte Weisheit, die wir hinterfragen sollten, auch wenn sie auf Anhieb erst einmal plausibel klingt. Der Gedanke, dass der Kunde erst von uns wissen muss, uns dann mögen muss, uns dann vertrauen muss, dann mal was probiert, schließlich kauft, den Kauf wiederholt und Sie dann anderen empfiehlt[11] – ja, klar. Das *kann* so sein. Wenn ein potenzieller Kunde aber eine Werbung zum Beispiel bei Facebook mehrmals sehen muss, um die Relevanz des Angebotes zu begreifen, dann ist vielleicht auch einfach die Werbung schlecht. Ich empfehle Ihnen, Marketingphrasen zu hinterfragen, wonach es „sieben Touchpoints" in der „Customer Journey" brauche, die ein „optimales Erlebnis schaffen".[12] Wenn Sie etwas anbieten, was jemand braucht oder will, und wenn Sie die Relevanz des Nutzens treffsicher kommunizieren, braucht niemand sieben Anläufe, sondern kauft. Oder schleichen Sie erst sechs Mal um eine Pommesbude herum, bevor Sie sich zum Kauf entschließen?

Irrtum 8: Wir müssen alle Verkaufsargumente für jede Eventualität bringen. Das ist ein ganz gefährlicher Irrtum. Der Grundgedanke ist: Unsere Zielgruppe hat verschiedene Interessen. Um all diese Interessen abzudecken, müssen wir in unserer Unternehmensbotschaft all diese Interessen berücksichtigen. Das ist manchmal machbar, beispielsweise beim typenorientierten Verkaufen, zu dem wir in einem der folgenden Kapitel kommen. Aber wenn Sie bei Ihrer Zielgruppenanalyse zehn Merkmale zusammengeschrieben haben, dann sollten Sie die auf keinen Fall alle in der Botschaft unterbringen. „Wir müssen aber auch noch den und den ansprechen", lautet die Ansage dann oft, oder: „Dieses oder jenes Verkaufsargument fehlt noch." Davor warne ich: Wenn wir zehn Aspekte bringen, um alle Kunden zu erreichen, liest im schlimmsten Fall jeder Kunde neun Argumente, die ihn nicht interessieren. Besser ist es, den Hauptpunkt zu kommunizieren, also das, was alle gemeinsam haben.

Irrtum 9: Wir verkaufen entweder B2C oder B2B. Ganz unwichtig ist die Frage nicht, ob wir Privatkunden beliefern („business to consumer", „B2C") oder Geschäftskunden („business to business", „B2B"). Strategisch hängen da eine Menge Dinge dran. Aber am Ende sprechen wir im Verkauf immer mit Menschen. Niemand von Ihnen hat jemals mit Siemens gesprochen – Werner von Siemens ist seit 130 Jahren tot. Und auch mit BMW haben Sie noch nie gesprochen: „BMW" ist ein künstliches Konstrukt – und wir können nicht mit Marken sprechen. Versuchen Sie's mal – die Marke wird Ihnen nicht antworten. Es antwortet immer ein

Mensch. Der Autor Gerald Hörhan (* 1975) differenziert die Kategorie „B2B“: Im „B2E“-Geschäft („business to entrepreneur“) haben Sie es direkt mit einem Unternehmensinhaber zu tun, der selbst frei entscheiden kann, was er kauft. Das bedeutet eine völlig andere Situation als „B2CO“ („business to corporate“), also den Verkauf an eine anonyme Struktur, die am Ende keinem Menschen gehört, sondern der nächsten anonymen Struktur. Hier entscheiden Manager oft angstgetrieben, sie wollen keine Fehler machen. Entsprechend mühsam ist es oft, eine Leistung an Konzerne zu verkaufen. Schließlich schlägt Hörhan noch die Kategorie „B2G“ vor („business to government“), also den Verkauf an Staaten, Politik, Behörden und den öffentlichen Dienst insgesamt, wo Kaufentscheidungen nur selten sinnvoll sind, sondern eher von Budgets oder Terminen abhängen.

Irrtum 10: Texte und Videos müssen kurz sein. Ich weiß auch: Ein Werbevideo bei Facebook darf maximal 60 Sekunden lang sein (Stand Anfang 2022). Aber diese Begrenzung entspricht offenbar eher den Leuten bei Facebook als dem Kunden. Natürlich ist es ein gutes Training, Unternehmensbotschaften in aller Kürze zusammenzufassen. Aber zu behaupten, die Aufmerksamkeitsspanne der Leute sei für längere Formate zu gering, ist einfach falsch. Millionen von Menschen schauen am Sonntagabend 90 Minuten „Tatort“. Andere schauen endlose Netflix-Serien und geben sich an einem Abend drei oder vier Folgen. Ganze Samstag- und Sonntagnachmittage sind vollgestopft mit langen Formaten. Und viele Leute lesen auch längere Texte. Das heißt: Nicht die Aufmerksamkeitsspanne sinkt, sondern Zeit wird wertvoller. Sobald wir uns für etwas interessieren, widmen wir uns dem auch. Entsprechend kann ein Stoff auch länger sein, wenn er „trägt“. Wenn Ihre Botschaft fürs Publikum relevant ist und redaktionell gut gemacht ist, folgen viele Menschen gern auch einem längeren Video oder Text. Manche Leute sollen sogar ganze Bücher lesen.

Wie ein gutes Angebot aussieht

Bevor wir näher auf die Frage eingehen, wie ein „Wozu?"-orientiertes Angebot aussehen sollte, das die Kundensicht berücksichtigt, lassen Sie mich zuerst den Fall besprechen, dass jemand ein Angebot anfordert. In diesem Fall sind Produkt und Nutzen also bekannt. Der Kunde weiß also von unserem Unternehmen und geht konkret auf uns zu. Später in diesem Kapitel sprechen wir dann über die Konstellation, dass Ihr Unternehmen unbekannt ist und Sie auf sich aufmerksam machen müssen.

Sowohl Privatkunden als auch Geschäftskunden fordern Angebote an. Sollte von Ihnen jemand ein Angebot anfordern, sollten Sie sich als Erstes klarmachen: Vermutlich fragt man nicht nur Sie an, sondern auch andere Anbieter. Wer privat nach einem Elektriker sucht, der die gesamte Hauselektrik saniert, wird verschiedene Angebote einholen und sie vergleichen. Und Geschäftskunden müssen oft sogar verschiedene Angebote einholen, und das nicht nur im öffentlichen Dienst.

Ob ein Anbieter das Geschäft macht, hängt also ganz entscheidend von dem Angebot ab, das er rausschickt. Und damit sind wir bei einem weiteren Grund dafür, warum so viele Unternehmen versagen: Es gelingt ihnen nicht, in ihren Angeboten die Kundenperspektive zu berücksichtigen. Der Mangel an Kundenorientierung vermasselt das Geschäft sogar dann noch, wenn der potenzielle Kunde aktiv auf das Unternehmen zugeht und also ganz offensichtlich ein hochgradig interessierter „Lead" ist.

Wie Sie schon mit Ihrem Angebot das Geschäft vermasseln

Stellen wir uns vor, Sie suchen in einer Streitsache einen Anwalt. Sofern Sie nicht schon einen Anwalt haben, über den Sie routiniert alle Fälle laufen lassen, suchen Sie vermutlich einen Anwalt über Google. Sie suchen diesen Anwalt vermutlich *nicht* bei Facebook oder LinkedIn – dazu später mehr. Sie suchen ihn in einer Suchmaschine und geben dazu Suchbegriffe ein, also zum Beispiel „Anwalt Mietrecht Nebenkostenabrechnung Gebäudeversicherung", weil es darum in Ihrem Fall geht. Oder „Anwalt Tierrecht".

Google wird jetzt einige Ergebnisse ausspucken, darunter auch Kanzleien. Oben auf der Ergebnisseite stehen Google-Werbeanzeigen, weiter unten die „organischen" Suchergebnisse, für die also niemand bezahlt. Vermutlich suchen Sie sich einen Anwalt von der ersten Seite aus – also ohne zu scrollen – und mailen ihn an.

Manche Anfragen führen unweigerlich zu Geschäft – es sei denn, wir ignorieren die Kundensicht.

Bevor Sie das tun, gibt es noch ein paar Schritte, von denen später im Kapitel „Der direkte Weg des Kunden zu Ihnen" die Rede sein wird. Die Website muss gut sein, und noch einige andere Dinge sind Voraussetzung.

Aber sobald ein potenzieller Kunde eine E-Mail an einen Anbieter schreibt mit der Bitte um ein Angebot oder einen Telefontermin, muss dieser Anbieter sich schon sehr bescheuert anstellen, um das noch zu versauen. Sicher kann jemand auch mehrere Kanzleien anmailen. Aber gehen wir hier einmal von einer kostenpflichtigen Beratung und einer Rechtsschutzversicherung aus, die wie üblich nur *eine* solche Beratung zu Beginn eines Verfahrens abdeckt. Dann wird der potenzielle Mandant nicht mehrere Kanzleien anschreiben, sondern erst die eine, für die er sich aufgrund der Internetpräsenz dieser Kanzlei – dazu wie gesagt später mehr – entschieden hat.

Und wenn Sie eine Kanzlei angeschrieben haben, werden Sie eine Antwort bekommen. Mein Tipp: Anhand des Stils können Sie die Eignung erkennen. Die Qualifikation ist bei allen Anwälten fraglos gegeben, die Kompetenz ist schon mal unklar. Ob sich ein Anwalt tatsächlich für Ihren Fall eignet, wissen wir überhaupt nicht.

Stellen Sie sich also eine Antwort-E-Mail einer Anwaltskanzlei vor, die im Textfeld so beginnt:

E Brief vom: 07.07.2021, 11:23 Uhr
AZ Empfänger:
Erstberatung
AZ Absender: 2/21
Betreff: Tierrecht / Pferderecht

Was für ein bürokratischer, technokratischer, menschenferner Ersteindruck! Ein Verhalten wie beim Ordnungsamt. Was soll ein „E Brief" sein – ohne Bindestrich? Vor allem die Angabe unter „AZ Absender" („2/21") machte mich stutzig: Wäre es wirklich erst sein zweiter Fall in diesem Jahr, und das Anfang Juli? Seltsam. Wer denkt so wenig nach, dass er durch solche Formalien wie ein Aktenzeichen zeigt, wie schlecht das Geschäft läuft? Der angefragte Rechtsanwalt hat also gleich mal alles dafür getan, dass wir ihn zunächst einmal dubios finden.

In der E-Mail selbst steht dann nach der Anrede: „In der vorbezeichneten Angelegenheit übersende ich Ihnen in der Anlage o. g. Schreiben zur Kenntnisnahme. Mit freundlichen Grüßen."

„In der vorbezeichneten Angelegenheit"? Da ist gar nichts vorbezeichnet. Außerdem ist „in der vorbezeichneten Angelegenheit" ein so altertümliches Deutsch, dass der Anwalt wie aus der Zeit gefallen wirkt. An die E-Mail angehängt ist dann das „Schreiben", das er „zur Kenntnisnahme" beigefügt hat. Wozu sonst, wenn nicht zur Kenntnisnahme? Sollten wir es ignorieren? Darin steht unter anderem:

> *„Eine tierrechtliche Erstberatung in der o. g. Angelegenheit biete ich Ihnen kostengünstig für 195,00 € zzgl. Auslagen und Umsatzsteuer an."*

Streichen könnte er den Passus „in der o. g. Angelegenheit", der unnötig präzise ist, denn um welche Angelegenheit sollte es sonst gehen? Dann schreibt er:

> *„Vorsorglich weise ich darauf hin, dass ab dem 25.05.2018 neue Regelungen zum Datenschutz bereits bei der Mandatsanbahnung gelten."*

Er schreibt im Jahr 2021, also gelten die Regeln nicht „ab", sondern „seit" dem 25. Mai 2018. Der Monat heißt übrigens wirklich so, wir dürfen „Mai" schreiben. Nur Maschinen brauchen die Ziffernfolge „05", um zu erkennen, dass es um den fünften Monat geht und nicht etwa um den fünfzehnten. Das Thema DSGVO walzt er dann auch noch aus und belehrt uns in vollkommen irrelevanten Dingen:

> *„Die von der Europäischen Union erlassene Datenschutz-Grundverordnung (DSGVO) sieht vor, dass alle Stellen, die personenbezogene Daten verarbeiten, die betroffenen Personen ausführlich u.a. darüber informieren, für welche Zwecke und auf welcher Rechtsgrundlage ihre Daten verarbeitet werden und welche Rechte Ihnen nach der DSGVO zustehen (Art. 13 und 14 DSGVO). Die ‚Hinweise zur Datenverarbeitung' habe ich auf meiner Homepage unter der Rubrik ‚Datenschutz' zur jederzeitigen Information für Sie bereitgestellt."*

Der Anwalt braucht im Ernst 511 Zeichen für die Information „Bitte beachten Sie meine Datenschutzhinweise" (44 Zeichen). Und so geht das weiter. Viele Worte für nahezu keine Substanz.

Und jetzt kommt die Kundenbrille: Wenn ein Anwalt sich hier schon mit irrelevanten Nebenschauplätzen befasst (dass die DSGVO auf die EU zurückgeht, seit wann genau sie gilt,

Nennung einzelner Artikel der DSGVO, umständliche Beleuchtung jeglicher Zusammenhänge), dann hat er ein Priorisierungsproblem. Vermutlich wird er auch den Fall unnötig verkomplizieren, weil er „wichtig" und „unwichtig" nicht unterscheidet und alles für wichtig hält, nur weil es korrekt ist. In der Folge wird er so umständlich kommunizieren, dass es sehr mühsam wird, ihm zu folgen. Heißt: Finger weg. Der Mann ist vielleicht qualifiziert, aber dann wohl eher nicht geeignet.

Das Aktenzeichen „2/21" mitten im Jahr 2021 wirkt eher abschreckend – offenbar hat der Anbieter Flaute.

Auf diese E-Mail musste man nicht mal mehr reagieren – er bittet ja ausdrücklich darum, dass wir ihn nur dann wieder kontaktieren, wenn wir mit allem einverstanden sind und wenn wir ihm „jedoch zumindest" ergänzende Angaben zusenden. Dann halt nicht.

Um Missverständnissen vorzubeugen: Ich habe wirklich eine hohe Achtung vor Juristen. Nur veranstalten manche Juristen eben unfassbar viel irrelevantes Gedöns. Sie vernebeln damit oft schon rein sprachlich ihren und auch unseren Blick auf die Sache. Vor lauter übertrieben präzisen Ausführungen zahlreicher irrelevanter Nebenaspekte ist es kaum möglich, sich mit der Sache zu befassen – dazu müssen wir erst mühsam den ganzen Infoschutt wegräumen.

Damit ist es relativ schwer, einen guten Anwalt zu finden. Wobei die sprachliche Opulenz immerhin ein gutes Ausschlusskriterium ist. Dass sich manche Laien von dem Wortgeklingel einseifen lassen und daraus irrig ableiten, es mit einem kompetenten Juristen zu tun zu haben, mag sein. Aber auf dem Profi-Level würde sich jeder normale Chef und jede normale Chefin so eine E-Mail mit Blick auf den vollen Terminkalender anschauen und sich fragen, was dem Mann einfällt, uns mit seinem Theaterdonner die Zeit zu stehlen.

Anwalt Nummer 2 hat ganz anders geantwortet:

> *„Guten Abend, ich habe gerade kurz vorm Abschalten Ihre Nachricht gelesen. Manche Dinge entwickeln sich so absurd, dass man's kaum für möglich hält. Umso lieber will ich Ihnen behilflich sein. Morgen klappt das allenfalls spät, weil ich ab 13:30 Uhr an einer längeren Veranstaltung mit offenem Ende teilnehme. Kurz gesagt: Wenn Sie einverstanden sind, melde ich mich gern, aber wahrscheinlich erst gegen Abend. Freundliche Grüße."*

Geht doch, dachte ich.

Hier stellt jemand keine Formalitäten vor die Sache. Der Anwalt will erst mal telefonieren und sich anhören, worum es geht. Das ist clever, denn am Telefon bringen gute Verkäufer jeden Interessierten zum Abschluss.

Was ein Angebot kundenorientiert macht

Die Antwort des zweiten Anwalts ist einigermaßen formlos, wie Sie sehen. Sie enthält kein Aktenzeichen, keine Textbausteine, keine unnötigen Förmlichkeiten. Der Mann verhält sich ganz einfach normal. Er kommuniziert wie ein guter Arzt, der weiß, dass seine Patienten in aller Regel nicht Medizin studiert haben.

Versenden Sie keine Angebote voller Wortgeklingel, aus denen der Kunde die Substanz herausfiltern muss.

Jetzt denken viele Anbieter, Angebote müssten förmlich sein. Das ist nicht nur bei vielen Juristen so, sondern auch in anderen Branchen. Sagen wir mal so: Handwerker schreiben Listen mit Preisen. Darin bezeichnen sie das, was sie tun, oft mit Vokabeln, die uns nichts sagen. Das zieht sich oft über mehrere Seiten. Vollständige Sätze finden sich in Angeboten von Handwerkern selten. Das ist vielleicht auch nicht nötig, wenn wir wissen, was wir genau wollen. Schön aber wäre es schon, wenn wir beim Lesen merken, dass der Handwerker auf unseren Bedarf eingeht und nicht nur Material und Arbeitsstunden auflistet.

Angebote von Agenturen dagegen sind oft sehr wortreich. Aus ihnen müssen wir den Kern oft herausfiltern, indem wir uns die Seife wegdenken, mit der uns die Agenturen einseifen wollen. In dem ganzen Umfeld von Kreation, Marketing, PR und Programmierung sind Angebote oft inhaltlich technisch und formell marketinglastig. Inhaltlich könnten Kreative also den Nutzen hervorheben, den ihr Angebot für den Kunden konkret hat. Von der Form her könnten sie eine normale Sprache wählen ohne das übliche unverständliche Marketing-Wortgeklingel.

Das Wichtigste bei einem kundenorientierten Angebot aber ist, dem Kunden vorher genau zuzuhören – und da sind wir wieder bei dem erwähnten Perspektivenwechsel. Was ein Kunde braucht, sagt er in aller Regel selbst. Genau das sollte dann im Angebot stehen. Wir können noch etwas weitergehen und ihn fragen, wozu er dieses und jenes braucht, um ihn möglicherweise tiefergehend zu beraten. Aber wenn wir sicher sind, dass der Kunde etwas aus gutem Grund anfragt, sollten wir ihm genau das anbieten. Hier gilt schon die alte Regel: „Wenn der Kunde Äpfel will, dann gib ihm Äpfel."

Von der Struktur her enthält ein kundenorientiertes Angebot meiner Meinung nach neben den Formalien und Angaben zum Preis auch folgende Elemente:

- Es beschreibt exakt den Bedarf des Kunden. Dieser Bedarf umfasst möglicherweise mehr als das, was der Kunde zuerst angefragt hat – aber nur, wenn es im Gespräch auch dem Kunden als sinnvoll erschien.
- Es enthält möglicherweise eine Interpretation des Anbieters, aus der hervorgeht, dass der Auftragnehmer den Auftrag erfasst und seine Bedeutung sieht.

- Es erklärt den Nutzen, den der Kunde durch das Angebot erfährt.
- Es beschreibt die Kompetenz des Absenders und legt dar, weshalb sich genau dieser Anbieter für den Auftrag am besten eignet.
- Es enthält einige Punkte, die es unvergleichbar machen. Das können zusätzliche Service-Elemente sein, die Wettbewerber nicht anbieten. Damit wird es schwerer, eine Kaufentscheidung allein über den Preis zu treffen.
- Es beinhaltet einen Appell, einen „Call to Action". Was soll der Kunde genau tun, um dieses Angebot zu aktivieren?

Ihre Internet-Existenz

Wir hatten gesagt, wir hätten einen Rechtsanwalt über Google gesucht, nicht über Facebook. Warum nicht? Zunächst einmal natürlich, weil Google eine Suchmaschine ist und Facebook nicht. Und weil nicht jeder Anwalt bei Facebook ist. Bei LinkedIn hätten wir theoretisch auch suchen können, aber auch bei LinkedIn ist nicht jeder Anwalt dabei. Dagegen finden wir bei Google alle Anwälte, die eine Website haben – sofern sie sie nicht von der Google-Indizierung ausgeschlossen haben.

Bei Google suchen wir also Produkte, von denen wir wissen, dass es sie gibt, und von denen wir wissen, dass wir sie brauchen.

Facebook dagegen eignet sich tendenziell eher für Produkte, von denen wir bisher nicht wissen, dass wir sie brauchen. Wer bei Facebook Werbung schaltet, tut das aus anderen Gründen als bei Google: Ziel ist nicht, gefunden zu werden, sondern durch Erscheinen in der Timeline bestimmte Menschen mit Werbeinformationen zu versorgen. Ein Restaurant hat eine Facebook-Seite, um seine Reichweite zu erhöhen und die Menschen in der Umgebung zu Saisonbeginn über die neue Speisekarte zu informieren – aber dieser Beitrag erscheint nicht auf eine akute Suchanfrage hin. Sucht jemand akut ein Produkt, ist Facebook dafür nicht der geeignete Kanal. Klassischerweise wird also ein Schlüsseldienst eher Google-Anzeigen schalten, statt Zeit und Geld in Facebook-Werbung zu investieren. Auf der anderen Seite wird der Hersteller eines lustigen Produktes – wie zum Beispiel eines Zappelfischs für die Katze – mit Facebook-Werbung besser beraten sein, weil er auf Facebook gezielt Katzenfreunde ansteuern kann.

Entsprechend finden wir bei Facebook Produkte, von denen wir bisher nicht gewusst haben, dass wir sie brauchen – vielleicht nicht einmal, dass es sie gibt.

So lässt sich die Frage „Google oder Facebook?" in vielen Branchen rasch beantworten: Es ist Unsinn, als Rechtsanwalt telefonische Kaltakquise zu betreiben und Menschen zu fragen, ob sie zufällig Unterstützung in einem Rechtsstreit brauchen. Eine solche Kaltakquise bringt auch dann nichts, wenn der Rechtsanwalt top ist, denn was wir nicht brauchen, kaufen wir nicht. Entsprechend wenig Sinn hat es, als Rechtsanwalt Facebook-Werbung zu schalten, um Aufträge zu akquirieren. Es hat höchstens Sinn mit dem Ziel einer langfristigen Positionierung als Experte. Suchen wir einen Rechtsanwalt, finden wir ihn in aller Regel bei Google. Das Suchergebnis führt dann zur Website und nicht zu Facebook. Also müssen die überzeugenden Kompetenzbeweise dann auch auf der Website liegen. Bestenfalls geht es also darum, sich bestmöglich finden zu lassen.

Bei LinkedIn – das grob eher Facebook ähnelt als Google – könnten wir als Anwalt durch regelmäßige Beiträge unsere Expertise beweisen, sodass unsere Community im Fall der Fälle an uns denkt. Das ist eine schöne Idee. Zugleich halte ich es bei einer Anwaltskanzlei für klüger, diese Kompetenzbeweise auf der eigenen Website zu bringen und die Seiten einer Suchmaschinenoptimierung zu unterziehen. Denn wenn Google der Weg ist, auf dem Menschen zu uns finden – weshalb sollten wir uns mit anderen, vergleichsweise mühsameren Wegen herumschlagen?

Die eigene Website

Und auch wenn wir auf Social-Media-Kanälen unterwegs sind, muss immer die eigene Website passen. Das ist die Basis, auf der wir unsere Bekanntheit und Reputation aufbauen. Hier sammeln wir auch die E-Mail-Adressen von Interessenten, beispielsweise in unserem Newsletter-Verteiler. Der Gedanke dabei ist einfach der: Facebook & Co sind fremde Unternehmen, auf deren Handeln wir keinen Einfluss haben. Auf unserer Website dagegen bestimmen wir, was geschieht. Macht eines der Unternehmen dicht – oder wird es fürs geschäftliche Netzwerken allmählich bedeutungslos wie Xing –, dann schwinden damit auch unsere Geschäftspotenziale. Woher wollen wir wissen, ob LinkedIn morgen noch existiert? Was, wenn zwei oder mehr Plattformen oder gar Unternehmen fusionieren? Was, wenn das eine Unternehmen das andere kauft oder dessen Plattform? Darauf haben wir keinerlei Einfluss. Und deshalb ist es in meinen Augen sinnvoll, vor allen anderen Plattformen die eigene Website zu bespielen.

Kundenorientiert ist eine Website heute übrigens vor allem dann, wenn sie sich problemlos auf dem Smartphone öffnen und lesen lässt. Es geistern verschiedene Zahlen durch die Welt, aber dass etwa 80 Prozent der Zugriffe auf Websites von Mobilgeräten kommen, dürfte schon realistisch sein. Entsprechend müssen Websites programmiert sein. Wordpress-Themes für Landingpages wie Thrive oder Elementor können das sehr gut. Wichtig ist aber immer wieder, die Website vom Smartphone aus zu prüfen. Einzig relevant ist, wie der potenzielle Kunde die Website sieht und erlebt.

Das Problem ist, vereinfacht gesagt, wie Agenturen arbeiten. Ein Unternehmen braucht eine neue Website und sucht eine Agentur, die die Website baut. Eine Website zu bauen gehört für eine Agentur heute zum Standardrepertoire – aber damit ist nicht gesagt, dass eine Seite von einer Agentur automatisch gut wird. Agenturen verkaufen Unternehmen nämlich in aller Regel das, was sie können. Sie verkaufen nicht, was sie nicht können. Versteht eine Agentur also zum Beispiel nichts von Pagespeed, kann es gut sein, dass eine Website einfach zu langsam lädt. Hauptgründe sind oft Videos, die sich schon beim Seitenaufruf laden statt erst beim Klick auf das Video, zu große Fotodateien und überfrachtete Themes, beispielsweise bei Wordpress.

Die Kundenbrille bei der Planung von Websites aufzusetzen bedeutet für meine Begriffe auch, auf Landingpages zum Beispiel auf Pop-ups zu verzichten. Wozu sollen wir den Kunden erst einen Button klicken lassen, damit sich ein Pop-up öffnet, das ein Formular enthält? Wozu dieser überflüssige Schritt, warum stellen wir das Formular nicht gleich auf die Seite, wenn es das Layout erlaubt? Falls nicht, kann der URL im Button meinetwegen zu einer Seite mit Formular führen, damit die Seiten aufgeräumter wirken, aber ein Pop-up ist dabei eigentlich nie nötig. Auch weil Pop-ups auf manchen Browsern schlicht nicht funktionieren, sorgen sie immer wieder für Ärger und sind eben nicht unbedingt kundenfreundlich.

Neben solchen technischen Fragen ist natürlich auch die Kundenperspektive bei den Inhalten gefragt. Also: Gelangt jemand auf die Website, muss dort auf den ersten Blick klar werden, welchen Nutzen ein Unternehmen bietet. „Auf den ersten Blick" heißt: ohne zu scrollen. Der Fachbegriff dazu heißt „above the fold". Das heißt so viel wie „oberhalb des Bruches". Der „Bruch" ist ein Begriff aus dem Zeitungswesen und bezeichnet den horizontalen Falz in der Mitte, der die Zeitung teilt. Wenn Sie am Kiosk die *BILD*-Zeitung im Zeitungsständer sehen, wissen Sie, was gemeint ist: Die Schlagzeile, also die Hauptnachricht, steht oberhalb des Bruches. Insofern ist nicht die ganze Seite 1 der *BILD*-Zeitung das Verkaufsmedium, sondern nur die obere Hälfte.

Der Kundennutzen muss nach oben

Übertragen auf eine Website heißt das, dass der Kundennutzen oben steht, und das vor allem auch in der Smartphone-Ansicht. Dabei betrachten Sie bitte die „Customer Journey“: Von wo auch immer der User kommt, ob von einer Google-Seite oder einem Facebook-Eintrag – wo er landet, muss immer plausibel sein. Und niemals darf ihn eine Information erwarten, die ihn nicht interessiert oder die er nicht versteht. Im Kapitel „Der Nutzen auf den Punkt gebracht“ spielen wir das an einigen Beispielen konkret durch. Beide Elemente spielen tatsächlich zentrale Rollen: Was Sie kommunizieren, muss *unbedingt* aus Kundensicht relevant sein, nicht aus Ihrer. Und es muss unbedingt verständlich sein, und zwar sofort, ohne dass man zurücklesen muss – und das aus Sicht Ihrer Zielgruppe. Das heißt: Die Anwender Ihres Produktes, die möglicherweise keine Fachleute sind, müssen sofort genau erfassen, worum es geht. Im Kern ist die Aufgabe der Startseite also, nicht aus Anbietersicht das Produkt zu kommunizieren, sondern den Nutzen aus Kundensicht.

„Guerilla-Marketing“ funktioniert, wenn Sie Ihre potenziellen Kunden bei ihrem Schmerz packen.

Wissen Sie übrigens, wie ich zu Beginn meiner Selbstständigkeit 2004 die ersten Aufträge akquiriert habe? Durch meine Arbeit bei der Zeitung hatte ich die Erfahrung gemacht, dass nahezu kein Unternehmen in der Lage ist, relevante und verständliche Pressemitteilungen zu verfassen, die die Perspektive der Öffentlichkeit einnehmen. Nahezu alle haben an unseren Lesern vorbeigeschrieben. Und das ist ein Schmerz dieser Unternehmen – ihnen ist nämlich oft gar nicht klar, warum sie keine öffentliche Resonanz erfahren.

So habe ich mir einfach Pressemitteilungen geschnappt, damals viele noch auf Papier, und sie mit Anmerkungen an die Unternehmen zurückgeschickt. Die Folge war, dass ich in einigen dieser Unternehmen erst Workshops gegeben habe und dann auch noch eine Art Schlussredakteur wurde – bevor eine Meldung rausgeht, prüfe ich final die Kundenperspektive. Dann kamen die ersten Anfragen nach Vorträgen, dann bald das erste Buch.

Heute praktiziere ich diese Form von „Guerilla-Marketing" auch noch, wobei das Thema „Pressemitteilung" nicht nur digitalisiert, sondern auch rückläufig ist – vielmehr geht es heute um Blogbeiträge, in denen Unternehmen ihre Kompetenz beweisen, und um sogenannte Cornerstone-Seiten, die suchmaschinenoptimiert eine Art Grundstein in den Boden rammen sollen und ein Thema sehr ausführlich und sehr tiefgründig abhandeln. Das Ziel ist, dass die Leute beim Googeln nach einem bestimmten Stichwort an dieser Cornerstone-Seite nicht vorbeikommen. Es gelingt, indem der Text das Thema so strukturiert und tiefgründig behandelt und auch die nötigen Fotos und ein Inhaltsverzeichnis enthält, dass Google diese Beiträge einfach liebt.

Und es geht natürlich auch um Teaser, also sehr kurze Texte, die einen Nutzen auf den Punkt bringen. Teaser brauchen wir überall: als Appetizer in Social Media, die dazu anregen, auf eine Website zu springen und dort etwas zu lesen. Als Vorspann über einem LinkedIn-Artikel. Als Tweet. Und so weiter. Der Anspruch ist auch hier, das Ganze nicht aus der Absendersicht zu formulieren, sondern aus der Empfängersicht. Später gehen wir hier noch ins Detail.

Typenorientiert verkaufen

Unter den Marketing-Irrtümern hatte ich den Irrglauben erwähnt, wir müssten unsere Unternehmensbotschaft mit sämtlichen Belangen für alle Zielgruppen vollstopfen. Zugleich kann es aber gelingen, mit einer Botschaft mehrere verschiedene Menschentypen anzusprechen.

Eine der bekanntesten Typologien dürfte das DISG-Modell sein.[13] Das DISG-Modell unterscheidet grob gesagt zwischen **d**ominanten Führungsfiguren, die zielorientiert und oft weniger teamfähig sind („rote Typen"), **i**nitiativen Aktionisten, die gern Spaß haben und sich vor lauter Ideen gern verzetteln („gelbe Typen"), **s**tetigen und ruhigen Routiniers, die Gewohnheiten und eine angenehme Atmosphäre lieben („grüne Typen"), sowie **ge**wissenhaften und detailorientierten Fachleuten, die sich in Spezialthemen äußerst präzise hineindenken, zugleich aber oft das Ziel aus den Augen verlieren („blaue Typen"). Zu wissen, wie man ungefähr tickt, erleichtert den sozialen Umgang ungemein.

Natürlich ist diese Typologie sehr vereinfachend. Es geht dabei auch gar nicht darum, Menschen wissenschaftlich gesichert zu kategorisieren, sondern es geht um eine ungefähre Richtung, in die wir im Umgang mit Menschen denken können.

Ich selbst bin zum Beispiel sehr „blau" und einigermaßen „rot"; das „Gelbe" und „Grüne" ist mir weniger wichtig. So weiß ich zum Beispiel, dass sich manche Leute wegschmeißen vor Lachen bei einem Wortspiel, was eine klassisch „gelbe" Eigenart ist. Ich finde die meisten Wortspiele langweilig, wie ich ja schon angerissen habe. Ein Wortspiel muss sowohl wörtlich als auch metaphorisch treffen, damit es gut ist – zum Beispiel wie in dem Kurstitel „Zieh Erfolg an!" der Stilberaterin Elisabeth Motsch. Ansonsten sind die meisten Wortspiele nett, aber eben nicht treffend. Und das so zu sehen ist tiefstes „Blau". „Gelbe" Typen lachen über Witze, „blaue Typen" erklären sie.

Wenn ich das jetzt von mir weiß, dann bin ich gut beraten, meinen Kunden eher etwas Analytisches zu verkaufen – beispielsweise Beratungen zu treffenden Formulierungen. Dabei kann ich auch Tipps zu Pointen geben. Ich weiß also schon, welche Pointe funktioniert und welche nicht. Aber ich lache halt nicht über alle. Auch weiß ich, welche Formulierung rhetorisch wie funktioniert. Ich lasse mich davon eben nur nicht selbst beeindrucken.

Wenn Sie jetzt einschätzen können, zu welcher Farbe Ihre Kunden neigen, können Sie sich in Ihren Botschaften darauf einrichten. Richten Sie sich an alle vier Farbtypen, können Sie alle ansprechen, einfach mit verschiedenen Schwerpunkten.

Lassen Sie mich das einmal anhand einer Rechtsanwaltskanzlei durchspielen. So eine Kanzlei richtet sich ja nicht zwangsläufig an „blaue" Typen, nur weil Rechtsanwälte gemäß DISG-Modell naturgemäß einen hohen „Blau"-Anteil haben (sonst könnten sie ihren Beruf kaum ausüben, in dem es vor allem um gedankliche Präzision geht). Eine Rechtsanwaltskanzlei richtet sich an alle Typen, denn potenziell brauchen auch Spaßvögel, Cheftypen und Routiniers irgendwann mal eine rechtliche Beratung oder Vertretung. Der Grund, warum wir beim Blick auf die Websites von Anwaltskanzleien oft die Kundenorientierung vermissen, ist in aller Regel der, dass Anwälte ihr Thema nicht von ihrer „blauen" Sicht in eine allgemeine übersetzen.

Was ist also für welchen Typen wichtig? Eine Rechtsanwaltskanzlei könnte darstellen:

- „Dominante" Typen („rot") legen Wert auf Rekorde, Auszeichnungen und Erstklassigkeit. Sie überzeugt ein Anwalt durch Mitgliedschaften in exklusiven Zirkeln und ein eigenes, hochwertig produziertes Buch.
- „Initiative" Typen („gelb") legen Wert auf Spaß und Lebendigkeit. Sie überzeugt ein Anwalt, indem er auf das kommunikative Miteinander hinweist und zeigt, dass er gut zuhören kann. Ein Hinweis auf ein Spielzimmer für Kinder aktiviert „gelbe" Typen. Sie erwarten unbedingt auch lebendige und freundliche Texte.
- „Stetige" Typen („grün") legen Wert auf klare Abläufe und Routinen. Sie überzeugt ein Anwalt, indem er klare Abfolgen darlegt und bei jedem Schritt für Transparenz sorgt.

- „Gewissenhafte" Typen („blau") legen Wert auf Präzision. Sie überzeugt ein Anwalt mit seinen Kompetenzbeweisen auf fachlicher Ebene.

Ein Text für die Startseite des Internetauftritts könnte also beispielsweise lauten:

> *Geben Sie Rechtliches in kompetente*[14] *Hände! Wir von der Kanzlei Mustermann sind Ihr Partner in Sachen Mietrecht. Lassen Sie uns gemeinsam*[15] *Ihren Fall durchgehen: Sie erhalten schon bei der ersten Beratung*[16] *eine tragfähige Einschätzung*[17] *– transparent und nachvollziehbar*[18] *vermittelt. Dr. jur.*[19] *Max Mustermann ist Autor des preisgekrönten*[20] *Standardwerkes*[21] *„Mieten, Vermieten, Kaufen, Verkaufen" und Beirat in der Deutschen Gesellschaft für Häuser und Hütten.*[22] *Wir freuen uns*[23]*, wenn wir Ihnen helfen dürfen.*[24]

So können Sie in jeder Branche vorgehen und mit jeder Profession. Kundenorientierung bedeutet nahezu überall, nicht nur aus der eigenen Sicht zu kommunizieren, sondern vor allem auch die Gedanken- und Gefühlswelten anderer Menschen zu berücksichtigen. Im Kapitel zu den Teasern gehen wir darauf noch näher ein.

Wer (k)eine „Persona" braucht

Zum Stichwort „Persona": Im Marketing heißt es heute nahezu ständig, Unternehmen bräuchten so eine „Persona" oder „Buyer Persona". Wie schon kurz angerissen, ist eine „Persona" eine genau beschriebene fiktive Figur, auf die wir unsere Verkaufsbotschaften ausrichten. Theoretisch können Sie damit Ihren Traumkunden skizzieren und einen ganz bestimmten Menschentyp anziehen. In dem Charakter dieser „Persona" können Sie beispielsweise festhalten, welche Farbausprägungen Ihre Zielgruppe laut DISG-Modell hat oder worauf sie emotional anspricht.

Eine „Persona" hilft dabei, die Perspektive der Zielgruppe einzunehmen.

Eine solche Persona kann zum Beispiel weiblich und zwischen 30 und 40 Jahre alt sein, beruflich erfolgreich, technisch versiert und sportbegeistert. Nennen wir sie Lara. Lara beschreibt eine völlig andere Zielgruppe als eine männliche Persona ab 60, im Ruhestand, ordnungsliebend und kaum technikaffin – sagen wir „Herbert". Beide Personas[25] müssen wir auf völlig unterschiedliche Weise ansprechen – mit Denglisch und gegenderten Bezeichnungen müssen wir Herbert nicht kommen. Lara interessiert sich dagegen vermutlich nicht für die Biersorten, für die Herbert sich begeistert.

Eine „Persona" kann also helfen, die Zielgruppe exemplarisch zu beschreiben. Aber lassen Sie mich fragen: Welche „Persona" hat das Marketing der Deutschen Bahn? Entweder keine oder viele. Denn die Deutsche Bahn setzt massiv auf Vielfalt, beispielsweise bei der Besetzung von Zugbegleiterstellen. Auch die Kunden der Bahn sind divers – die Bahn hat keinen Grund, jemanden auszuschließen. Ähnlich ist es bei Ikea: Es gibt nicht nur *diesen einen Menschentypen*, für den das Angebot infrage kommt. Bei Ikea kauft Lara ein, und dort kauft auch Herbert ein. Eine „Persona" zu definieren, wäre sehr anspruchsvoll – im Zweifel wäre ihr Charakter zu beliebig, um sich als „Persona" zu eignen.

Sollten Sie also eine breite, vielfältige Zielgruppe haben, ist der Tipp mit der „Persona" möglicherweise kein guter Tipp. Er könnte dazu beitragen, dass sich weite Teile Ihrer Zielgruppe nicht angesprochen fühlen.

Konstellationen, in denen eine „Persona" sinnvoll ist, gibt es aber auch:

- Richten Sie sich mit einem Seminarangebot an Unternehmen, könnten Sie eine „Persona" entwickeln, die Personalchef/-in ist und sich für bestimmte Medieninhalte interessiert. Daran können Sie Ihren Content ausrichten.
- Insgesamt ist es klug, im Zusammenhang mit Content-Marketing mit einer „Persona" zu arbeiten. So wird leichter klar, wofür sich die Menschen interessieren und welche Fragen sie haben.
- Wollen Sie bestimmte Leute nicht als Kunden haben (zum Beispiel keine einfachen Angestellten), können Sie Ihr Marketing auf eine Persona ausrichten, die Führungskraft oder selbstständig ist. Durch die darauf zugeschnittenen Inhalte sprechen Sie die für Sie uninteressanten Leute schlicht nicht an.
- Auch Spezialprodukte verkaufen sich leichter mit einer „Persona" – etwa Krankenversicherungen für angehende Mediziner.

Insgesamt finde ich den Gedanken an eine „Persona" vor allem deswegen gut, weil wir uns dadurch viel einfacher in die Perspektive unserer Käufer hineinversetzen können. Wenn wir uns überlegen, was Lara tun würde, wie sie reagieren würde, welche Fragen sie hätte, dann nähern wir uns dadurch vermutlich schon mehr dem Thema Kundenorientierung an, als wenn wir uns den Kunden nicht so plastisch vorstellen.

Übrigens heißt die wohl bekannteste „Persona" im deutschsprachigen Raum Lieschen Müller. Sie ist uralt und war eine Erfindung des *Stern*-Gründers Henri Nannen (1913–1996).[26] Lieschen Müller ist auch heute noch „der Leser" in zahlreichen Zeitungsredaktionen. „Das interessiert Lieschen Müller nicht", hört man dann in einer Redaktionskonferenz, oder: „Das ist zu kompliziert für Lieschen Müller, das müssen wir erklären." Auf die

Frage, woher er wisse, was Lieschen Müller lesen wolle, soll Nannen einmal geantwortet haben: „Ich bin Lieschen Müller."

Der Weg des Kunden zu Ihnen

Wie sieht nun der Weg des potenziellen Kunden zu Ihnen konkret aus? Stellen wir uns noch einmal vor, jemand sucht einen Anwalt. Welchen Anwalt schreiben Sie überhaupt an?

Natürlich wissen Sie: Es ist nicht klug, einfach den nächstbesten Anwalt zu nehmen. Ich nehme das an, weil Leser von Wirtschaftsbüchern in aller Regel in einer gewissen professionellen Liga spielen. Deshalb haben Sie auch relativ leichtes Spiel gegen Amateure, die sich schon allein deswegen gegen die Wand gepustet fühlen, weil ihnen ein Anwalt schreibt. Und die glauben, sie könnten andere damit beeindrucken.

Darum fragen wir erst mal: Wie wählen Amateure einen Anwalt? In dem obigen Beispiel haben wir gegoogelt. Doch viele Amateure nehmen nach wie vor die gedruckte Ausgabe der Gelben Seiten, blättern sich dort zum Rechtsanwaltsverzeichnis durch und schauen unter dem Ort, in dem sie leben. Wenn ich diesen Versuch bei uns mache, dann finde ich in unserem kleinen Städtchen zwei Einträge von Rechtsanwälten. Welche Rechtsgebiete diese Anwälte betreuen, steht nicht dabei, da stehen einfach nur die Adresse und die Telefonnummer. Ein Amateur würde jetzt erst einmal die Qualifikation für Kompetenz halten. Das heißt, er meint, dass *ein Anwalt an sich* schon die Lösung ist. Dass es um Erfahrung geht und auch um Kommunikationsfähigkeiten, ist dem Amateur in aller Regel nicht bewusst. Er geht halt „zum Anwalt".

Darum würde der Amateur einfach die erste Kanzlei anrufen und den Fall schildern.

Der Amateur könnte auch ein wenig weiterblättern: Auf der folgenden Seite in diesem Rechtsanwaltsverzeichnis sind einige

Kanzleien nach Rechtsgebieten aufgelistet, also nach Arbeitsrecht, Erbrecht, Familienrecht und so weiter. Die finden sich dann aber meistens nicht in unserem Städtchen, sondern weiter weg. Nach einem Rechtsgebiet zu suchen ist immerhin schon eher Fortgeschrittenen-Level.

Viele Angebote funktionieren heute ortsunabhängig. Das deutlich zu machen ist kundenorientiert.

Ein unerfahrener Mensch wird sich also vermutlich *irgendeinen* Anwalt in unserem Städtchen nehmen. Oder er achtet auf eine Fachanwaltsqualifikation und ist bereit, ein paar Kilometer zu fahren – dann wird der unerfahrene Mensch annehmen, dass ihm dieser unfassbar clevere Schritt den Sieg im Rechtsstreit garantiert.

Dabei geht die Wahrscheinlichkeit, dass der Anwalt im jeweiligen Rechtsgebiet firm ist, de facto gegen null, solange es sich nicht um eine Banalität handelt.

Und jetzt wird es gemein: Spielt ein Anwalt in der Amateurliga, dann wird er genauso für sich werben. Weil er weiß, dass er eben qua Qualifikation und Eintrag in den Gelben Seiten ein lokales Publikum anzieht.

Wie machen es Profis? Die wissen: Es ist heute nicht mehr nötig, einen Rechtsanwalt physisch zu treffen. Alles lässt sich über Telefon, Post und Internet abwickeln. Daher gibt es keinen Grund mehr, nur auf lokaler Ebene zu suchen. Sicher gab es diesen Grund streng genommen auch vor dem Aufkommen des Internets nicht. Aber mit dem Internet wird es eben extrem leicht, genau den Spezialisten für Baurecht, Mietrecht und Versicherungsrecht zu finden, den wir brauchen. Der darf gern am anderen Ende der Republik sitzen, solange er eine E-Mail-Adresse und einen Briefkasten hat.

Als Profi suchen Sie also nicht in den gedruckten Gelben Seiten, sondern im Internet. So wie das Internet meine Suche nach einem gläsernen Ersatzlampenschirm für meine antike Schreibtischlampe mit einem entsprechenden Angebot zusammengebracht hat, bringt es alle möglichen komplizierten Suchen mit den kompliziertesten Angeboten zusammen. Die Gelben Seiten auf Papier dagegen ordnen Unternehmen lokal, wobei gar nicht unbedingt ein lokaler Bezug gegeben ist.

Machen Sie sich demzufolge als Anbieter findbar. Sofern Sie nicht nur in der lokalen Amateurliga spielen wollen, ist Ihre Aufgabe klar: Sie sollten Informationen im Internet so zusammenstellen, dass der Kunde auch bei einer höchst spezialisierten Anfrage genau bei Ihnen landet, weil genau Sie das leisten, was er sucht. Und das wiederum heißt, dass Sie sich möglichst spitz positionieren und entsprechend im Netz darstellen sollten.

Der lokale oder regionale Bezug spielt wirklich nur dann eine Rolle, wenn es um Material, Anfahrten und reale Besuche geht. Als Steuer- oder Anwaltskanzlei, als Wissensvermittler/-in oder Berater/-in haben Sie keinen lokalen oder regionalen Bezug. Sie sind also nicht *irgendeine* Rechtsanwaltskanzlei in Cuxhaven, Heilbronn oder Passau, sondern Sie sind im Idealfall *die eine*, auf fehlerhafte Nebenkostenabrechnungen spezialisierte Kanzlei für ganz Deutschland. Das ist eine „Positionierung". Dabei ist es völlig egal, ob Sie in Hamburg für teuer Geld in einem herrschaftlichen Gründerzeitgebäude an der Alster residieren oder auf einem Bauernhof im Allgäu. Das Ziel ist, dass Menschen aus ganz Deutschland auf Sie zukommen, weil Sie in einem ganz bestimmten Fachgebiet gut sind – nicht, weil zufällig irgendwo Ihr Schreibtisch steht. Und die Leute kommen nicht per Auto oder Bahn, sondern via Internet auf Sie zu. Weil das Internet eine spezielle Anfrage wie nach einem historischen Lampenschirm mit exakt diesem Lampenschirm zusammenbringt, bringt es auch Sie und Ihre Kunden zusammen. Sie müssen das Ganze nur richtig aufsetzen.

Das ist ein anderer Zugang zum Thema als noch vor einigen Jahren. Und obwohl der alte Weg wirklich hinfällig ist, richten sich immer noch eine Menge Leute danach. Sie suchen ortsunabhängige Leistungen *in der Nähe*. Sogar Webdesigner suchen sie am Schwarzen Brett in der Stadtbibliothek.

Wer professionell nach einer Rechtsvertretung sucht, wird also heute übers Internet suchen. In der Nähe des Gerichtsstandes zu suchen, um Reisekosten zu sparen, weil die Rechtsschutzversicherung das wünscht – das ist möglicherweise nicht der klügste Ansatz. Auch immer denselben Anwalt für alle Rechtsgebiete zu nehmen ist nichts für Profis. Wir suchen für jeden Fall die beste Kanzlei. Denn wir denken ja ergebnisorientiert und wollen den Fall gewinnen. Unbedingt wollen wir vermeiden, dass ein Gericht eine falsche Entscheidung trifft, weil die entscheidenden Informationen nicht verständlich sind (und das geschieht ja oft, wenn schlechte Anwälte im Spiel sind). Wir brauchen also einen Anwalt, der die Sachlage messerscharf auf den Punkt bringt und genau herausarbeitet, was die einzelnen Fakten bedeuten.

Auch wenn Sie schnell einen treffenden Schriftsatz an die Gegenseite brauchen, dann ist es unklug, wenn sich Ihr Anwalt erst noch in die Thematik einlesen muss. Sobald ein Anwalt anfängt, im Nebel zu stochern, wird sich alles endlos hinziehen, und Ihre Chancen, zu gewinnen, sinken.

Als Kunde suchen Sie also eigentlich keinen Anwalt. Sie suchen auch keinen Fachanwalt für Mietrecht. Sondern Sie suchen genau die Eier legende Wollmilchsau, die sich exakt auf das Thema „Wirtschaftlichkeitsgebot bei Gebäudeversicherungen in Nebenkostenabrechnungen" spezialisiert hat und Ihr Problem möglichst schon mit dem ersten Schriftsatz löst und die Gegenseite zum Einlenken bringt.

Das heißt für den Anwalt, der mit dieser Suche matchen soll: Die Kanzlei muss Belege für genau diese Kompetenz so im Internet hinterlegen, dass potenzielle Mandanten sofort genau darauf stoßen. Der Anbieter muss also mit seinem Spezialthema sichtbar werden. Zum Beispiel mit Fachtexten in Form von suchmaschinenoptimierten Blogbeiträgen.

Die komplizierten Funnel im Onlinemarketing

Bevor wir uns mit dem Content befassen, mit dem ein Anbieter kundenorientiert kommuniziert, muss eines klar sein: Der Weg des Kunden zum Angebot ist in erster Linie ein technischer. Es geht dabei gar nicht so sehr um die Produktqualität oder um die Kompetenz des Anbieters. Es geht erst einmal auch gar nicht um den Content. Vor allem zählt erst einmal, dass der Kunde dem Angebot tatsächlich begegnet und es dann auch annehmen kann.

Ein Onlinemarketing-Funnel muss nicht kompliziert sein, nur weil viele andere Funnel kompliziert sind.

Mit „annehmen *kann*" meine ich nicht, dass er das Geld dafür zur Verfügung hat. Ich meine das viel einfacher. Ich meine damit, dass das Formular auf der Website funktioniert und dass die E-Mail ankommt. Dass er sich für ein Event tatsächlich anmelden kann und dass da kein Prozess verkorkst ist. Dass der Kunde nicht von irgendwelchen alten Verlinkungen im Netz auf irgendeinem 404er[27] landet. Es lohnt sich unbedingt, erst einmal rein technisch über den Weg nachzudenken, den der Kunde auf dem Weg zum Kauf zurücklegt. Wenn der potenzielle Mandant über interessanten Content auf einen Anwalt aufmerksam wird, bringt das alles nichts, wenn der Mandant die Website des Anwalts auf dem Smartphone nicht lesen kann, weil sie für die mobile Ansicht nicht optimiert ist.

Das Wort „Funnel" im Sinne von „Trichter" hatte ich bereits ins Spiel gebracht. Ein solcher Funnel ist ein Weg eines Kunden. Klassischerweise sind Funnel relativ kompliziert, auch weil sie versuchen, die in den Marketing-Irrtümern erwähnten sieben Touchpoints abzuhaken. Ich will Ihnen mal skizzieren, wie diese Funnel üblicherweise daherkommen:

1. Der Kunde sieht bei Facebook eine Werbeanzeige.
   Dieser Anzeige begegnet er, weil er der „targetierten

Zielgruppe" entspricht.[28] Die Anzeige wirft ein Thema auf – beispielsweise Methoden für agile Strategiearbeit oder Neukundengewinnung. Die Anzeige regt an, ein kostenloses „Whitepaper" herunterzuladen (einen sogenannten Lead-Magneten).

2. In der Anzeige findet sich ein Button mit der Beschriftung „Herunterladen". Der Besucher klickt darauf.
3. In einem neuen Browser-Tab öffnet sich die Landingpage für den kostenlosen Lead-Magneten. Ein kleiner Logo-Friedhof präsentiert Referenzen. Drei schlanke Punkte in einer Liste versprechen einen Nutzen, bei Onlinemarketern üblicherweise voller Tippfehler.
4. Der User klickt auf der Landingpage auf einen Button namens „E-Paper erhalten!" Ein Pop-up öffnet sich, in dem ein Formular zahlreiche Daten abfragt: Vorname, Nachname, E-Mail-Adresse, Handynummer, Unternehmensname sowie Auswahlmenüs zu den Punkten „Rolle im Unternehmen" und „Anzahl der Mitarbeiter".
5. Angenommen, dem Besucher ist das nicht zu lästig, füllt er alles aus und klickt erneut einen Button, der nun heißt: „Jetzt E-Paper erhalten!"
6. Daraufhin kommt er tatsächlich zu einer Seite, auf der er ein PDF herunterladen kann. Das PDF ist so konzipiert, dass es dem Leser tatsächlich einige brauchbare Ideen liefert und insofern Kompetenz vermittelt. Aber wirklich lösen kann der Kunde seine Probleme damit nicht. Dafür ist ein Lead-Magnet ja auch nicht gedacht – er soll, wie der Name sagt, nur „Leads" anziehen, also Neukundenkontakte.
7. Hat der User sich nun eingetragen, bietet ihm der Funnel bald das erste Kaufprodukt an – also etwas, wofür der Kunde Geld bezahlt.

8. Kauft er das nicht, bekommt er so lange nervtötende E-Mails, bis er sich entweder aus der Liste austrägt oder kauft.
9. Kauft er, bekommt er bald eine E-Mail für das nächste Kaufprodukt, etwas teurer.
10. Und so geht es weiter bis zum eigentlichen Ziel: einer monatlich zu bezahlenden Mitgliedschaft in einem Memberbereich oder einem Workshop für viel Geld.

Sie sehen: Für unseren Rechtsanwalt wäre es fatal, wenn er so arbeiten würde. So ein Funnel wäre ein Geschäftsvernichtungsprogramm. Denn das erste Etappenziel ist ganz einfach ein Mandat. Dazu braucht es ein kurzes Telefonat und fertig. Prozesse zu technokratisieren, nur weil es möglich ist, ist dann doch eher sinnlos.

Ich weiß, dass der Rechtsanwalt keine Dienstleistung anbietet, die sich für Facebook-Werbung eignet. Er bietet eine Dienstleistung an, die wir bei Google suchen. Wir googeln also eine Begriffsabfolge wie „Anwalt Mietrecht Nebenkostenabrechnung Gebäudeversicherung Wirtschaftlichkeitsgebot". Dann stoßen wir auf eine Website – die gut sein muss – und rufen an.

Dass trotzdem viele Funnel so funktionieren wie in diesem Beispiel, liegt am Selbstverständnis des Onlinemarketings. Der Anfang war wirklich, dass Onlinemarketer das Prinzip des Onlinemarketings verkaufen. Das Konzept ähnelte zu Beginn mehr oder weniger einem Kettenbriefmodell. Also: Mit dem Konzept des Onlinemarketings haben Onlinemarketer Kunden gewonnen, denen sie in Webinaren und Workshops genau dieses Konzept des Onlinemarketings verkauft haben. Allerdings waren diese Seminare meistens Mogelpackungen: Selbst wer ein solches Seminar besucht hat, hat nicht erfahren, wie er nun konkret in Wordpress Thrive einen Button mit einem KlickTipp-Prozess verknüpft. Glauben Sie mir das, ich habe mehrere dieser Seminare besucht. Bei einer solchen konkreten Frage hieß es dann immer, das führe zu weit, das sei zu detailliert, das wollten die anderen nicht wissen, aber das könne gern die Agentur für einen erledigen – natürlich bezahlt.

Dann haben die Onlinemarketer behauptet, mit ihrem Konzept der riesigen Funnel und ihren nervtötenden Follow-up-Mails ließen sich auch andere Produkte vermarkten. Und das haben viele Dienstleister geglaubt. Obwohl da große Skepsis angebracht ist. Denn der Hauptgrund der großen Funnels ist das Anfüttern und Hinhalten des Kunden. Ich kenne niemanden, der das möchte. Also warne ich davor, das Konzept der großen Onlinemarketing-Funnel auf die Realwirtschaft zu übertragen. Luftnummern lassen sich damit wunderbar verkaufen, reale Leistungen kaum.

Bei der Suche nach einem Rechtsanwalt fällt das Konzept schon mal aus: Der potenzielle Mandant würde uns für unzurechnungsfähig halten, wenn wir ihm eine Kaskade von Follow-up-E-Mails schicken würden mit der Aufforderung, sich unbedingt die sieben Profi-Videos zum Thema anzuschauen, statt einfach mit ihm zu telefonieren. Und auch bei dem erwähnten Zappelfisch für die Katze – ein Produkt, das wir klassischerweise über Facebook-Werbung bewerben und nicht über Google – wäre eine Schnitzeljagd völlig unangebracht. Hier brauchen wir eine schöne Facebook-Werbung mit dem Produkt im Film und einen „Kaufen"-Button, der zur Shopseite führt. Die muss technisch funktionieren – Auftrag erledigt.

Wenn Sie Kundin oder Kunde sind: Wollen Sie, dass man mit Ihnen eine Schnitzeljagd veranstaltet?

Ganz ehrlich: Ich kann diese überlangen Funnel nicht mehr sehen, es ist für mich unerträglich. Diese Art von Funnel nenne ich „Schnitzeljagd" und behaupte: Normale, arbeitende und vernünftige Menschen haben für Schnitzeljagden keine Zeit. Die machen das nicht mit. Jede einzelne

Follow-up-Mail ist ein Rauswerfer, das ist den Jüngern der Onlinemarketing-Religion oft nicht klar. Ob Sie dem Kunden vorhalten, dass er sich noch nicht zum Webinar angemeldet hat, dass er den Lead-Magneten noch nicht heruntergeladen hat oder ob Sie ihm anbieten, das dritte Video zum Thema zu sehen: Jede einzelne Nachricht ohne Relevanz ist ein Grund, um sich aus dem Verteiler auszutragen.

Onlinemarketing hat viel zerstört

Auch die erwähnten „Live-Webinare“, die sich als Aufzeichnung entpuppen, haben das Vertrauen des Marktes ins Onlinemarketing schwer beschädigt. Begreift ein User, dass die Macher ihn hintergehen, ist es um das so hochgehaltene „Vertrauen“, das Onlinemarketer eigentlich aufbauen wollen, restlos geschehen. Kein normaler Mensch traut noch jemandem, der ihm eine Konserve als Live-Event verkauft. Ein Fake-Event ist das Gegenteil von Kundenorientierung, es ist Lüge.

Die wirklich interessanten Leute durchschauen den Schmu ohnehin schnell. Sie erkennen Fake als Fake und steigen schon angesichts des Sprachgestammels in den Facebook-Werbeanzeigen und auf den Landingpages aus. Aus den Tippfehlern und Indizien für Analphabetismus in den Marketingtexten („Lese dieses E-Book!“ statt „Lies dieses E-Book!“, der inflationäre Gebrauch von „&“ statt „und“) schließen sie: Ah, ein Krauter! Ein Dilettant! Geringes Niveau! Aus der mangelnden Tiefe im Workbook schließen sie: ein Schwätzer!

Die Onlinemarketer haben hier in den vergangenen Jahren viel durch ihre Oberflächlichkeit und Bildungsferne zerstört. Was schade ist, denn technisch sind die Möglichkeiten solcher Funnel grandios. Nur ist es eben heute so, dass relevante Zielgruppen, vor allem Executives, sich lieber nirgendwo mehr eintragen, weil sie immer wieder nur an windige Geschäftemacher geraten, die es lediglich auf das schnelle Geld abgesehen haben und keinerlei Substanz liefern. Inhaltlich ist es eben meist zu dünn, was am Ende solcher Onlinemarketing-Kampagnen steht.

Den ahnungslosen und einfältigen Teil des Publikums dagegen schreckt das alles nicht ab. Natürlich können Sie also durch solche Funnel den Leuten das Geld aus der Tasche ziehen, ohne Frage. Das geht. Es gibt genug Leute, die auf Werbebotschaften reinfallen, dass sie monatlich 5.555 Euro verdienen oder ihr Leben endlich durch die richtigen Glaubenssätze in die Hand nehmen können. Und davor schützt auch kein Hochschulabschluss – es geht bei Unbedarftheit nicht um klassische Bildung.

Manch ein Anbieter schafft es sogar, seine teilweise studierten Fans als unbezahlte Hilfskräfte einzusetzen, die dann beim Seminar den Büchertisch betreuen, die wenigen zahlenden Teilnehmer betüddeln und nicht einmal die Reisekosten ersetzt bekommen – schließlich dürfen sie kostenlos an dem Seminar teilnehmen, das sie schon drei Mal gesehen haben. Dadurch wirken die Kamerabilder so, als trete der Guru vor vollem Haus auf. Dabei ist das Publikum voller Claqueure. Die gesamte Show ist ein einziger Fake. Später behauptet der Guru dann öffentlich, er hätte um die hundert Mitarbeiter, wobei die Zahl nur durch die Hilfskräfte zustande kommt.

Ja, heiße Luft und Lüge funktionieren. Aber Sie haben es dann eben auch nur mit Leuten zu tun, die sich auf so einen Quatsch einlassen. Vielleicht geht Ihnen mal durch Zufall ein kluger Mensch ins Netz wie beim Hütchenspiel. Aber in aller Regel sind Sie dann von Leuten umgeben, die so einen Aktionismus mögen. Es kommt einfach darauf an, wofür Sie sich möglicherweise zu schade sind und wofür nicht.

Ein einfacher Funnel

Müssen Funnel eigentlich so kompliziert sein? Nein, das müssen sie nicht. Funnel können wunderbar einfach sein.

Also noch einmal: Die technischen Möglichkeiten von Tools wie KlickTipp, Hubspot oder ActiveCampaign sind grandios. Damit können Sie Kunden ganz hervorragend mit Content beliefern. Drehen Sie 20 Videos zu Ihrem Thema, legen Sie sie auf irgendwelchen Webseiten ab, meinetwegen per Youtube-Einbettung. Dann programmieren Sie KlickTipp so, dass es nach einer Anmeldung zu der Aktion jede Woche ein Video ausspielt. So erhalten nicht alle zur selben Zeit dasselbe Video, sondern jeder bekommt zum Beispiel am Tag nach seiner individuellen Anmeldung um 9:30 Uhr das erste Video ausgespielt. Die Auslieferung von Content kann komplett asynchron laufen, und das macht diese Tools genial.

Die meisten Marketer, die ich so beobachte, nutzen diese Automatismen aber, um das Publikum zu nerven. Sie bewirken damit langfristig steigende Abmeldezahlen. Das liegt vor allem daran, dass sie das Medium E-Mail bevorzugt dazu verwenden, um Druck zu erzeugen, statt Absenderkompetenz zu beweisen und Relevanz zu liefern.

Wenn Sie Kunden gewinnen wollen, und zwar für reale und seriöse Geschäfte, dann haben Sie keinen Grund, Schnitzeljagden zu veranstalten. Dann können Sie auch einen ganz einfachen Funnel bauen:

1. Schalten Sie *eine gute Werbeanzeige* bei Google, Facebook oder LinkedIn, wo auch immer – der Kanal hängt wie gesagt von Ihrer Branche und Ihrer Zielgruppe ab und davon, ob jemand Ihr Produkt gezielt sucht oder nicht.
2. Und dann bauen Sie *eine richtig gute Landingpage*, die den potenziellen Kunden restlos überzeugt und ihm über eine Calendly-Einbettung die Gelegenheit gibt, einen Telefon- oder Zoom-Termin mit Ihnen zu vereinbaren. Der Termin kostet nichts und verpflichtet zu nichts. Die Schwelle ist denkbar niedrig.

3. Am Telefon oder in Zoom *überzeugen* Sie Ihren potenziellen Kunden dann von Ihrer Kompetenz, helfen ihm in dem einen oder anderen Punkt schon einmal konkret weiter, erarbeiten gemeinsam mit ihm den Plan für Ihre Zusammenarbeit und schließen die Vereinbarung.

Oder Sie arbeiten rein organisch, also ohne bezahlte Werbung:

1. Sie stellen Ihr gesamtes Marketing um vom Push- zum Pull-Prinzip. Sie schalten keine Werbung, sondern bauen ein Imperium aus suchmaschinenoptimierten Fachbeiträgen und Videos zu Ihrem Thema auf und beweisen kontinuierlich Ihre Kompetenz.
2. Auf diese Content-Seiten machen Sie in den Social Media aufmerksam – wobei Sie ausnahmsweise LinkedIn dazu nutzen, um dort Ihren Content zu publizieren. LinkedIn mag keine externen Links, sondern bevorzugt die tiefgründigen Themen bei sich selbst. Dem tragen Sie Rechnung.
3. Auf jeder Ihrer Seiten gibt es einen Button, der zu Ihrer Calendly-Seite führt, auf der sich die Leute für einen Termin eintragen können. In den LinkedIn-Beiträgen findet sich die Aufforderung, Sie über LinkedIn zu kontaktieren.
4. Am Telefon überzeugen Sie Ihre Kunden.

Für meine Begriffe genügt so ein kleiner Prozess für viele Unternehmen und Selbstständige vollkommen. Der Punkt ist: Ihr Angebot muss etwas sein, was der Kunde braucht oder will. Es sollte keine Luftnummer sein. Dass Sie der richtige Anbieter sind, erkennt der Kunde spätestens im persönlichen Gespräch. Das genügt.

Ganz egal, wie exotisch Ihre Leistung ist: Wenn Sie etwas Sinnvolles anbieten, werden Sie Menschen finden, die Sie brauchen. So wie ich jemanden gefunden habe, der genau den einen historischen Lampenschirm hatte. Am Ende geht es ja auch nicht darum, dass Sie Käufer finden, sondern darum, dass die Käufer Sie finden. Kundenorientiert gedacht ist so ein Prozess, wenn sie ihn aus der Kundenperspektive heraus planen, also vom Bedarf des Kunden ausgehen und sich überlegen, was er sucht. Ihre Aufgabe ist es, möglichst leicht findbar zu sein und den Menschen die Suche zu erleichtern.

Indem Sie vorwegnehmen, was Menschen suchen, stellen Sie sich auf sie ein. Wer über einen solchen Prozess bei Ihnen landet, bekommt automatisch das Benötigte oder Gewollte. Ich habe auch nicht generell etwas gegen Marketing, nur sehe ich seine selbstbezogenen Wucherungen skeptisch. Marketing selbst ist unbedingt wichtig, und es kann auch durchaus kundenorientiert sein.

Konkret können Sie auf diese Weise einen kurzen Weg vorbereiten, auf dem jemand sofort zu Ihnen findet. Das gelingt in zahlreichen Branchen und mit zahlreichen Produkten:

- Trainer, Coaches und Berater können so ihre Seminare, Coachings und Beratungen verkaufen. Gerade wer in Spezialthemen unterwegs ist, kann sich durch Content-Marketing eine riesige Nische erschließen.
- Lustiges und Kurioses lässt sich simpel über Facebook-Werbung und eine Shopseite verkaufen.
- Anbieter hoch komplizierter Spezialprodukte können sich als Experten positionieren, einen Ratgeber-Pool aufmachen und allen Hilfe bieten, die mit dem Thema zu tun haben. Und sie lassen sich einfach über Google finden, weil die Suchbegriffe hoch spezifiziert sind.
- Sämtliche Anbieter von Gesundheitsdienstleistungen können auf diese Weise zu Terminen kommen.

- Selbst ein Restaurant kann über Cornerstone-Seiten Kompetenz in Sachen Ernährung beweisen und die Leute so dazu bringen, über Calendly einen Tisch zu reservieren.

Und so weiter. Der Fantasie sind wirklich keine Grenzen gesetzt. Sobald Sie ein brauchbares Produkt haben, findet sich ein sinnvoller Weg zur Vermarktung, und zwar ohne lästige Schnitzeljagd.

Rückwärts denken

Technisch führt der Internet-Weg des Kunden zu Ihnen über Verknüpfungen, also beispielsweise über Links von einer Facebook-Werbung über eine Landingpage bis zum Anmeldeformular oder auch gleich zum Kauf. Oder zu einem Besuch in Ihrem Restaurant oder Ihrer Boutique. Am besten planen Sie erst dieses Gerüst. Und denken Sie dabei ergebnisorientiert, also: Denken Sie vom Ende her. Das Ziel ist eine ganz bestimmte Handlung des Kunden. Von diesem Ziel aus denken Sie auf der Zeitschiene rückwärts. Was genau bewirkt, dass der Kunde sich anmeldet, kauft, Sie besucht? Und dann überlegen Sie, worauf das folgt – also: Was ist der Schritt vor diesem Schritt? Am Ende Ihrer Überlegungen steht der eine Gedanke, mit dem Sie auf den Kunden zugehen und den Prozess anstoßen – also beispielsweise eine Facebook-Werbeanzeige.

Der Weg des Kunden zu Ihnen ist in allererster Linie technisch. Der Ablauf muss reibungslos sein.

Diese Vorgehensweise ist zutiefst kundenorientiert. Denn dadurch nehmen Sie automatisch die Kundenperspektive ein und versetzen sich in die Lage der Menschen. In Ihrer Planung formulieren Sie es dann so: „*Um* auf meiner Anmeldeseite zu landen, braucht der Kunde vorher einen Anreiz, auf den Button zu klicken." Das Rückwärtsdenken ist hier elementar – Sie erarbeiten jeden Prozess und auch jeden einzelnen Prozessschritt vom Ergebnis her.

Das heißt, wenn wir mal beim Onlinemarketing bleiben und ein Produkt annehmen, das Sie nach einer Bestellung per Paketdienst verschicken: Als Erstes bauen Sie den Prozess der Bestellung und Auslieferung. Also das, was am Ende geschieht. Ihre Shopseite passt, und eine ausgelöste Bestellung setzt die Logistik in Gang. Das probieren Sie mit allen möglichen Browsern aus, sowohl auf dem Desktop auf Mac und Windows als auch auf Smartphones wie Android-Handys und iPhones. Versetzen Sie sich in die Kundensicht und schauen Sie, ob dieser Prozess aus der Perspektive eines Kunden wirklich rund läuft. Beauftragen Sie damit eine Agentur, sagen Sie dieser Agentur ausdrücklich, dass sie den Prozess mehrfach prüfen soll.

Sobald dieser Prozess läuft, setzen Sie den vorherigen Schritt davor. Wie gelangt der Kunde auf die Shopseite? Im einfachsten Fall hat Ihr Produkt auf der Shopseite einen URL, also eine Internetadresse. Wohin setzen Sie die? Also: Kommt der URL in einen Button auf der Landingpage? Wenn Sie das entschieden haben, bauen Sie die Landingpage so, dass sie den Kunden dazu animiert, genau diesen Button zu drücken. Jetzt testen Sie erst wieder: Funktioniert die Landingpage aus Kundensicht auf allen Browsern und Geräten? Läuft der Prozess bis zur Bestellung sinnvoll durch?

Wenn das gegeben ist, geht es darum, den URL der Landingpage zu kommunizieren. Wo kommt er hin? Kommt er hinter den Button „Mehr dazu" in einer Facebook-Werbeanzeige? Oder kommt er als QR-Code in ein Mailing? All das sind Möglichkeiten, die Sie sinnigerweise bedenken, bevor Sie etwas programmieren.

Wenn Sie in Ihrem Funnel gedanklich „vorn" angelangt sind, also wenn der Prozess selbst reibungslos funktioniert, dann überlegen Sie, auf welchem Kanal Sie Ihre Zielgruppe treffen und wie

Sie sie von dort auf die Landingpage leiten. Klar muss also erst mal sein, an welchem „Geländer" sich der Kunde Punkt für Punkt entlanghangelt. Das Prinzip ist: erst die Struktur, dann der Inhalt.

Selbstverständlich – das weiß ich auch – haben Sie sich den gesamten Ablauf auch *vorher* schon gründlich überlegt und wissen auch, wo Sie den URL kommunizieren. Aber bei der Planung und beim konkreten Aufbau eines solchen Funnels sollten Sie unbedingt vom Ende her denken. Wenn Sie das Konzept vom Ende her planen und dann von vorn durchspielen, können Sie gar nicht aus Versehen Sackgassen bauen.

DER NUTZEN AUF DEN PUNKT GEBRACHT

Sind Anbieter von ihrem neuen Produkt überzeugt, entsteht schnell die fixe Idee, das Produkt „brauche eine Website". Voller Aktionismus beauftragen wir also unsere Agentur: „Baut mal eine Website."

Das macht eine Agentur gern – davon lebt sie. Sie fragt nach einem Briefing, und wir präsentieren ihr das Produkt. Wie die Positionierung des Produktes lautet, was die Persona so denkt und wie der genaue Weg des Kunden zum Produkt aussieht – das fragen Agenturen selten.

Also baut die Agentur eine Website. Während sie schon an der Arbeit ist, kommen dann die Fragen nach dem Layout und den Inhalten, also nach Videos, Fotos und Texten. Diesen Anfragen rennt die Fachabteilung dann hinterher und liefert ein Element nach dem anderen.

Nun mögen Sie das Vorgehen chaotisch und unprofessionell nennen – aber so läuft es in vielen Unternehmen. Gerade in Konzernen sind dann viel zu viele Köche aktiv, die die konzeptionellen Denkfehler mühsam ausbügeln und das Konzept zurechtbiegen müssen – aber die Aktivität wirkt ja auf die Beteiligten wie „Arbeit" und professionell, weil die Teams beschäftigt sind, mit schicken PowerPoint-Präsentationen arbeiten und überall das Logo prangt. Weil ein kooperativer Führungsstil angesagt ist, lässt man die Leute machen, um später mit Mühe den Blick wieder auf die Unternehmensziele zu lenken. Oft geschieht das auch in Unternehmen, von denen wir nicht denken würden, dass sie so viel Zeit und Manpower im Meer versenken.

Auch viele Selbstständige arbeiten ineffizient und planlos. Der Blick auf den Kunden fehlt oft völlig – obwohl der Kunde uns bezahlt. Und wer nicht weiß, worin der Kundennutzen besteht, kann keinen Nutzen auf den Punkt bringen. Oft wirkt die eingangs beschriebene Wirtschaftsferne infolge der schulischen Prägung wie Selbstsabotage. Meine Beobachtung ist:

- Arbeitnehmer und auch Selbstständige in klassischen Ausbildungsberufen, also Handwerker, haben oft keinen Sinn für die Vermarktung, weil sie nicht gut kommunizieren können. Sie brauchen in jedem Fall Hilfe von außen, um ihre Leistungen aus Kundensicht darzustellen. Arbeitnehmer und Selbstständige in naturwissenschaftlichen und ingenieurtechnischen Bereichen sind zwar hochintelligent und verfügen über umfangreiches Wissen, denken aber oft zu kompliziert, um so etwas Einfaches wie einen Nutzen so klar zu formulieren, dass es jeder Vertreter der Zielgruppe sofort versteht. Sie stolpern oft über ihre Denkstrukturen und brauchen ebenfalls externe Hilfe.
- Arbeitnehmer und Selbstständige mit geistes- und sozialwissenschaftlicher Prägung sind oft so dermaßen marktfeindlich konditioniert, dass sie sich gegen den Gedanken des Verkaufens richtiggehend wehren. Sie lehnen den Gedanken daran völlig ab und interessieren sich darum auch nicht für die Techniken, aus Kundensicht einen Nutzen klarzumachen. Sie brauchen eben-

falls externe Hilfe, lehnen diese aber oft ab mit dem Hinweis, sie wollten sich nicht anbiedern.

Entsprechend tun sich viele Unternehmen und auch Selbstständige schwer damit, ihren Nutzen auf den Punkt zu bringen. Dabei ist das gar nicht so schwer. Ob jetzt ein Unternehmen seine Produkte vermarkten will oder jemand in der Selbstständigkeit – im Grunde geht es erst einmal nur um die folgenden Fragen:

- Warum[28] soll a. *genau wer* b. *genau jetzt* c. *genau dieses Produkt* d. *genau bei uns* kaufen?
- Wozu[29] soll der Kunde kaufen? Worin besteht der konkrete Nutzen für ihn?
- Auf welchem Weg kommt der Kunde zu uns und wie kauft er technisch gesehen?
- Mit welchem Content überzeugen wir den Kunden davon, dass wir der richtige Anbieter sind?
- Wo finden wir unsere Zielgruppe?

Diese Fragen kommen einfach daher, aber es lohnt sich, sie ernst zu nehmen. Sicher lassen sie sich schnell und oberflächlich beantworten („Wo finden wir unsere Zielgruppe? Bei Facebook"), aber das wird kaum zum Ziel führen. Und diese Fragen lassen sich auch übertrieben kompliziert beantworten – Sie können zur Frage, wo Sie die Zielgruppe finden, sicher 30 PowerPoint-Folien füllen. Es mag auch sein, dass Sie diese 30 Folien brauchen, um sich über Ihre Zielgruppe klar zu werden. Aber am Ende sind die Antworten auf diese Fragen immer einfach. Sie müssen jedem verständigen Menschen sofort einleuchten. Vor allem der Nutzen, also die Frage, wozu der Kunde kaufen sollte, sollte niemals einer weitschweifigen, langatmigen Formulierung bedürfen.

Meine Empfehlung ist unbedingt, sich mit diesen Fragen intensiv zu befassen. Denn ohne klare Antworten auf diese Fragen brauchen Sie mit Ihrer Produktentwicklung und Ihren Verkaufsstrategien gar nicht anzufangen. Solange diese Fragen nicht beantwortet sind, brauchen Sie keine Website und keinen Funnel, keine Broschüre und keine Mailings. Es sind Fragen, die uns zwingen, die Kundenperspektive einzunehmen und anhand der Kundensicht zu überlegen, wie ein Produkt genau gestaltet sein muss, damit es im Sinne des Kunden funktioniert.

Content oder Werbung?

Wissen Sie, was eine LinkedIn-Booster-Gruppe ist? Das ist eine WhatsApp-Gruppe, in der die Leute die Links ihrer neuen LinkedIn-Beiträge posten. In der Gruppe besteht die Verabredung, dass die anderen die Beiträge jeweils liken und kommentieren. Man geht dann also auf den Link, landet bei dem LinkedIn-Beitrag und betätigt sich. So wollen die Mitglieder einer LinkedIn-Booster-Gruppe ihre Reichweiten erhöhen.

Auch ich war mal in so einer Gruppe. Das war in Ordnung für mich, weil darin vor allem Kollegen waren, deren Inhalte ich sehr schätze. Dann waren aber noch viele andere dabei, die ich nicht kannte. Und da bin ich an eine Grenze gestoßen. Denn den Anspruch, den darin viele hatten, dass möglichst alle mithelfen, konnte ich in vielen Fällen nicht erfüllen.

Der Punkt, um den es hier geht, ist die Frage: Welche Inhalte von anderen kann ich liken und teilen? Welche Themen will ich kommentieren? Denn auf keinen Fall kann ich von meinem offiziellen Profil aus alles Mögliche liken und kommentieren. Das ist völlig kontraproduktiv, und das haben viele in dieser LinkedIn-Booster-Gruppe nicht begriffen.

Ich bin mit einem Thema positioniert, in diesem Fall „klare Kommunikation". Die Menschen, die mir folgen, interessieren sich genau dafür. Ich poste genau für diese Leute, ich schreibe für meine Community. Dabei spiele ich natürlich nur Dinge aus, die mit meinem Thema und meiner Positionierung zu tun haben. Und das ist auch völlig klar: Es würde mein Publikum wundern oder sogar irritieren, wenn ich plötzlich mit fremden Themen um die Ecke käme.

In einer solchen LinkedIn-Booster-Gruppe hat also eines Tages einer gepostet, er habe ausgerechnet, dass nur 70 Prozent der Gruppenmitglieder seinen Beitrag mit einem „Like" bedacht hätten. Das hat er im Gruppen-Chat beklagt, also für alle lesbar. Er war sichtlich aufgebracht und merkte an, da sei noch „Luft nach oben".

Unter anderem meinte er mich damit, denn ich hatte seinen Beitrag tatsächlich ignoriert. Allerdings bewusst. Ich habe mir alle Beiträge angesehen, und bei seinem habe ich entschieden, nichts zu tun. Das habe ich auch bei anderen entschieden, aber eben auch bei seinem.

Das klingt erst mal unfreundlich: Warum mache ich denn so was? Wieso unterstütze ich den armen Kerl nicht? Wer nicht in ökonomischen Kriterien denkt, also ergebnisorientiert und vor allem sinnorientiert, versteht das nicht. Die Leute halten das tatsächlich für „unsolidarisch", weil sie ganz offenbar nicht verstehen, wie das mit dem Reichweitenaufbau durch Content funktioniert.

Ich habe geantwortet, dass ich mich aus einem einfachen Grund nicht engagiert habe: Ich like keine Werbung. Und ich gebe kein „Like" ab, das meine Community als zumindest merkwürdig erachtet.

Konkret hatte er einen Post in der Art geschrieben: „Willst auch du etwas verändern? Dann ergreife JETZT deine Chance ..." – mit Verlaub, das kann ich nicht liken. Das ist Onlinemarketing-Müll. Eine Liste mit sieben Zitaten, die der User vermutlich vertritt und die zeigen, wie schlecht es ihm geht, dann die rhetorische Frage, ob ich die Gemeinsamkeit erkenne – dann Belehrungen darüber, dass Emotionen zu uns gehören ... – wie Sie sich denken können, ist mir das alles zu flach. Ich soll mit meinem „wahren Selbst" verbunden sein, schreibt er, und dass die „tiefe Verbundenheit" mit meiner Seele, meinem „höheren Selbst", „unfassbare und praktische Vorteile" für mein Leben hätte. Bla, bla, bla. Wie soll ich so etwas liken, ohne dass mich meine Community für bescheuert hält? Dann lese ich: „Es ist deine Chance" und „Was du dazu tun musst?" Es folgt ein Link, der auf eine Landingpage führt – das Produkt ist ein „5-tägiger E-Mail-Kurs". Na danke.

Werbetexter oder Redakteur?

Er will also, dass die anderen in der LinkedIn-Booster-Gruppe seine Werbung verstärken. Er will kostenlose Reichweite nicht für sich, sondern für seine Werbeanzeige. Und wissen Sie, was das Beste ist? Er fragt mich, was an seinem Text Werbung sein soll. Vermutlich wollte er mich für dumm verkaufen, oder er wusste es tatsächlich nicht.

Eine Teilnehmerin merkte an, dass eine solche Gruppe nicht funktioniert, wenn die Mitglieder danach entscheiden, ob ihnen ein Beitrag „passt". Sie fragte, ob denn nicht der Sinn einer LinkedIn-Booster-Gruppe darin liege, Werbung zu machen. Ich antwortete: „Der Sinn ist, die Reichweiten zu erhöhen. Das ist etwas anderes als Werbung." Und: Nein, es geht auch nicht darum, ob mir ein Beitrag „passt". Es geht einzig darum, ob er aus Sicht meiner Community sinnvoll ist, für die ich das alles hier mache.

Content liefert Relevanz. Werbung will einfach nur verkaufen.

Dann meldete sich eine andere Teilnehmerin und bat mich, kurz über ihren Text drüberzuschauen, den sie in den kommenden Tagen posten wollte. Ich warf einen Blick drauf und erkannte sofort die gleiche Struktur: Schmerzpunkte, emotionales Einwickeln, Lösungsversprechen, Link zur Anmeldung. Und ich riet ihr davon ab, das zu posten. Ich empfahl ihr, lieber Content zu bringen, also konkret anwendbare Tipps zu geben. Sie erwiderte, das sei für sie aber ärgerlich, weil sie diesen Text extra von einem Profi hat schreiben lassen.

Und da wurde ich hellhörig. Ich fragte: Was war das für ein Profi? War das jemand mit einem redaktionellen Hintergrund, also mit einer journalistischen oder PR-Ausbildung? Oder war das ein Werbetexter (Neudeutsch: „Copywriter")? Sie werden es erraten: Die Dame hatte den Text nicht bei einer Redakteurin in Auftrag gegeben, sondern bei einer Copywriterin. Das erklärte den spröden Onlinemarketing-Charme.

Und es ist eben so, wie es ist: Menschen machen das, was sie gelernt haben. Elektriker legen Leitungen, Maurer ziehen Mauern hoch. Klar wirkt ein Text wie Werbung, wenn ich eine Werbetexterin dazu beauftrage. Natürlich haben wir dann darin keinen Content in dem Sinne, dass wir langsam und kontinuierlich eine Community aufbauen, die sich für unsere Inhalte interessiert.

Aus meiner Sicht ist da der Ansatz von Redakteurinnen und Redakteuren besser geeignet als die Strohfeuermentalität von Werbetextern, die mit *der einen* „Copy" möglichst viel „Conversion" erzielen wollen. Zumal es bei einer Booster-Gruppe um den Reichweitenaufbau geht und nicht um den kurzfristigen Verkauf.

Deshalb empfehle ich Ihnen, Ihren Content mit einem Profi zu erarbeiten, der weiß, wie man Themen entwickelt und verarbeitet. Klassischerweise sind das Redakteure – sie denken eher journalistisch, also in Relevanzkriterien. Texter dagegen denken eher marketingmäßig und werblich.

Der Unterschied zwischen Textern und Redakteuren ist vielen Unternehmern und Managern nicht bewusst. Doch guter Content ist nun einmal ein anderes Handwerk als Werbung.

„Social Selling"

Nehmen wir mal das Thema „Social Selling", also den Verkauf aus dem sozialen Miteinander heraus. Dabei geht es nicht um Werbung, sondern um Content. „Social Selling" bedeutet im Kern, dass wir Menschen etwas verkaufen, mit denen wir sowieso im Gespräch sind. Also: In unserem Bekanntenkreis ist ein Fachanwalt für Urheber- und Medienrecht. Den treffen wir auf dem Weihnachtsmarkt. Wir haben uns lange nicht gesehen, wir geben einander ein berufliches Update. Und bei der nächsten Persönlichkeitsrechtsverletzung denken wir an ihn und machen über sein Büro einen Beratungstermin. Das ist „Social Selling", zunächst einmal ohne Internet.

Stellen Sie sich vor, bei der Begegnung auf dem Weihnachtsmarkt spule Ihr Bekannter beim gegenseitigen Update folgenden Text ab: „Erscheinst du gegen deinen Willen in der Öffentlichkeit? Postet jemand Fotos von dir, obwohl du keine Person der Zeitgeschichte bist? Dann ist meine Kanzlei genau das Richtige für dich! Mit vereinter Kraft verteidigen wir deine Persönlichkeitsrechte! Hier ist meine Karte – und im Fall der Fälle rufst du mich an!" Zu Recht würden Sie Ihren alten Bekannten für völlig beknackt halten. Und im Fall der Fälle würden Sie ihn eben *nicht* beauftragen, weil Sie aus seinem bisherigen Verhalten darauf schließen, dass er auch vor Gericht den falschen Ton anschlägt.

Und dieses Gebot der *Angemessenheit* gilt eben auch im Netz. „Social Selling" heißt, dass wir *ganz normal* miteinander sprechen. Was wir von uns geben, sind relevante Inhalte, also das, was uns tatsächlich interessiert. Die Themen sind quasi redaktionell gedacht, also nach Relevanzkriterien erstellt. Es sind keine artifiziellen Marketing-Inhalte, die sich die Theoretiker des Onlinemarketings gern ausdenken und die weniger relevant sind als vielmehr auf kurzfristige „Conversion" ausgerichtet, also auf kurzfristige Geldeinnahme.

Der Drache, der Ritter und das Burgfräulein

Natürlich kann man über Internettexte „pitchen", also *verkaufen*. Der Aufbau basiert in aller Regel auf dem Verkauf über Schmerz: Wir beschreiben den Schmerz des Kunden, der Kunde fühlt sich angesprochen, und wir bieten ihm eine Lösung an.

Das kann funktionieren, wenn wir vorher die eine Zielgruppe „targetiert" haben, die genau dieses Problem hat. Ärgerlich ist es, wenn jemand mit solchen Texten konfrontiert wird, die mit ihm gar nichts zu tun haben.

Schauen wir uns das Konzept aber erst einmal an – ich nenne es das „Prinzip vom Drachen, dem Ritter und dem Burgfräulein". Es läuft über mehrere Schritte, unabdingbar beispielsweise ist die Absenderkompetenz. Das folgende Beispiel richtet sich an Versicherungsleute, ist aber übertragbar:

1. Der Schmerz des Kunden

Hier beschreiben wir exakt das Problem, das wir lösen können, und zwar aus Sicht des Kunden. Beispiel:

Viele Versicherungen formulieren förmlich, obwohl ihr oberster Wert das Vertrauen ist. Durch die bürokratische Sprache erschweren sie das Verständnis und wirken anders, als sie wirken wollen.

2. Das Lösungsversprechen

Hier stellen wir dar, dass sich das Problem lösen lässt und durch wen. Beispiel:

Ein Grund dafür ist: Fachleute glauben oft, Fachtexte seien generell schwer verständlich. Dabei ist das ein Irrtum: Auch Fachinhalte lassen sich verständlich formulieren – sodass Laien sie verstehen. Thilo Baum macht komplizierte Informationen allgemein verständlich.

3. Der Kompetenzbeweis
Hier beweisen wir, dass der Absender das Problem wirklich lösen kann. Beispiel:

Thilo Baum, Autor zahlreicher Bücher wie „Komm zum Punkt!", hilft zahlreichen Unternehmen dabei, ihre Fachinformationen für Kunden verständlich zu machen – Versicherungen, Banken und auch Mittelständlern mit MINT-Schwerpunkt.

Hier ein Versicherungsbeispiel:

Vorher: „Einzelheiten zur Option zur Leistung von Sonderzahlungen finden Sie im Abschnitt ‚Welche Besonderheiten gelten bei Sonderzahlungen?' in den Ihnen vor Vertragsschluss überlassenen Allgemeinen Versicherungsbedingungen (AVB)."

Nachher: „Einzelheiten zu Sonderzahlungen finden Sie in den Allgemeinen Versicherungsbedingungen (AVB). Bitte schauen Sie dort unter ‚Welche Besonderheiten gelten bei Sonderzahlungen?'. Die AVB haben Sie bereits erhalten."

So vereinfacht Thilo Baum alle Ihre Formulierungen – im ständigen Austausch mit der Fachabteilung.

4. Die Gewitterfront
Hier skizzieren wir die Folgen für den Fall, dass der Kunde *nicht* zuschlägt. Beispiel:

Ohne eine menschliche Sprache wirkt Ihre Versicherung umständlich und kompliziert. Vor allem Fremdsprachlern machen Sie es damit unnötig schwer. Ihre Mitarbeiter/-innen in der Kundenkommunikation ersticken in Nachfragen, führen jede Menge vermeidbare Telefonate und schreiben viel zu viele vermeidbare E-Mails.

5. Das Paradies
Hier skizzieren wir die Folgen für den Fall, dass der Kunde uns bucht. Beispiel:

Mit einer klaren und einfachen Sprache erleichtern Sie dagegen das Verständnis und reduzieren Nachfragen und Erklärungen. Sie beweisen eine möglichst barrierefreie Kommunikation im Sinne von Integration und Inklusion und entsprechen endlich Ihrem Unternehmenswert, vertrauenswürdig zu sein.

6. Der Appell („Call to Action")

Jetzt folgt ein möglichst konkreter Appell, aktiv zu werden. Beispiel:

Lassen auch Sie Ihre Sprache optimieren! Nach dem Klick auf den Button „Jetzt anmelden" wählen Sie einen Termin und erhalten automatisch den Zoom-Link für Ihr Beratungsgespräch.

Sie sind der Retter in der Not

Diesen Text habe ich jetzt mal auf Versicherungen zugeschrieben – er lässt sich auch auf Rechtsanwaltskanzleien zuschreiben oder auf Maschinenbauer. Wenn ich hier die Versicherungsleute adressiere, heißt das nicht, dass ich die Maschinenbauer ausschließe, denn die werden mit dieser Werbung ja nicht konfrontiert. Im Idealfall bekommt jede Zielgruppe ihren eigenen Text vorgesetzt und ist im Facebook-Werbeanzeigenmanager entsprechend targetiert. Es kann also sein, dass wir zwei ähnliche Texte mit verschiedenen Zielgruppen bei Facebook gegeneinander antreten lassen („Split-Test") und schauen, welche Werbeanzeige mit welcher Zielgruppe besser funktioniert. Bei der Anzeige mit der besten Performance erhöhen wir dann das Budget.

Warum nenne ich das Vorgehen das „Prinzip vom Drachen, dem Ritter und dem Burgfräulein"? Weil Sie der Retter in der Not sind! Sie helfen dem Kunden dabei, sein Problem zu lösen und seinen Schmerz zu beseitigen. Sie stürmen die Burg, töten den Drachen und befreien das Burgfräulein.

Sehr wichtig bei diesem Konzept finde ich die Absenderkompetenz. Nehmen wir das erwähnte Beispiel aus der LinkedIn-Booster-Gruppe: Da hat die Absenderkompetenz gefehlt. Wir haben einfach nichts davon gelesen, was der Absender kann und wieso ausgerechnet er der Retter in der Not sein soll. Der Absender hat uns nur in sehr allgemeinen Beschreibungen vorgehalten, wie wichtig ein Leben im Einklang mit sich selbst ist. Aber warum wir ihm unser Geld in den Rachen werfen sollen, hat er uns nicht begründet.

Die einzelnen Elemente dieses Pitches können Sie natürlich austauschen, je nach Ihrer Argumentation. Haben Sie weniger Platz, lassen Sie die „Gewitterfront" und das „Paradies" weg. Oder setzen Sie auch einen „Call to Action" nach vorn. Das kann man ausprobieren – ich glaube, *die eine richtige* Herangehensweise gibt es nicht. Es hängt immer auch vom jeweiligen Thema ab.

In jedem Fall ist das „Prinzip vom Drachen, dem Ritter und dem Burgfräulein" ganz klar Werbung. Wir stellen dar, wie großartig das Produkt ist und setzen ans Ende einen sehr konkreten Appell in der Art: „Nur wenn Sie den Button klicken, wird Ihre Kommunikation besser." Zu behaupten, eine solche Herangehensweise sei keine Werbung, wie es der Kollege in der LinkedIn-Booster-Gruppe behauptet hat, ist völliger Unsinn.

Es spricht auch gar nichts gegen Werbung – wir sollten sie nur nicht mit Content verwechseln. Um das deutlich zu machen, zeige ich Ihnen mal den Aufbau der gleichen „Story“ als Content, der nicht wie Werbung wirkt. Wir arbeiten hier einmal ohne das emotionale Wechselbad aus „Gewitterfront“ und „Paradies“, um weniger Druck zu erzeugen. Zugleich hat unsere Content-„Story“ auch einen „Call to Action“, aber einen sanfteren. Und ebenfalls beginnen wir mit dem „Schmerz des Kunden“, weil wir das Thema damit als relevant darstellen:

1. Der Schmerz des Kunden
Hier beschreiben wir exakt das Problem des Kunden aus seiner Sicht. Beispiel:

Viele Versicherungen formulieren förmlich, obwohl ihr oberster Wert das Vertrauen ist. Durch die bürokratische Sprache erschweren sie das Verständnis und wirken anders, als sie wirken wollen.

2. Die Diagnose
Hier erklären wir das Problem und gehen dabei tiefer als zuvor beim „Lösungsversprechen“. Beispiel:

Ein Grund dafür ist: Fachleute bei Versicherungen glauben oft, Fachinformationen seien generell schwer verständlich. Daran glauben viele Menschen – die Schule hat es uns so beigebracht. Dabei ist das ein Irrtum: Auch Fachinhalte lassen sich verständlich formulieren, sodass auch Laien sie verstehen. Auch bei Versicherungen.

3. Der Kompetenzbeweis
Mit den Prinzipien von Thilo Baum, Kommunikationsberater und Autor („Komm zum Punkt!“, „Schluss mit förmlich!“) ma-

chen Sie auch komplizierte Informationen allgemein verständlich. Thilo Baum hilft Unternehmen aller Branchen, sich klar auszudrücken.

4. Die Methode
Dann beschreiben wir, wie wir vorgehen:

Der Trick: Sie vereinfachen nur die Sprache. Die Fachinformationen rühren Sie nicht an.

5. Die Lösung
Jetzt sind wir beim Kern unseres Content-Stücks. Hier bringen wir einen oder mehrere konkrete, direkt anwendbare Tipps. Beispiel:

Bilden Sie keine überlangen, verschachtelten Sätze. Ob Sie einen Satz mit 30 Wörtern bilden oder drei Sätze mit zehn Wörtern, ist dem Inhalt egal, aber das Verständnis wird schwer. Also bringen Sie einen Gedanken nach dem anderen. Hier ein Versicherungsbeispiel:

Vorher: „Einzelheiten zur Option zur Leistung von Sonderzahlungen finden Sie im Abschnitt ‚Welche Besonderheiten gelten bei Sonderzahlungen?' in den Ihnen vor Vertragsschluss überlassenen Allgemeinen Versicherungsbedingungen (AVB)."

Nachher: „Einzelheiten zu Sonderzahlungen finden Sie in den Allgemeinen Versicherungsbedingungen (AVB). Bitte schauen Sie dort unter ‚Welche Besonderheiten gelten bei Sonderzahlungen?'. Die AVB haben Sie bereits erhalten."

6. Der Appell („Call to Action")
Wir enden mit dem erwähnten sanften Appell. Beispiel:

> *Interessieren Sie sich für weitere Tipps, wie Sie Ihre Sprache vereinfachen und verständlicher machen? Dann sprechen Sie einfach mit Thilo Baum. Nach dem Klick auf den Button „Jetzt anmelden" wählen Sie einen Termin und erhalten automatisch den Zoom-Link.*

Sehen Sie den Unterschied? Auch Content darf einen „Call to Action" transportieren, nur eben ohne die Botschaft „Kauf jetzt endlich!". Beim Content-Zugang betrachte ich die Menschen nicht als potenzielle Kunden, sondern als Interessenten. Es ist wie beim Flirten: Wer mit vollem Fokus und aller Kraft aufs Ziel hinarbeitet, blitzt am Ende ab – das ist auch der Grund, warum Onlinemarketing mit den klassischen aufdringlichen Funneln inzwischen so viele Leute nervt.

Auf der sprachlichen Ebene lautet ein Appell im Content-Marketing also selten: „Besuchen Sie mein Webinar!", sondern eher: „Erfahren Sie mehr!" Das Webinar, für den Anbieter im Zentrum der Aufmerksamkeit, ist aus Sicht des Kunden nur ein Format, also ein Hilfsmittel zum Transport von Inhalten. Das ist vielleicht der entscheidende Punkt: Das ganze Theater, das für Anbieter wichtig ist, lassen wir beim Content-Marketing raus, wir konzentrieren uns einzig auf das, was Kundinnen und Kunden wollen und brauchen. Mit Content zu arbeiten statt mit Werbung, ist viel weniger „pushy". Vor allem in Zeiten, in denen sich die Leute durch aggressive Kaufbefehle ohne Absenderkompetenz genervt fühlen und in denen sie sich darauf besinnen, was wirklich wichtig für sie ist, tut eine ruhigere Herangehensweise vielen gut.

Der Kunde kauft, wann er will. Nicht, wann wir wollen.

Zumal der Kunde ohnehin dann kauft, wann *er* will – und nicht, wann *wir* wollen: Eine aufdringliche Landingpage mache ich zu, die E-Mail dazu lösche ich. Aber eine nutzwertige Content-Seite, für die ich im Augenblick keine Zeit habe, lege ich mir auf Termin. Das liegt dann mal ein paar Tage, aber ich schaue es mir an. Niemand in meiner Umgebung hat zu viel Zeit. Einzig die Onlinemarketer scheinen zu glauben, wenn sich jemand nicht innerhalb von 24 Stunden zu einer Aktion angemeldet hat, müsse man ihm weiter auf den Senkel gehen. Ebenso vermuten Absender von „5-Tages-E-Mail-Kursen", die Leute seien auf nichts anderes scharf und hätten nichts anderes im Sinn als genau das.

Content-Marketing

„Content-Marketing" heißt, kontinuierlich über Kompetenzbeweise und glaubwürdige Referenzen einen Expertenstatus aufzubauen, den die Menschen für seriös halten und dem sie folgen. Das gelingt nicht durch Facebook-Werbeanzeigen, die von Tippfehlern durchsetzt sind und auch nicht durch die Kindersprache vieler „Copywriter" mit ihren ständigen „&" anstelle von „und". Und es gelingt auch nicht durch einen Verkaufstext ohne Nutzwert, den man *einmal* in einer LinkedIn-Booster-Gruppe postet.

Und so ganz ohne Bildung geht es auch nicht: Wenn ein Onlinemarketer schreibt, seine Plattform „ermächtige" den User zur „Kollaboration", dann zeugt diese Sprache von so viel Geschichtsvergessenheit und Unbildung, dass wir das Unternehmen getrost als nicht ernst zu nehmen abhaken können. Wenn wir es im Englischen mit einem „collaboration tool" zu tun haben, dann müssen wir uns bei der Übersetzung ins Deutsche vor Augen halten, dass das Wort „Kollaboration" aus der Welt der Kriege und Geheimdienste stammt. Dabei spielt es keine Rolle, wenn ungebildete Onlinemarketingleute zwischen „Kooperation" und „Kollaboration" unterscheiden. Auch das englische Wort „empower" treffen wir im Deutschen besser mit „befähigen" als mit „ermächtigen", was gebildete Menschen – von denen gibt es zum Glück noch einige – sofort an das Ermächtigungsgesetz der Nazis von 1933 denken lässt.

Gutes Content-Marketing weckt keine unpassenden Assoziationen. Es weckt nur die Gedanken, die es wecken will und soll. Entsprechend sind die Texte auch zielgerichtet: Sie mäandern nicht, also streifen nicht hier einen Nebenaspekt und dort eine irrelevante Episode, sondern sie laufen schnurstracks auf ihr Ziel zu. Ein guter Text begleitet Leser und Hörer auf einer gedanklichen Spur und bietet ihnen keine Ablenkung etwa durch Einschübe, die das Gehirn dazu bringen, sich vorübergehend mit etwas anderem zu befassen als damit, worum es geht.

Und wie lässt sich Content entwickeln? Natürlich über den Aspekt der Relevanz. Eine E-Mail in der Art „Du hast dich noch nicht angemeldet" ist nicht relevant, also für meine Begriffe auch kein Content. Entscheidend ist hier der redaktionelle Zugang, nicht der werbische. Relevanter Content ist auch für Medien interessant, und zwar für redaktionelle Beiträge, während Redakteure Anbieter von Themenvorschlägen voller Werbung in aller Regel an die Anzeigenabteilung verweisen.

Content erwartet also keinen sofortigen Kauf, sondern stellt Interesse her. Das ist vielen Selbstständigen erschreckend fremd, wie sich auch in der erwähnten LinkedIn-Booster-Gruppe gezeigt hat. Zu glauben, Werbung sei für die Menschen relevant, ist in meinen Augen wirklich ein deutliches Zeichen für die Abwesenheit jeglicher Kundenorientierung.

Guten Content entwickeln Sie dann einfach mit einem klaren Blick für das, was Ihre Zielgruppe interessiert – und eben nicht mit einem Blick aufs Produkt. Wie gesagt, es interessiert sich vermutlich niemand für unser Produkt außer uns selbst. Nehmen wir als Beispiel einen Immobilienmakler. Die meisten Menschen haben recht wenig mit Immobilienmaklern zu tun – eben nur dann, wenn sie ein Haus oder eine Wohnung verkaufen, kaufen, mieten oder vermieten. Das sind die üblichen Fälle. Ist der Deal aber gelaufen, brauchen wir den Makler in aller Regel nicht mehr. Wir haben also zum Beispiel gerade eine Wohnung gemietet. In der Folge bekommen wir den Newsletter des Maklers – und was steht da drin? Dass es weitere Wohnungen zu mieten gibt. Was soll das?

Wenn Sie sich die Newsletter von Maklern anschauen, dann werben fast alle mit Immobilien, die zum Kauf oder zur Miete bereitstehen. Es ist also pure Werbung, und zwar voll am Kunden vorbei, der ja gerade eine Wohnung gemietet hat. Content wäre es jetzt, dem Kunden Tipps zur Wohnung zu geben oder Neueigentümern Tipps zu den Themen Hausverwaltung und Mieter. Mieter interessieren dabei möglicherweise andere Dinge als Käufer, Vermieter andere Dinge als Verkäufer. Und das ergibt sich jeweils aus deren Perspektive, in die wir uns im Sinne der Kundenorientierung hineinversetzen:

- Mieter interessieren sich nach der erfolgreichen Vermittlung vermutlich erst mal für ein Umzugsunternehmen. Clevere Makler bieten diese Dienstleistung gleich mit an. Sogar Einrichtungstipps und Hinweise auf gute Handwerker und Baumärkte in der Umgebung können interessant sein.
- Käufer interessieren sich nach der erfolgreichen Vemittlung möglicherweise für bestimmte Behördengänge und Ansprechpartner – im Fall von vermieteten Immobilien für den Umgang mit Mietern, weil sie dadurch möglicherweise auch gleich Vermieter werden.
- Vermieter interessieren sich nach der erfolgreichen Vermittlung möglicherweise für Tipps für ein gutes Verhältnis zu den Mietern oder auch dafür, worauf sie bei der Nebenkostenabrechnung achten sollten.
- Verkäufer könnten sich nach der erfolgreichen Vermittlung sogar für Themen wie Geldanlage interessieren, eventuell für Immobilien an anderen Standorten.

Der Fantasie sind wirklich keine Grenzen gesetzt, und mit ein wenig Nachdenken fallen uns auch noch mehr Punkte ein, die für die jeweiligen Zielgruppen interessant sein könnten. Aber die meisten Immobilienmakler entwickeln keinen Content, weil sie nicht kundenorientiert denken. Mit redaktionell gedachten Themen würden sie allerdings nicht nur ihre Kunden begeistern, sondern vielleicht auch die Redaktion des Lokalblattes. Geht ein Makler auf eine Zeitung zu mit der Information, dass er eine Villa verkaufen will, schickt die Redaktion ihn zur Anzeigenabteilung. Kommt er aber mit einem Vorschlag für eine Serie rund um den Erwerb von Wohneigentum, ist das für die Redaktion durchaus interessant.

Das ist der Unterschied zwischen Content und Werbung. Wenn man einmal begriffen hat, dass der Kunde sich nicht für das Produkt interessiert, ist klar: Content ist tendenziell interessant, Werbung nervt tendenziell. Das ist alles nichts Neues, aber offensichtlich in Vergessenheit geraten. Vor allem Onlinemarketer verschicken massenhaft E-Mails ohne jeden Nutzwert. Es ist kein Wunder, dass die Kunden sich der Reihe nach vom Verteiler abmelden. Und ein Onlinemarketingkonzept, das Immobilienangebote an den Verteiler eines Immobilienmaklers ausspielt, dürfte völlig sinnfrei sein. Wozu auch sollten wir uns Werbung antun, die uns nicht interessiert?

Dann übertragen wir diesen Gedanken einmal auf die vorherige Überlegung, dass telefonische Kaltakquise aus Sicht eines Rechtsanwalts unsinnig ist und dass es darauf ankommt, im entscheidenden Moment findbar zu sein. Das gelingt am allerbesten mit Content-Marketing. Wikipedia beschreibt das Phänomen sehr gut: „Content-Marketing ist eine Marketingtechnik, die mit informierenden, beratenden und unterhaltenden Inhalten die Zielgruppe ansprechen soll, um sie vom eigenen Unternehmen und seinem Leistungsangebot oder einer eigenen Marke zu überzeugen und sie als Kunden zu gewinnen oder zu halten."[30] Relevant ist also, was informiert, berät oder unterhält – auch Unterhaltung ist etwas, was Menschen gern sehen, lesen und hören.

Relevant ist, was informiert oder unterhält.

Ein Rechtsanwalt – oder welches Unternehmen auch immer – kann also einen Redaktionsplan machen und festlegen, an welchem Tag er auf welchem Kanal welchen relevanten Inhalt bringt und die Interessenten so auf seine Seite leitet. Dann heißt es einen langen Atem haben, dranbleiben und immer wieder relevanten Stoff veröffentlichen, und zwar aus einer redaktionellen Sicht, die auch eine klassische Zeitung oder ein Fachblatt interessieren würde, und nicht aus Copywriter-Sicht, mit der eine Zeitungsredaktion uns an die Anzeigenabteilung verweisen würde.

Um es auf den Punkt zu bringen: Content ist oft kundenorientiert, Werbung selten. Ob wir allerdings unsere Zeit dafür aufwenden, kundenorientierte Botschaften zu formulieren oder Botschaften ohne Nutzwert, womit wir unserer Zielgruppe mit der Zeit auf die Nerven gehen – das kostet jeweils den gleichen Aufwand. Es ist nicht sehr viel schwerer oder aufwendiger, Inhalte von Substanz oder Verkaufsargumentationen zu entwickeln. Beides will gelernt sein, und vermutlich haben Verkaufsbotschaften an der richtigen Stelle auch ihre Berechtigung. Nur: Ohne Content wird es heute kaum noch gehen, und darum ist es sinnvoll, dafür Ressourcen einzuplanen.

Selbst wenn Sie die sinnlosesten Spam-E-Mails mit den holprigsten Formulierungen nehmen (Betreff: „Das Tragen einer Maske, eine gesunde Angewohnheit"), steckt dahinter ein Redaktionsplan. Irgendeiner dieser Spammer hat sich hingesetzt und überlegt, wann er welche Nachricht mit welcher Betreffzeile rausschickt. Daran sieht man natürlich: Ein Redaktionsplan ist immer nur so clever wie seine Macher. Aber unabhängig davon ist ein solcher Redaktionsplan das Rückgrat für jedes Content-Marketing. Je klüger Sie Ihren Redaktionsplan aufbauen, desto besser.

Meine Tipps dafür sind:

- Liefern Sie einen ausgewogenen Mix aus schön zu lesenden Storys und klaren Nutzenpunkten.
- Bringen Sie niemals eine Nachricht ohne Nutzwert.
- Schreiben Sie keine Fortsetzungsromane – jede Nachricht steht als Beitrag für sich. Denn niemand liest alle unsere Newsletter oder Blogbeiträge.
- Lassen Sie jede einzelne E-Mail so gut sein, dass Menschen sie weiterleiten wollen. Menschen empfehlen Angebote nicht wegen des tollen Marketings weiter, sondern wegen der relevanten Inhalte und des konkreten Nutzens.
- Erzählen Sie ruhig auch mal fiktive Geschichten (natürlich als fiktiv gekennzeichnet), in denen Sie den Nutzen Ihrer Produkte durchspielen.
- Denken Sie nicht zu einheitlich. Niemand prüft, ob all Ihre Newsletter und Blogbeiträge jeweils gleich lang sind.
- Nummerieren Sie Ihre Newsletter nicht. Niemand legt Ihre Newsletter in einem Verzeichnis ab und beklagt sich am Jahresende, dass die Nummer 9 fehlt. Bringen Sie in der Newsletter-Betreffzeile den Kern Ihres Beitrags auf den Punkt.
- Bauen Sie Ihre Botschaften in Sinneinheiten auf. Leerzeilen zwischen Absätzen sind bei E-Mails und in Onlinetexten unbedingt nötig.
- Schwafeln Sie nicht herum und lenken Sie nicht vom Thema ab, sondern bleiben Sie straff bei Ihrem roten Faden.
- Halten Sie sich an die Regeln der Suchmaschinenoptimierung, sofern die Menschen über Google zu Ihnen finden.

- Lockern Sie lange Texte – wie zum Beispiel Texte auf den erwähnten Cornerstone-Seiten – durch Fotos und Zwischenüberschriften auf.
- Geben Sie Ihren Leserinnen und Lesern (beim Podcast: Hörerinnen und Hörern, bei Videos: Zuschauerinnen und Zuschauern) am Ende eine einfache Möglichkeit, Sie zu erreichen.

Ihre „Story"

Beim Aufbau von Unternehmensbotschaften spielen Geschichten eine große Rolle – Stichwort: „Storytelling". Das „Prinzip vom Drachen, dem Ritter und dem Burgfräulein" regt klassisch zu Storytelling an. Damit lässt sich ein Produkt zum Helden erklären. Ausgangspunkt ist das Kundenproblem, und dann kommt die Kavallerie und rettet alles.

Menschen lieben Geschichten, weswegen sie sich gut dafür eignen, Relevanz aus Kundensicht herzustellen. Dabei muss es gar nicht um Unterhaltung gehen, Storytelling kann auch gut auf Informationen und Nutzwert abzielen.

Wichtig beim Storytelling ist vor allem eine Entwicklung. Eine beschriebene Situation ist noch keine erzählte Geschichte. Für mich besteht die Grundausstattung einer Geschichte daher aus mindestens zwei Situationen: einer Situation *vor* der Veränderung und einer Situation *nach* der Veränderung. Das ist der kleinste Bausatz. Dabei müssen wir nicht einmal die Veränderung beschreiben, sondern es genügt, zu erzählen: „Früher war die Suche nach Dateien oft mühsam. Heute – dank unserem Dokumentenmanagement – findet sich alles mit wenigen Klicks." Es ist eine einfache Vorher-Nachher-Geschichte.

Zu diesen beiden Elementen können wir jetzt eine Figur hinzudichten und das Ganze ein wenig emotionalisieren: „Früher hat sich Frau Schmidt nach Dateien dumm und dämlich gesucht. Heute – dank unserem Dokumentenmanagement – findet sie alles mit wenigen Klicks." Wir könnten hier anhand einer erfundenen Figur, wie in der Liste soeben erwähnt, eine fiktionale Geschichte erzählen.

Bewährtes Storytelling: „Ariel wäscht nicht nur sauber, sondern rein."

Ein solches Storytelling zielt direkt auf den Nutzen ab, also die Bedeutung des Produktes aus Kundensicht. Beispiele für grandioses Storytelling finden sich in der „Ariel"-Werbung beispielsweise der 60er-[31] oder 80er-Jahre[32], bei der zwei Hausfrauen Waschmittel miteinander vergleichen („Ariel wäscht nicht nur sauber, sondern rein"), oder auch die „Palmolive"-Werbung der 80er-Jahre[33], in der eine Frau raue Hände vom Spülen hat und ein Griff in eine Schale „Palmolive" sofort Wunder wirkt („Sie baden gerade Ihre Hände drin"). Im Fall „Palmolive" spielt ein überzeugendes Feature eine Rolle – denn laut dieser Werbung befindet sich nur in diesem Spülmittel „natürliches Protein". Auch herzallerliebst ist die Story der WC-Schüssel, die die Gnade erfährt, „kristallrein" zu werden.[34] Wir finden in allen diesen Werbegeschichten konsequent Vorher-Nachher-Muster, und bei diesen Spots haben Profis Regie geführt wie beim Spielfilm.

Wie Sie Storys entwickeln können

Wenn ich Geschichten entwickle, beispielsweise für Kunden, gehen wir erst einmal nicht vom Format aus. Im Idealfall entwickeln wir erst die Geschichte und wissen also als Erstes, was wir genau sagen wollen und wie wir es erzählen. Erst wenn wir das wissen, hat die Frage Sinn, ob wir dazu Bewegtbild brauchen oder Ton, ob Fotos sinnvoll sind, gesprochener oder geschriebener Text und welche Kombinationen daraus. Zu den Formaten kommen wir gleich – aber bei der Planung einer Story lenkt die Frage nach dem Format erst mal ab.

Denken Sie an „Aschenputtel": Das ist eine klare Story, mit einem Geschehen, vielen Veränderungen und zahlreichen Figuren. Aber ob diese Story nun verfilmt sein muss, damit wir sie verstehen, oder ob ein Text genügt, ist der Geschichte selbst egal. „Aschenputtel" funktioniert als Text mit oder ohne Illustrationen, als Bildergeschichte, als Hörspiel, als Spielfilm mit menschlichen Schauspielern und auch als Animationsfilm mit gezeichneten Figuren.

Der Geschichte selbst ist es egal, *wie* wir sie erzählen. Die Geschichte selbst umfasst erst einmal nur, *was* geschieht. Anhand dieses Geschehens können wir entscheiden, ob sich ein Film besser eignet als ein Lesestück. Denken Sie an „James Bond": Vermutlich würden Sie sagen, das Bewegtbild ist bei „James Bond" das besser geeignete Format. Als „Asterix"-Fan finde ich zugleich die „Asterix"-Hefte besser als die Filme. In jedem Fall finden sich genug Beispiele dafür, dass es der Geschichte selbst erst einmal gleich ist, welches Format wir am Ende dafür wählen.

Was wir also erst einmal brauchen, ist der *Plot*. Das ist unter Dramaturgen der Begriff für die *Handlung* oder das *Szenario*, also dafür, was genau *geschieht*, und zwar im Sinne von „Geschichte". Die Fachleute gehen bei diesen Bezeichnungen sehr ins Detail – wichtig für unsere Zwecke ist, dass eine Geschichte etwas ist, was sich sozusagen aus sich selbst heraus entwickelt.

Zu erzählen, dass es anfängt zu regnen und wieder aufhört, worauf die Sonne sich zeigt, ist eine Abfolge von Geschehnissen, aber keine Geschichte in unserem Sinne. Verhindert die Trockenheit aber, dass ein Lurch die Sparkasse überfällt, dann stört das Wetter den Täter bei seiner Tat, und wir haben eine Geschichte. Im besten Fall haben wir Figuren mit Motiven, also einem Antrieb und einem Willen, und wir verfolgen diese Figuren dabei, wie sie ihren Motiven folgen und auf Ziele zusteuern. Spannend wird es, wenn sich die Motive verschiedener Figuren widersprechen und es zu einem *Konflikt* kommt, bei dem kein Kompromiss möglich ist, also nur eine Seite siegen kann, während die andere untergeht – siehe „James Bond“.

Bei der Planung von Geschichten empfehle ich, zwei entscheidende Elemente zu unterscheiden: Es ist ein Unterschied, ob etwas *geschieht* oder ob jemand etwas *tut*.

- Wenn es zu regnen beginnt, geschieht etwas. Die Figuren haben darauf keinen Einfluss, und das Ereignis kann dennoch die Handlung beeinflussen. In der Dramaturgie spricht man von „*Event*“.
- Tut jemand was, dann handelt er. Und was jemand tut, kann wohlüberlegt sein, ausgetüftelt, kompliziert, verblüffend – es muss in jedem Fall auf das Ziel einzahlen, das die jeweilige Figur hat. Dramaturgen sprechen von „*Action*“.

In jedem Fall ist es schön, wenn ein Geschehen *überrascht*. Das kann ein „Event“ sein oder auch „Action“ – das Handeln einer anderen Figur kann jemandem durchaus in die Quere kommen.

Das alles sind sozusagen die Grundelemente: Figuren haben Motive und Ziele, aus verschiedenen Motiven ergeben sich Konflikte, Figuren handeln, etwas geschieht. Daraus können Sie im Grunde schon einen Hollywood-Blockbuster bauen.

Vom Aufbau eignet sich der klassische griechische Dreiakter nach dem Konzept „Exposition“, „Konfrontation“, „Auflösung“, wie es vor allem Syd Field beschreibt:

- In der Exposition lernen wir die Figuren kennen. Wir erfassen, dass es Gegner gibt.
- In der Konfrontation prallen beide Gegensätze aufeinander. Das geschieht entweder dadurch, dass eine Partei mit der Auseinandersetzung beginnt oder dass etwas Unvorhergesehenes geschieht, was eine Seite

oder beide Seiten zum Handeln zwingt. Am Ende der Auflösung entscheidet sich der Konflikt.
- In der Auflösung dann sehen wir sozusagen die Welt nach dem Krieg – einige sind glücklich, andere vielleicht nicht.

Der Punkt ist jetzt der: Alles kann ganz klein sein. Eine Unternehmensstory muss keine 120 Kinominuten füllen. Wichtig ist nur, dass Ihr Held oder Ihre Heldin gewinnt – das heißt, die Geschichte muss gut ausgehen. Und Ihre Hauptfigur sollte sich in einer Lebenssituation befinden, die Ihre Zielgruppe nachvollziehen kann.

Nehmen wir ein Beispiel von einem meiner Kunden, dem Sentinel Haus Institut. Das Sentinel Haus Institut bietet eine Plattform, auf der sich Bauherren und Immobilienentwickler über gesunde Baustoffe informieren können. Viele Menschen denken, umweltfreundliche Wandfarbe oder Fliesenkleber seien auch automatisch gesund – ein Irrtum. Und daraus können wir eine Geschichte stricken. Zum Beispiel:

- Wir sehen das Haus einer jungen Familie. Die Eltern tapezieren und streichen das Kinderzimmer. Alle sind guter Dinge.
- Bald klagt das Kind über ständige Kopfschmerzen. Niemand findet eine Ursache, auch der Arzt nicht.
- Dann fährt das Kind ins Schullandheim, und die Kopfschmerzen verschwinden.
- Die Eltern lassen sich beim Sentinel Haus Institut beraten und finden heraus: Die verwendete Wandfarbe war unter Gesundheitsgesichtspunkten nicht die beste Wahl.
- Die Eltern reißen die Tapeten von den Wänden.
- Im Portal beim Sentinel Haus Institut finden sie jetzt eine Wandfarbe, die gesundheitlich unbedenklich ist. Sie streichen das Kinderzimmer.

- Das Kind lebt glücklich in seinem Kinderzimmer – ohne Kopfschmerzen.

Diese ganze Geschichte haben wir in einem Animationsfilm oder in einer Slide-Show mit wenigen Bildern erzählt. Damit machen wir Produkt und Nutzen *anschaulich*. Anschaulichkeit ist genau das, worum es beim Storytelling geht: Das Publikum kann ein Geschehen rational *nachvollziehen* und emotional *nachempfinden*.

Wenn Storytelling nervt

Und auch hier gibt es – leider, natürlich – Elemente, die nerven. Bei LinkedIn scrolle ich durch meine Timeline und komme zu einem Beitrag eines entfernten Bekannten, der sich mit Lerntheorien befasst. Im Grunde ein spannendes Thema. Aber er beginnt seinen LinkedIn-Beitrag mit dem Satz: „Es war ein Sommermorgen im Jahr 2000."

Sofort weiß ich: Storytelling-Schule! Ein Klischee-Einstieg. Statt dass er gleich zum Thema kommt. Was im Jahr 2000 war, interessiert mich nicht – die Information „Sommermorgen im Jahr 2000" ist ein Angelhaken ohne Wurm. Ich sehe keinen Grund zum Anbeißen. Und so interessieren mich viele pseudo-dramatische Einstiege nicht, die manche Storytelling-Lehrer predigen:

- „Es war ein kalter Novembermorgen. Ich ahnte nicht, was heute auf mich zukommen würde, als ich aus dem Haus trat": In meinen Augen ist dies ein sinnentleerter Einstieg nach dem Vorbild zahlreicher Beiträge im *Spiegel*, deren ersten beiden Absätze wir oft weglassen können, weil es erst im dritten Absatz zur Sache geht.
- „Es war der 17. Februar 2014 um 11 Uhr": Dies gaukelt Pseudo-Aktualität vor und ist inzwischen viel zu abgelutscht. Zumal die überpräzise Zeitangabe in aller Regel

völlig irrelevant ist – die gleiche Geschichte könnte sich auch an einem anderen Tag in einem anderen Jahr zu einer anderen Uhrzeit zugetragen haben.
- Beginn eines Videos mit dramatischen Streichern und einer Wüstenlandschaft: Sofern das mehr als eine halbe Sekunde geht, ist das für mich Effekthascherei, und ich bin raus. Wer etwas Wichtiges zu sagen hat, sagt es und baut keinen inszenatorischen Popanz auf wie in einem Edgar-Wallace-Krimi der 60er-Jahre.

Wichtig finde ich vor allem bei Formaten wie Facebook- oder LinkedIn-Beiträgen, dass das Publikum sofort erkennt, worauf wir hinauswollen. Da ist Storytelling manchmal ungeeignet. Wenn wir nicht einmal wissen, wer da postet und was er oder sie genau macht, ist ein Storytelling-Anfang unglücklich. Wir lesen die ersten Zeilen („Sind Fesselspiele immer Lustspiele?") und wissen schlichtweg nicht, worum es geht. Wir überfliegen den Text, finden etwas über „Täter" und „Opfer" und wissen immer noch nicht, worauf die Absenderin hinauswill. Dann lenken wir unseren Blick auf ihr Profilfoto, unter dem etwas von „Speakerin" steht, und sind immer noch nicht schlauer. Eigentlich sind wir da längst raus und scrollen weiter. Nur wenn wir wirklich wissen wollen, worum es hier geht, ahnen wir allmählich, dass die Absenderin Coach ist und uns hilft, uns von unseren inneren Fesseln zu befreien.

Aber warum schreibt sie das nicht einfach gleich hin? Warum lässt sie es uns nicht sofort verstehen? Weil es unbedingt originell sein muss? Viele Absender muten uns grauenhafte Schnitzeljagden zu. Doch „Storytelling" heißt ja nun nicht, dass wir uns verkünsteln, sondern dass wir ganz konkret ein Geschehen beschreiben, das sofort erkennbar mit unserem Thema zu tun hat und dem Publikum etwas bringt. Und das muss dem Publikum sofort einleuchten.

Das Content-Format

Sofern keine Zwänge das Format vorgeben, stehen die inhaltlichen Überlegungen vor der Frage, ob wir ein Video produzieren oder eine Podcastfolge. Denn auch hier sollten wir kundenorientiert denken und dem Publikum unsere Inhalte bestmöglich präsentieren, also auf die beste Weise rezipierbar. Welches Format geeignet ist, hängt natürlich zuallererst von der Geschichte ab, also davon, was wir eigentlich sagen wollen, oder besser: davon, was ankommen soll. Doch dann sollten wir auch beachten, wie die Zielgruppe unsere Informationen „rezipiert".

Kundenorientiert ist, den Kunden darauf hinzuweisen, wenn sein Plan nicht aufgeht.

Worüber wir hier nicht sprechen, ist Werbung in Hörfunk und Fernsehen. Na gut: Klementine in der „Ariel"-Werbung war super. Aber heute nervt mich Fernsehwerbung inzwischen so sehr, dass ich wegschalte und das Unternehmen nicht unbedingt sympathischer finde. Bei privaten Hörfunksendern ist es ein einziges aufdringliches Gebrüll, und bei öffentlich-rechtlichen Sendern haben wir kurz vor der „Tagesschau" um 20 Uhr in aller Regel Banken, Versicherungen und Pharmaunternehmen, die alle das Gleiche erzählen. Hinterher wissen wir nicht mehr, welche Bank, Versicherung oder welches Pharmaunternehmen eigentlich wofür geworben hat.

Klassische Werbung nervt also zunehmend oder ist im besten Fall austauschbar. Beides ist aus Sicht von werbetreibenden Unternehmen nicht clever, zumal das Internet inzwischen Wege bereitstellt, über die wir ganz gezielt mit konkreten potenziellen Käufern in Kontakt kommen können. Bei Radio- und Fernsehwerbung lässt sich schlicht nicht tracken, wer die Werbung sieht: Es ist ein Schuss mit der Schrotflinte in den Wald in der Hoffnung, ein Wildschwein zu treffen. Aber das Wohlergehen der klassischen Medien liegt ja nun weder in Ihrer noch in meiner Verantwortung – genauso wie das Wohl der Unternehmen, die meinen, die Menschen zunehmend anbrüllen und langweilen zu müssen.

Lassen Sie uns bei der Frage anfangen, welche Formate es überhaupt gibt. Im Kern sind das wenige. Es gibt ...

- geschriebenen Text
  (Webseitentexte, Blogbeiträge, E-Mails, ...),
- gesprochenen Text
  (Audioformate wie Podcastfolgen, O-Töne[35], ...),
- Hörbares, was kein Text ist
  (Musik, Soundeffekte, Atmo[36], ...),
- Fotos (Standbild),
- Video (Bewegtbild).

Daraus können Sie Kombinationen bilden, zum Beispiel:

- Videos mit Soundeffekten,
- Videos mit eingeblendeten Texten,
- Spruchbilder („Memes") aus Fotos und geschriebenem Text,
- Slide-Shows mit Spruchbildern
- und vieles andere.

Die entscheidende Überlegung zu Anfang ist, welche dieser vielen Kombinationsmöglichkeiten Sie verwenden. Also: Setzen Sie in Ihrer Facebook-Werbeanzeige ein Video oder ein Foto zum Text? Oder arbeiten Sie mit Spruchbildern? Die Wahl der Medien hängt nicht nur von der Usability ab – also ein Video eher bei Facebook zu setzen und auf der Landingpage eher mit datenreduzierten Fotos zu arbeiten –, sondern natürlich auch von dem, was Sie sagen wollen. Und dafür brauchen Sie einen Plan.

Bei allem achten Sie natürlich darauf, dass Sie diese Inhalte auch verwenden *dürfen*. Das gilt für Bilder, Töne, Texte – vereinfacht gesagt: für alles, was jemand produzieren muss und was kreativ ist. Datenbanken für Fotos, die zum Teil rechtefrei sind, gibt es viele („Pixabay", „Pixelio" und andere). Zugleich finden Sie problemlos GEMA-freie Sounds im Netz, wenn Sie danach suchen (zum Beispiel bei „Soundtaxi" oder „Storyblocks"). GEMA-freie Sounds sind Töne, für die die Gesellschaft für musikalische Aufführungs- und mechanische Vervielfältigungsrechte (GEMA) keine Lizenzgebühren verlangen darf.[37]

Der Zusammenhang zwischen Content-Formaten und Kundenorientierung ist ganz einfach: Wir sollten prüfen, ob unser Publikum unseren Content überhaupt rezipieren und verstehen *kann*. Also:

- Richten wir uns an Blinde, haben Fotos und Videos wenig Sinn.
- Richten wir uns an Hörgeschädigte, hat Ton wenig Sinn.
- Richten wir uns an Analphabeten, hat Text zum Lesen wenig Sinn.

Das klingt einigermaßen banal, aber der Gedanke lässt sich fortführen:

- Richten wir uns an Mitarbeiter in einem Unternehmen, dessen Rechner keine Lautsprecher haben, hat Ton wenig Sinn.
- Richten wir uns an Menschen, die Videos stumm sehen, weil der Ton stört, hat Ton ebenfalls wenig Sinn.
- Richten wir uns an Laien, haben Fachbegriffe wenig Sinn.
- Schauen die Leute Content am Smartphone (und das tun sie), müssen sämtliche Inhalte „mobile" funktionieren, also für Smartphone und Tablet geeignet sein.

Es geht immer um die Frage, wie die Menschen unseren Content aufnehmen. Ignorieren wir die Situation der Leute, ist das kundenfeindlich. Berücksichtigen wir ihre Lage, ist das eher kundenfreundlich. Und dann müssen wir eben die richtigen Schlüsse ziehen: Schaut die Zielgruppe Videos ohne Ton an, brauchen wir Untertitel.

Tipps für Videos

Selbst wenn mich ein Unternehmen fragt, ob wir ein Video planen können, rege ich erst einmal an, zu überlegen, ob Video das geeignete Format ist. Vielleicht ist eine Slide-Show zum Durchklicken kundenfreundlicher?

Ich weiß, dass die Regel gilt: „Wenn der Kunde Äpfel will, dann gib ihm Äpfel." Und trotzdem will ich sichergehen, dass der Kunde gut durchdacht hat, dass Äpfel genau das sind, was ihm hilft. Manche Kunden wissen gar nicht, dass es Birnen gibt. Es gibt zum Beispiel Selbstständige, die unbedingt Videos für LinkedIn haben wollen, aber noch nie darüber nachgedacht haben, dass zahlreiche Leute Videos am Smartphone stumm sehen. Oder darüber, dass es Slide-Shows zum Durchklicken gibt. Oder daran, dass die besten View-Zahlen durch Umfragen entstehen.[38]

Vor Kurzem kam ein Kunde auf mich zu – Unternehmer –, der endlich sein Buch schreiben will. Ein gestandener Selfmade-Millionär mit bewegter internationaler Karriere. Ich helfe ihm dabei, sein Buch zu strukturieren und zu schreiben. Anfangs wollte er seinem Buch unbedingt eine DVD beilegen, mit einem Mitschnitt von seinem Vortrag. Es wäre falsch gewesen, ihm diesen Apfel zu verkaufen – ich muss ihm heute dazu raten, das Video ins Internet zu stellen und zu verlinken. Im Kunden-Feedback würde ihm die DVD um die Ohren fliegen: Einmal widerspräche die Produktion von DVDs seinen umweltpolitischen Aussagen. Dann wäre eine DVD auch nicht kundenorientiert, weil viele Menschen keine Lesegeräte mehr dafür haben – vor allem nicht am Arbeitsplatz. Und: Wie schaut man sich eine DVD am Smartphone an, über das heute 80 Prozent der Leute Online-Inhalte rezipieren?

Des Weiteren kann ein Video auch aus einem ganz anderen Grund ungeeignet sein: Viele Menschen schauen sich zum Beispiel Videos gar nicht so gern an, wie man vielleicht denkt. Ich zum Beispiel. Und ich bin damit nicht allein. Ich behaupte: Viele Menschen mit guter Wahrnehmung, starker Auffassungsgabe und hohem Denktempo sind genervt von Videos. Das Problem ist: Videos geben die Dauer vor, also wie viel Zeit ich mit ihnen zubringe. Habe ich zum Beispiel auf Nachrichtenseiten die Wahl zwischen dem Fernsehbeitrag von einer Minute und einem Text, dann wähle ich fast immer den Text. Denn eine Minute ist definitiv zu lang, wen ich nur die „News" erfahren will. Den Text kann ich überfliegen, und ich habe die Nachricht in viel weniger als einer Minute erfasst.

Video als Format sollte gut überlegt sein: Viele Menschen lesen lieber, weil das für sie schneller geht.

Entsprechend können sich Content-Anbieter überlegen, ob das Medium Video sich auf Dauer für Leute eignet, die beruflich stark eingebunden sind, wenig Zeit haben, schnelle Entscheidungen treffen und sich aufs Wesentliche konzentrieren – also für Top-Performer. Genauso wie solche Leute nachmittags nicht fernsehen, schauen sie sich nicht endlos Videos bei Facebook oder LinkedIn an. Es sei denn, es ist sofort klar, dass es ihnen etwas bringt, und das Video verschwendet keine Zeit. Sofern jemand erkannt hat, dass ein Content inhaltlich relevant ist, schaut er sich auch ein längeres Video an.

Auch etwas anderes spricht gegen das Medium Video: Brauchen die Menschen etwas länger, um einem Gedanken zu folgen, sollten wir ein Medium wählen, bei dem sie selbst das Tempo vorgeben. Das gelingt zum Beispiel bei Slideshows – sofern wir das automatische Umblättern deaktivieren. LinkedIn ist hier eine schöne Oberfläche: Dort lassen sich quadratische Slide-Shows hochladen. Wenn die erste Seite die Zielgruppe wirklich anspricht, stehen die Chancen gut, dass jemand sein Durchscrollen der Timeline unterbricht und sich diese Slideshow anschaut.

Bevor Sie also Videos produzieren, setzen Sie die Kundenbrille auf, damit Ihre Videos dann tatsächlich auch kundenfreundlich sind. Einige weitere Punkte, die ich hier beachten würde:

- Sofern Ihr Produkt und sein Nutzen Bewegtbilder hergeben, spricht das für das Medium Video. Haben Sie keine Bewegtbilder, eignet sich das Format möglicherweise nicht. „Talking Heads" sind in aller Regel langweilig. Arbeiten Sie wiederum mit Animationen, auf die der Sprecher eingeht, kann die Kombination mit einem sprechenden Kopf gut sein.
- Natürlich produzieren Sie Videos mit einer professionellen Kamera und nicht mit einer Webcam mit Blick von unten, was Sie übergewichtiger zeigt, als Sie sind. Natürlich sind alle Videobilder handwerklich ordentlich gestaltet und ausgeleuchtet.
- Besonders wichtig beim Video ist der Ton. Achten Sie hier auf ordentliche Technik, damit alles deutlich zu hören ist und Sie kein Rauschen draufhaben. Ein schlechter Ton zerstört auch das beste Video.
- Achten Sie bei Videos auf Websites unbedingt auf die Ladezeiten. Wichtig ist, dass sich das Video erst lädt, wenn der User auf das Video klickt. Sonst lädt sich Ihre Seite insgesamt zu langsam.
- Videos, die von allein mit Ton losgehen, klicken viele User sofort wieder weg und schließen den Tab, weil der Ton stört. Das gilt vor allem auf dem Smartphone. Also erlauben Sie, dass die Leute Videos selbst aktiv starten und dass der Ton dabei erst einmal deaktiviert ist.

- Da viele Leute Videos im Smartphone ohne Ton sehen, brauchen Sie Untertitel. Nehmen Sie dafür keine automatisierten Untertitel – die sehen meist nicht professionell aus mit ihrer hässlichen Schrift und dem zerschossenen Zeilenabstand. Bauen Sie stattdessen im Filmschnittprogramm Untertitel in Ihrem Corporate Design. Nehmen Sie eine Schrift mit Rahmen oder eine schattierte Schrift, damit die Buchstaben auch auf einem bunten und wechselhaften Hintergrund lesbar sind. Oder arbeiten Sie mit einer „Bauchbinde".
- Schneiden Sie Videos wie im Film und im Fernsehen, damit die Anmutung zeitgemäß und kundenfreundlich ist. Nutzen Sie also Schnitte und setzen Sie O-Töne, Musik und Soundeffekte ein.

Tipps für Podcasts

Podcast ist ein schönes Format – viele Leute hören Podcasts. Der eben erwähnte zeitlich knappe Top-Performer vielleicht nicht unbedingt, es sei denn, es geht um sein Spezialthema. Meiner Ansicht nach ist Podcast ein Medium vor allem für Menschen, die viel Zeit im Auto oder in der Bahn verbringen. Und es eignet sich für Inhalte, die keiner Bewegtbilder bedürfen.

Hier meine Tipps:

- Lassen Sie unbedingt das „Face to the customer" sprechen. Menschen interessieren sich dafür, wer ihnen etwas anbietet. Im Podcast sollte der Chef sprechen, weniger irgendwelche eingekauften Profisprecher.
- Denken Sie beim Konzept eher an eine Radioshow als an einen Vortrag.
- Nehmen Sie Ihren Podcast professionell auf. Das Wichtigste dabei ist das Mikrofon. Wählen Sie für Ihre Stim-

me beispielsweise ein Mikrofon wie den „Procaster" in Kombination mit dem Mischpult „Rodecaster Pro".[39]

- Gestalten Sie auch Podcasts kundenfreundlich: kurzer Jingle, schnelle Orientierung über Titel und Nummer (viele Leute klicken Podcastfolgen durch, ohne aufs Gerät zu schauen, und suchen beispielsweise die Nummer 53), und dann kommen Sie sofort zum Thema. Strukturieren Sie auch Podcastfolgen durch Soundlogos.

Ein abgelenktes Publikum erreichen

Wenn wir überlegen, mit welchen Inhalten wir rausgehen, sollten wir uns immer vor Augen halten, dass wir Menschen erreichen wollen, die mit ihren Gedanken ganz woanders sind als ausgerechnet bei uns. Der Kunde interessiert sich nun einmal nicht für uns. Und er ist mit etwas völlig anderem beschäftigt. Im besten Fall hat der Kunde gerade seine Wahrnehmung aktiviert und stöbert bei LinkedIn herum, ist also relativ offen für gute Ideen.

Aber nehmen Sie einfach Ihre Mediennutzung: Beim Durchscrollen lesen wir nicht jeden einzelnen Beitrag. Sondern wir überfliegen alles kurz und scrollen oft schon nach Bruchteilen einer Sekunde weiter.

Darum müssen wir in aller Kürze auf den Punkt bringen, wobei wir helfen. Wie gesagt: Nicht das Produkt muss klar werden, sondern der Nutzen. Und zwar sofort. Der erwähnte Zappelfisch lässt sich am besten durch ein Video bewerben, in dem das Ding herumzappelt, wobei eine Katze damit spielt. Hier ist die Story minimalst („Action" durch Figur „Katze"), aber der Sinn des Storytellings ist in Zehntelsekunden erfüllt und der Nutzen klar: Spaß für die Katze und den Menschen. (Wir brauchen hier wie erwähnt keine sieben „Touchpoints", bevor der Kunde kauft.) Und bei allem müssen wir den potenziellen Kunden *sofort* erreichen. Zu verstehen, was jemand will oder braucht, ist die Basis für jede Kundenorientierung.

Der Teaser oder Elevator Pitch

60 Sekunden sollen genügen, um einen Kundennutzen auf den Punkt zu bringen, schrieb kürzlich ein Trainerkollege bei LinkedIn. Ich war erstaunt: Das ist viel zu viel! Zwei, drei Sätze, maximal vier darf es dauern. Und gerade beim „Elevator Pitch", also dem Verkauf bei einer Aufzugfahrt, darf die Situation der vorübergehenden gemeinsamen Gefangenschaft in einem Metallkäfig keine Ausrede dafür sein, zu labern.

Moment, denken Sie jetzt möglicherweise: Hatten wir nicht gesagt, die Aufmerksamkeitsspanne der Menschen sei viel länger? Ja, das stimmt schon – wenn wir uns die Zeit für etwas nehmen. Aber dann haben wir vorher schon entschieden, dass es uns die Zeit wert ist.

Auf gut Glück ein Video im Netz anschauen, von dem wir nicht wissen, worum es darin geht und was es uns bringt – das tun wir vermutlich nicht. Aber sobald ein Nutzenversprechen inklusive Absenderkompetenz da ist, sind wir offen.

Bei einem „Tatort" am Sonntagabend zeigt sich das am besten: Wir wissen, dass es solide produzierte Krimis sind und dass jede einzelne Folge verspricht, dass es spannend wird. Zugleich entscheiden wir schon anhand der Programmvorschau, ob wir reinschalten oder nicht: Manche Leute schauen sich jede Folge an, und sollten sie eine verpassen, holen sie es in der Mediathek nach. Andere schauen sich nur die „Tatorte" aus Münster an oder die mit Ulrich Tukur als „Murot". Andere wiederum sehen bei bestimmten Rundfunkanstalten keine Absenderkompetenz für spannende Fälle und sehen deren Folgen gar nicht.

Unsere Aufmerksamkeitsspanne ist hoch, wenn wir wissen, dass etwas relevant für uns ist.

„Und was machen Sie so?"

Aber ein „Elevator Pitch" läuft anders: In der gern beschriebenen Situation im Aufzug hat unser Gegenüber keinerlei Vorstellung von uns. Der Entscheider oder die Entscheiderin hat keine Ahnung, wer wir sind. Er oder sie fragt: „Und, was machen Sie so?" Dann haben wir die Chance, uns in aller Kürze zu verkaufen. Das ist der „Elevator Pitch".

Ich wette, Sie beginnen Ihre Antwort nicht mit Worten wie: „Es war ein trüber Herbsttag im Jahr 1996, als ich aus dem Auto stieg." Stattdessen werden Sie versuchen, in aller Kürze den Nutzen Ihrer Leistung auf den Punkt zu bringen.

„Ich helfe Unternehmen, sich klar auszudrücken", lautet mein „Elevator Pitch" im Aufzug mit Unternehmensvertretern. Bei Selbstständigen sage ich: „Ich helfe dir, dich als Expertin zu positionieren." Oder: „Ich helfe dir, relevanten Content zu entwickeln."

Ein guter „Elevator Pitch" ist niemals ausufernd oder kompliziert. Ein guter „Elevator Pitch" hält sich immer ans „KISS"-Prinzip.

Und im Idealfall ist ein „Elevator Pitch" modular erweiterbar. Ich kann also meine drei Beispiel-Sequenzen um einzelne Elemente verlängern:

- „Ich helfe Unternehmen, sich klar auszudrücken." Plus: „Schriftlich, mündlich, intern, extern." Plus: „Das reduziert Missverständnisse und E-Mails." Plus: „Egal in welchem Fachgebiet, denn alles lässt sich einfach sagen." Plus: „Entscheidungsvorlagen und Präsentationen werden klarer." Plus: „In der Kundenkommunikation gibt es weniger überflüssige Nachfragen." Plus: „Und keine Brieffreundschaften mit nervigen Kunden mehr." Plus: „Sie sparen Zeit, Manpower und Papier." Plus: „Wenn Sie an 10.000 Kunden regelmäßig Standardbriefe aus zwei Blatt Papier schreiben und ich diese Briefe auf ein Blatt Papier kürze, sparen Sie pro Sendung 10.000 Blatt Papier."

- „Ich helfe dir, dich als Expertin zu positionieren". Plus: „... und dein Buch zu veröffentlichen". Plus: „Deine These als Sachbuch mit Talkshow-Potenzial, dein Wissen als Fachbuch für Fachleute, deine Tipps als Ratgeber für Anwender." Plus: „Als Erstes entwickeln wir dein Inhaltsverzeichnis. Und wenn das steht, rühren wir es nicht mehr an. Sonst kommst du hinterher ins größte Chaos."
- „Ich helfe dir, relevanten Content zu entwickeln." Plus: „Auf den passenden Kanälen, die deine Zielgruppe verfolgt." Plus: „Gib mir inhaltliches Futter, ich mache daraus Themen und Storys." Plus: „Und dann erstellen wir einen Redaktionsplan und legen fest, wer was wann wo postet." Plus: „Oder wir entwickeln dein Buch."

Sehen Sie, wie das funktionieren kann? Es ist ein Baukastenprinzip. Der erste Satz bringt den Nutzen auf den Punkt. Bei meinen drei Beispielen weiß die Zielgruppe – also mein Gegenüber im Aufzug –, dass sie genau diesen Schmerz aus dem jeweils ersten Satz hat. Jeder Unternehmer und jeder Manager weiß, dass Kommunikationsfehler und Missverständnisse das Unternehmen unfassbar viel Geld kosten. Alle suchen einen Hebel, um die Kommunikation zu vereinfachen und zu beschleunigen.

Und die Selbstständigen wissen, dass sie Veröffentlichungen brauchen, um sich als Experten positionieren zu können – finden aber meistens keinen Ansatzpunkt dafür, weil sie ihr Thema von innen betrachten und die nötigen zugespitzten Formulierungen aus Kundensicht nicht finden.

Oder: „Ein Vortrag von mir, 45 Minuten, und alle im Saal wissen, wie sie sich klar ausdrücken. Ideal für Ihre nächste Führungskräftetagung/Vertriebstagung/Kundenveranstaltung. Konkret, klar, anwendbar."

Kundenorientiert ist ein „Elevator Pitch" dann, wenn wir dabei auf unser Gegenüber eingehen, also seine Perspektive einnehmen. Der Satz „Ich gebe Führungsseminare" wird keinen Chef im Aufzug beeindrucken, weil so ein Chef nun einmal zahlreiche Seminare kennt. Je nach Laune wird er das Gespräch beenden oder dem Trainer auf den Zahn fühlen. „Das ist ja spannend. Dann wünsche ich Ihnen viel Erfolg!", ist so eine Gesprächsbeendigung – es ist eine typische Abschlussformel, die keine Frage beinhaltet und damit keinen Anker, sodass der Trainer „einhaken" kann. Alternativ erwidert der Chef: „Das ist ja spannend. Was macht denn in Ihren Augen eine gute Führungskraft aus?" Und wenn dann nichts Einzigartiges, Substanzielles kommt, hat der Trainer verloren und geht unter in der Vielzahl der Trainer, die nichts Besonderes zu sagen haben.

Ein guter „Elevator Pitch" dauert nicht 60 Sekunden, sondern besteht aus wenigen Sätzen.

Es lohnt sich unbedingt, den „Elevator Pitch" zu trainieren. Im Vordergrund steht dabei stets der Gedanke, was wir für unser Gegenüber tun können – oder zumindest, worin die *Bedeutung* dessen besteht, was wir tun. Viele gute Leute sind da in meinen Augen viel zu schüchtern. Sie sagen: „Ich bin Informatikerin", statt die Bedeutung ihres Handelns hervorzuheben und zu sagen: „Ich bin Informatikerin und leite hier das Team, das die App entwickelt." Und zu wenig offen sind gute Leute auch oft, sie sagen nämlich daraufhin nicht: „Es freut mich, Sie kennenzulernen, Herr Dr. Mustermann." Dabei ist es in meinen Augen völlig falsch, mit Hochkarätern und Prominenten weniger zu reden als mit normalen Leuten. Zu einem guten „Elevator Pitch" passt immer auch das Angebot, auf der persönlichen Ebene miteinander in den Austausch zu treten, nicht nur auf der sachlichen Ebene.

Der „Teaser“ als Ankündigung

Ein „Elevator Pitch“ ist natürlich frei gesprochen – es mag sein, dass Sie ihn vorher mit viel Mühe formuliert und aufgeschrieben haben, aber am Ende tragen Sie ihn ohne Spickzettel frei vor. Und Sie sind in der Lage, die einzelnen Module zu variieren und auf die konkrete Perspektive Ihres Gegenübers anzupassen. Sprechen Sie also mit einem Chefarzt, werden Sie vermutlich „Patienten“ statt „Kunden“ sagen. Und erkennbaren Vertretern von Nine-to-five-Jobs wünschen Sie am Freitag auch dann ein „schönes Wochenende“, wenn die Bemerkung gemessen an Ihrer eigenen Arbeitswirklichkeit einem Zynismus gleichkommt.

Ein schriftlicher Verwandter des „Elevator Pitchs“ ist der „Teaser“, also der „Aufhänger“. Das ist der gedankliche Wurm am Angelhaken, der neugierig macht. Am Ende mag so ein Teaser auch mündlich vorgetragen sein, aber er ist dramaturgisch anders aufgebaut. Teaser brauchen Sie ...

- als Anmoderation für Ihren Vortrag oder für Ihr Seminar,
- als Kurzbeschreibung für Vortrag oder Seminar im Programm,
- als Vorspann vor Ihrem Fachbeitrag in einem Magazin,
- als Verkaufstext auf der Rückseite Ihres Buches,
- als Hinweis auf einem Social-Media-Kanal auf einen Beitrag hinter dem angegebenen Link.

Wie auch ein „Elevator Pitch“ ist ein Teaser im Idealfall konsequent aus Empfängersicht formuliert. Und er fasst nicht einen Nutzen zusammen wie der „Elevator Pitch“, sondern er macht neugierig. Im Grunde ist ein Teaser einfach eine Ankündigung.

Das erwähnte „Prinzip vom Drachen, dem Ritter und dem Burgfräulein“ ist eine gute Möglichkeit, um Teaser im Verkauf einzusetzen: „Kundenschmerz“, „Lösungsversprechen“, „Absenderkompetenz", dann optional „Gewitterfront" und „Paradies" und schließlich der „Appell". Ob Sie „Gewitterfront" und „Paradies" einbauen, hängt einfach davon ab, wie dick Sie auftragen wollen.

Beim Teaser darf kein einziger Satz verschwendet sein. Jeder muss auf den Punkt kommen.

Und wie beim „Elevator Pitch" empfehlen sich hier auch dezentere Herangehensweisen, sofern Ihr Anliegen nicht so knallhart verkäuferisch ist.

Wichtig ist in jedem Fall, die Menschen „ins Boot zu holen", ihnen also deutlich zu machen, *worum es geht*. Die *Sache* ist wichtig, ja, aber wichtiger ist die *Bedeutung*. Das gilt beim „Elevator Pitch", und es gilt auch bei schriftlichen Ankündigungen.

Bei Veranstaltungen holen viele Ankündigungen die Menschen gerade nicht ab – sie sind sogar kundenfeindlich, weil sie ignorieren, dass der externe Betrachter keinen Schimmer vom Thema haben könnte. Ähnlich ist das bei Teasern für Videos, Podcastfolgen und Blogbeiträge. Die Urheber der Ankündigungen setzen zu viel voraus. So wie Produkte auf Anhieb verständlich sein sollten, sollten in meinen Augen auch Texte auf Anhieb verständlich sein; der Gedanke der „Usability" gilt hier auch.

„Usability" heißt, dass Ihre Adressaten mit Ihrer Information etwas anfangen können und begreifen, worauf Sie hinauswollen. Entsprechend formulieren Sie Ihren Teaser konsequent aus Kundensicht: also nicht aus Ihrer Sicht als Anbieter eines Themas, sondern aus Publikumssicht. Ein fiktiver Vortragsteaser aus Absendersicht, der die Perspektive des Empfängers oder des Publikums ignoriert, könnte so lauten:

> *Pasteurella multocida ist ein gram-negatives Bakterium von etwa 1 Mikrometer Länge. Gelangt es in den Blutkreislauf des Menschen, ist sofortige ärztliche Behandlung angezeigt. Frau Dr. med. Martina Mustermann klärt auf.*

Dieser Teaser ist zwar schön kurz, aber wer wird daraus klug? Sofern wir mit diesem Bakterium rein fachlich noch nicht zu tun haben, müssen wir den Begriff erst einmal einordnen. Unter Medizinern dürfte klar sein, worum es hier geht, aber schon wenn sich so ein Vortrag an Praxis- oder Pflegepersonal in der Ausbildung richtet, dürfte nicht mehr zu erwarten sein, dass das Publikum dieses Bakterium kennt. Wir hören Inhalte, aber wir kennen den Rahmen nicht. Wir wissen nicht, worum es geht, weil uns der Teaser das „big picture" nicht liefert.

Was bei diesem Teaser gut ist: Er ist relativ kurz. Er hält sich an die Regel: Jeder Aspekt bekommt möglichst nur einen Satz. Kein einziger Satz darf verschwendet sein. Jeder einzelne Satz muss genau auf den Punkt kommen. Aber wenn es darum geht, die Leute abzuholen, funktioniert dieser Teaser eben trotz seiner Kürze nicht.

Heftig wird es, wenn die Absender von Teasern ihren Assoziationen freien Lauf lassen und ins Labern verfallen – das sollten Sie unbedingt vermeiden. Jeder Gedanke muss Teil des erwähnten „Geländers" sein, an dem wir die Leute ins Thema holen. Ein gutes Geländer leitet uns geradewegs zum Thema, es führt uns nicht auf Holzwege und Umwege.

Nehmen wir das Thema „Pasteurella multocida" und drehen wir es in die Richtung „Wenn Katzen beißen". Wir als Publikum haben keinerlei Vorwissen, und das gilt bei einer Publikumsveranstaltung wie bei einem Fachkongress. Auch bei Fachkongressen ist davon auszugehen, dass die Inhalte der Vorträge für die anwesenden Experten neu sind, denn sonst wäre kein Kongress nötig – zumal es wie gesagt auch Veranstaltungen für Berufseinsteiger gibt. Ein Vortragsteaser könnte so lauten:

Katzen sind seit jeher beliebte Haustiere. Das Miteinander von Mensch und Katze geht mindestens bis ins Jahr 3000 v. Chr. zurück – so wurde die Göttin Freya immer wieder ge-

meinsam mit Katzen abgebildet. Zugleich sind Katzen Raubtiere, und immer wieder kommt es zu Bissverletzungen. Jährlich 30.000 Bissverletzungen verzeichnen die Haftpflichtversicherungen in Deutschland, und darunter sind beileibe nicht nur Katzenbisse. Doch was ist bei einem Katzenbiss medizinisch zu tun? Bakteriologisch ist das nämlich alles andere als harmlos. Frau Dr. med. Martina Mustermann klärt auf.

Dieser Teaser ist pures Gelaber, er kommt vom Hundertsten ins Tausendste. Er beginnt mit einer Banalität – Katzen seien beliebte Haustiere –, und schon daran kann es liegen, dass die Zugriffszahlen beispielsweise bei LinkedIn zu gering sind. Der erste Satz funktioniert nicht. Die Leute beginnen zu lesen und merken: Da kommt nichts, da fehlt die Substanz, und klicken die Seite weg. Bei einem Kongressprogramm fragen sich viele Menschen beim Lesen: Worum geht es denn jetzt?

Niemals sollte übrigens die Ausrede lauten: „Aber das kommt doch gleich." Es mag sein, dass die entscheidenden Informationen noch folgen. Aber das spielt keine Rolle, wenn niemand bis dahin liest oder zuhört. Es bringt nichts, die wesentlichen Informationen weiter hinten zu bringen, wenn Leserinnen und Leser vorher aussteigen. Und zu glauben, die Leute seien ebenso fasziniert von unserem Thema wie wir, ist schlicht unrealistisch: Ihnen fehlen ja eben die entscheidenden Punkte, um sich fürs Thema interessieren zu können.

Ebenso ist es Unsinn, zu glauben, wir würden mit irrelevanten Bildungssprengseln die Leute fürs Thema begeistern: Die Information mit dem Jahr 3000 v. Chr. ist aus Sicht des klassischen Bildungsbürgertums „interessant", aber hat nichts mit dem Thema zu tun. Ebenso die Information zur Göttin Freya. Theoretisch können wir über vieles, was nicht Thema ist, herumdozieren – alles Mögliche auf dieser Welt ist interessant, aber nicht der

Punkt. Die Frage ist, wie wir ausgerechnet auf diese Auswahl bildungsbürgerlicher Wissensbeweise kommen und nicht etwa auf andere, die direkt zu unserem Thema führen. Wozu die Umwege? Mythologische Aspekte der Katze auszuführen ist genauso beliebig und themenfern, wie wenn wir mit ihrem Knochenbau anfangen würden. Es ist off-topic. Warum kommen wir nicht zur Sache?

Wir haben es hier mit einem Teaser zu tun, der sich nur sehr mühsam dem Thema annähert, darum eine Menge Menschen nicht ins Boot holt und somit seine Reichweite reduziert – völlig ohne Not. Viele Akademiker arbeiten so – sie meinen, sie müssten uns über Umwege an das Thema heranführen und dabei beiläufig einfließen lassen, dass ihnen die Göttin Freya ein Begriff ist.

Aber zwei bis drei Sätze irrelevantes Vorspiel, bevor wir zur Sache kommen – das ist einfach zu viel. Das funktioniert nicht. Es funktioniert nicht in den Social Media, und es funktioniert auch nicht im Wettbewerb mit anderen spannenden Vorträgen, die zur gleichen Zeit in einem anderen Saal stattfinden. Spätestens an der Stelle, an der der Teaser ins Schwimmen kommt bezüglich der Frage, wieso er eine Gesamtzahl „offizieller" Bissverletzungen aufführt, ohne die Zahl der Katzenbisse zu liefern, steigen eine ganze Menge Leute aus. Alle merken: Frau Dr. med. Martina Mustermann kommt nicht zum Punkt. Sie schwafelt. Und so lesen sie nicht das, worum es geht: die Frage, wie Katzenbisse medizinisch zu betrachten sind. Diese Information steht nämlich ganz am Ende. Dabei gehört sie nach vorn.

Meine Alternative lautet:

Was ist bei einem Katzenbiss medizinisch zu tun? Viele Haustierhalter denken sich: Das ist ja nur eine ganz kleine Wunde. Doch bakteriologisch können Katzenbisse hochgefährlich sein und zu extremen Komplikationen führen. Daher gehö-

ren Menschen mit Katzenbiss sofort zum Arzt. Was der dann tut – Frau Dr. med. Martina Mustermann berichtet aus ihrer Praxis.

Also: Das „Miteinander von Mensch und Katze" – raus. Die Formulierung „seit jeher" – raus, das ist reine Wichtigtuerei. „3000 v. Chr." – raus. Die „Göttin Freya" – raus. Nicht weil das alles nicht interessant wäre, sondern weil es mit dem Thema nichts zu tun hat. Dass Katzen Raubtiere sind – raus, weil banal. Das Bakterium mit seiner genauen Bezeichnung – haben wir hier nicht drin, das nennt Frau Dr. med. Martina Mustermann dann im Vortrag. Und so weiter. Ein guter Teaser teasert nur an, worum es aus Publikumssicht geht, und es verschont die Leute mit Details, die an dieser Stelle der Kommunikation noch nicht erforderlich sind.

Die Kunst ist, einen roten Faden zu knüpfen, ein Gedankengeländer, und sich dann auch daran zu halten. Es ist ein Denkfehler, zu glauben, die Leute hätten unsere vielen Vorüberlegungen ebenfalls bereits nachvollzogen. Die Leute wissen nicht, was wir denken und worüber wir gleich sprechen werden. Gehen Sie also beim Formulieren davon aus, dass Ihr Gegenüber von nichts weiß. Setzen Sie – wie am besten generell in der Kommunikation – beim Gegenüber nicht Ihr Wissen voraus, sondern vollständiges Unwissen.

Setzen Sie beim Publikum nicht Wissen voraus, sondern Unwissen.

Und vor allem der erste Satz muss sofort ins Thema führen. Also bringen Sie da nichts Vergeistigtes oder erzwungen Originelles, keine Umwege über die Antike oder Goethe oder irgendwelche lateinischen Fachbegriffe. Sondern sagen Sie ganz einfach, worum es geht. Und das kundenorientiert aus der Perspektive Ihres Publikums.

Der „Teaser" als Vernetzungsanfrage oder Kaltakquise-Nachricht

Der erste Satz sollte vor allem auch in Vernetzungsanfragen gleich zum Thema führen – also wenn wir beispielsweise in einem LinkedIn-Profil auf den Button „Vernetzen" klicken und jemanden mit einer Nachricht um Kontakt bitten. Wenn wir die richtigen Leute anschreiben, ist das durchaus ein schönes Mittel für die Kaltakquise.

So eine Nachricht kann und darf natürlich vorformuliert sein. Allerdings warne ich davor, eine Standardnachricht an Leute rauszuschicken, deren Profile Sie vorher nicht ausreichend studiert haben. Nehmen wir mal mein Profil: Ich bin sichtbar mit dem Thema Unternehmenskommunikation positioniert. Wer beispielsweise mein LinkedIn-Profil anschaut, erkennt das sofort. Nun erhalte ich von einem Herrn über LinkedIn eine Kontaktanfrage ohne parallele Nachricht, die ich erst einmal bestätige – GmbH-Geschäftsführer sind zunächst einmal interessant für mich. Und dann schreibt er: „Sehr geehrter Herr Baum, danke für Ihre Kontaktbestätigung! Ihr Profil ist aus unserer Sicht ansprechend für eine Kooperation im Bereich Personalbilanz für Einzelne, Teams und auch Unternehmen. Gern möchten wir mal mit Ihnen darüber telefonieren, wenn Sie das erlauben. Danke im Voraus."

„Personalbilanz"? Verstehe ich nicht, kenne ich nicht. Ich weiß nicht, was das ist. Also frage ich mich: Was will der Mann? Und worin sollte eine Kooperation bestehen? Ich antworte also: „Danke für Ihre Nachricht – schlau werde ich daraus nicht. Unter dem Begriff ‚Personalbilanz' kann ich mir nichts vorstellen. Und was wäre meine Aufgabe bei der Kooperation? Worum geht es, wer ist der Kunde?"

Daraufhin schreibt er: „Hallo Herr Baum, danke für Ihre Nachfrage! Meine Assistentin wird Ihnen heute Personalbilanzberaterinformationen und einen Vorschlag für ein Telefonat zusenden. Ich freue mich auf unseren nächsten Kontakt."

Hä? Der Mann interpretiert meine Nachfrage offenbar als Interesse – was für ein Denkfehler. Der Punkt ist: Um zu prüfen, ob seine Idee für mich interessant ist, brauche ich Zusatzinformationen. Also stelle ich klare Fragen. Was macht er? Er antwortet nicht. So etwas hole ich mir sicher nicht ins Haus. Meine Nachfrage war quasi die „gelbe Karte" – wenn jetzt nichts von Substanz kommt, beende ich den Dialog. Denn es gibt keinen Grund, mir nicht einfach kurz zu erklären, was Sache ist. Ich frage ihn explizit danach, was „Personalbilanz" sein soll, aber statt es mir kurz zu erläutern, kündigt er „Personalbilanzberaterinformationen" an. Ich bin wirklich offen für Kooperationsideen, aber wenn jemand selbst auf meine Bitte hin nicht deutlich macht, worum es geht, bin ich raus.

Entsprechend bitte ich den Mann, seine Assistentin zurückzupfeifen. Wir brauchen keine Unterlagen, und wir brauchen kein Telefonat. Auf gut Glück mit jemandem telefonieren, ohne zu wissen, worum es geht? Das werde ich sicher nicht tun. Warum nicht? Weil erfahrungsgemäß die Wahrscheinlichkeit hoch ist, dass wir es mit heißer Luft zu tun haben. Ginge es um etwas von Substanz, wäre es kein Problem, das Thema kurz zu erklären.

Wer sogar auf Nachfrage nicht sagen kann, worum es geht, ist mit hoher Wahrscheinlichkeit eine Luftpumpe.

Im Laufe des Dialoges klingelte übrigens etwas in meiner Erinnerung. Der Name kam mir vage bekannt vor, also habe ich kurz auf meiner Festplatte gesucht und herausgefunden: Der gleiche Herr hatte mich schon zwei Jahre zuvor über Xing angehauen. Damals hatte er ähnlich unklar kommuniziert und unter anderem geschrieben: „Wir sind interessiert an einer kooperativen Zusammenarbeit." Aha – also an einer Zusammenarbeit, bei der wir zusammenarbeiten. Auf meine Nachfrage hin, worum es bitte geht, hatte mir seine Assistentin damals sieben (!) PDFs geschickt. Daraufhin habe ich die Korrespondenz beendet. Sieben

PDFs? Wie um alles in der Welt kann jemand davon ausgehen, ein normaler Mensch schaue sich das alles durch, ohne zu wissen, worum es eigentlich geht? Schon damals wollte ich nur das „big picture" verstehen, aber dieser Absender überschüttete mich – auch mithilfe seiner Assistentin – mit einem unübersichtlichen Wust von Details. Nichts gegen die Dame, sie macht sicher nur, was ihr Chef sagt. Aber so ist ihr Arbeitsplatz schlicht sinnlos.

Der Absender könnte mich auch fragen: „Sind Sie interessiert an einer Tätigkeit als Personalbilanzberater? Dabei machen Sie dies und das." Dann erschlösse sich der Begriff wenigstens ein bisschen, und ich könnte aus *sachlichen* Gründen absagen. So sage ich ihm ab, weil sich für mich nicht einmal der Schatten eines Anscheins einer Relevanz abzeichnet. Und das ist so, weil er nicht zum Punkt kommt. Weil er vielleicht nicht versteht, dass man Leute ins Boot holen muss. Weil er Fragen nicht beantwortet. Weil eine Kooperation vermutlich ähnlich unklar verlaufen wird, und zwar unabhängig davon, worin sie besteht. Eine Schnitzeljagd durch die Informationen, bei der ich ihm alles aus der Nase ziehen muss – nein.

Also klar: Vielleicht hat sein Konzept ja Hand und Fuß. Das ist durchaus möglich. Ich weiß das nicht. Ich jedenfalls habe es nicht verstanden. Und solange Empfänger nicht erkennen, ob eine Kooperationsanfrage solide ist und Sinn hat, bringt das alles nichts. Es ist der gleiche Denkfehler wie bei einem perfekten Produkt: Solange niemand davon Kenntnis hat und versteht, weshalb das Produkt wichtig ist, bringt die Qualität dieses Produktes überhaupt nichts.

Wenn wir also beispielsweise LinkedIn-Kontakte mit gleich oder ähnlich lautenden Nachrichten ansprechen, sollten wir vor allem vorher klären, dass unsere Adressaten tatsächlich für unsere Idee infrage kommen. Und wir sollten eine Formulierung finden, die alle einschließt – gern auf der Basis ihrer Tätigkeit, die wir über LinkedIn herausfinden. Und die Formulierung sollte sofort zum Punkt kommen. Da sollte ein Teaser also schon sehr prägnant sein. Dem Gegenüber muss sofort deutlich werden, worum es geht, und es muss die Information als relevant erkennen.

Der Punkt ist dabei gar nicht so sehr die Länge – die ist für Erstnachrichten ohnehin auf den meisten Plattformen begrenzt. Es geht eher um die Substanz. Um es mal anders zu sagen: Nur weil eine Botschaft kurz ist, ist sie noch lange nicht auf den Punkt gebracht. Wenn das Wesentliche nicht drinsteht – also das, worum es aus Empfängersicht geht –, ist auch der kürzeste Text zu lang.

KUNDENORIENTIERUNG

Kennen Sie die „deutsche Wurstigkeit“? Das Substantiv „Wurstigkeit“ ist in puncto Sprachqualität grausam – es ist aus einem Adjektiv gebildet („wurstig“), das sich wiederum aus einem Substantiv ableitet („Wurst“). Man könnte es noch weiter verkomplizieren und das Adjektiv „wurstigkeitlich“ bilden und daraus wiederum das Substantiv „Wurstigkeitlichkeit“.

Sprachlich ungelenk zu sein gehört zur „deutschen Wurstigkeit“. Denn so eine „Wurst“ (also ein Mensch ohne Takt und Feingefühl) hat keine Ahnung von Sprache. Und auch keine Ahnung von Kundenorientierung. Was wurstig ist, ist undurchdacht, nicht anwendbar und meistens auch noch hässlich oder zumindest ein Beweis für die Abwesenheit jeder Art von Stilbewusstsein und Professionalität. Wurstige Dinge sind oft korrekt, vor allem juristisch, aber sie funktionieren halt nicht.

Auch das ist Wurstigkeit: zu denken, „richtig“ sei „gut“ und „falsch“ sei „schlecht“. Dass es jede Menge weitere Kriterien dafür gibt, dass etwas gut ist – vor allem Professionalität, Anwendbarkeit, Kundenorientierung – sieht ein Vertreter der Wurstigkeit nicht. Auch sehen Vertreter der Wurstigkeit nicht, dass es jede Menge korrekte Dinge gibt, die schlecht sind. Zum Beispiel kaum leserliche, eng gedruckte Formulare von Ämtern. Oder Formulare vom Finanzamt, deren Macher übersehen haben, dass auch Gesellschaften bürgerlichen Rechts gemeinsame Konten kennen, nicht nur Ehen. Aber man mutet uns eben wurstige Formulare zu, in denen wir unseren GbR-Compagnon unter „Ehepartner" eintragen und dann die Bezeichnung dieses Feldes mit dem Kugelschreiber korrigieren. So ist das auch im Deutschland des Jahres 2022.

Die deutsche Wurstigkeit regiert überall

Behörden sind ohnehin wurstig: Obwohl das Finanzamt an meinem vorigen Standort in Hessen meine Bankverbindung kennt und alle Daten an das neue Finanzamt in Nordrhein-Westfalen weitergegeben hat, kommt vom neuen Finanzamt per Post (!) ein Formular auf Papier (!), auf dem ich meine Bankverbindung eintragen soll, die sich seit Beginn meiner Selbstständigkeit 2004 noch nie verändert hat. Also trage ich Ziffern in dafür vorgesehene Felder ein. Das ist deutsche Wurstigkeit. Die deutsche Wurstigkeit raubt vor allem Selbstständigen wertvolle Zeit, die sie gerade in einer Krise unbedingt für ihre Geschäftsentwicklung bräuchten – aber das interessiert die Vertreter der deutschen Wurstigkeit nicht.

Und ja, sicher, es gibt diese Wurstigkeit auch in Österreich und der Schweiz. Es gibt sie auch in den USA. Sofern Sie Geschäftsmann oder -frau sind, kennen Sie die Erfahrung, von einem US-Dienstleister einen ordentlichen Beleg für Ihre Buchhaltung anzufordern. Aus irgendeinem Grund scheint es vielen amerikanischen Unternehmen nicht zu gelingen, übersichtliche Dokumente anzufertigen, aus denen klar hervorgeht, welchen Betrag sie genau wofür wann von welchem Konto oder welcher Karte abgebucht haben.

Wir könnten die amerikanische Wurstigkeit „sausageness" nennen. Wenn irgendein IT-Dienstleister aus den USA mal wieder ein schlecht layoutetes PDF bereitstellt, bei dem die Textzeilen aus der Seite laufen und das sich nicht drucken lässt, weil dabei der Drucker abstürzt, haben wir es eben mit „american sausageness" zu tun. Wir machen von dem PDF dann einen Screenshot, kopieren ihn in PowerPoint in eine DIN-A4-Seite im Hochformat und drucken das Ganze aus.

„Wurstig" ist, wenn Sie schlampig arbeiten und keinen Gedanken an die Kundensicht verschwenden.

Es ist ja nicht so, dass es unmöglich wäre, brauchbare PDFs herzustellen. Ein Unternehmen könnte ja Usability praktizieren, wenn es nur wollte.

Optisch wirken viele PDFs wie die Fresszettel, die wir von Logistikunternehmen kennen: dünnes, gelbes Durchschlagpapier, unübersichtlich zusammengestoppelt, zu kleine Schrift, zu enger Zeilenabstand – kurz: ein Konglomerat von Buchstaben, das offenbar nicht dafür gedacht ist, dass es jemand lesen können soll. Weil der Absender der Informationen nur an sich selbst denkt. Das ist Wurstigkeit.

Kürzlich habe ich mit einem Zollmitarbeiter gesprochen. Er arbeitete zu der Zeit in der Belegverwaltung. Unglaublich, oder? Eine eigene Abteilung dafür, dass die Unterlagen übersichtlich sind. Er berichtete von der enormen Mühe, die verschiedenen Belege von Herstellern und Speditionen auf der ganzen Welt irgendwie zu überblicken und einen komplizierten Vorgang zu einer übersichtlichen Dokumentation zu verarbeiten. Digitalisierung? PDFs? Schwierig. Frachtpapiere sind – zumindest bisher – eben Fracht*papiere*. Auch wenn ein Verband wie der Bitkom die Digitalisierung empfiehlt, die sich auch viele Unternehmen wünschen und auch wenn es eine EU-Initiative für elektronische Informationen zum Güterverkehr gibt.[40] Und ja, natürlich gibt es inzwischen digitale Frachtpapiere, teilt mir der Bitkom mit. Nur setzen sie sich eben viel zu schwer durch. Woran liegt es? An der Wurstigkeit, darauf wette ich.

Wer wurstig denkt, druckt eine E-Mail aus und faxt sie weiter.

Auch Kassenbelege auf Thermopapier, die fürs Aufkleben auf einem DIN-A4-Blatt zu lang sind, sind Zeichen der Wurstigkeit. Der „blaue Bon", so umweltfreundlich er auch gedacht sein mag, ist ebenso üble Wurstigkeit wie die Schnapsidee des Gesetzgebers, eine Bonpflicht einzuführen. Der „blaue Bon" ist lange nicht so haltbar wie behauptet und so gut wie unscannbar.[41] Selbstverständlich landen auch solche Kassenzettel in der Buchhaltung, wenn die Einkäufe Betriebsausgaben sind.

Wissen Sie, wie das bei den meisten Selbstständigen läuft? So ähnlich wie bei PDFs aus amerikanischen Rumpelbuden: fotografieren, in der Bildbearbeitung die Lesbarkeit erhöhen, in Sachen Dateigröße optimieren, in ein DIN-A4-Dokument einfügen und speichern. Und dann zum Zwecke der zehnjährigen Aufbewahrungsfrist für Belege – genau – ausdrucken. Auf dem Farblaserdrucker. Danke, liebe Wurstigkeit. Da hat sich mal wieder jemand „etwas gedacht". Seit dem „blauen Bon" kann man im Supermarkt im Grunde nichts mehr fürs Büro kaufen – das Ablegen des Beleges ist zu umständlich.

Irgendwie scheint ein Wesensmerkmal der Wurstigkeit zu sein, dass die Dinge nicht durchdacht sind.

Ein Großstadtparkhaus hat geschlossen

Ziemlich wenig gedacht im Sinne des Kunden haben sich offenbar auch die Betreiber eines Parkhauses am Hauptbahnhof in Münster: Kurz nach halb sechs Uhr am Samstagmorgen fahre ich mit dem Auto an die Schranke, um meinen ICE nach München um 5:52 Uhr zu erreichen – und das Display an der Schranke verkündet etwas wie „Außer Betrieb". Kein Hinweis auf eine alternative Parkmöglichkeit. Ich klingele, niemand geht ran. Als ich wieder rückwärts rausfahren will und mich darauf einrichte, die mehr als 600 Kilometer mit dem Auto nach München zu rasen, sehe ich im Rückspiegel einen Security-Mann daherlaufen. Fenster runter. Ob er mich reinlassen kann, mein ICE fahre gleich. Ich mache deutlich, dass sonst mein Seminar platzt. Um 5:40 Uhr lässt er mich tatsächlich rein. Ich parke und sprinte mit meinem Gepäck zum Zug.

Knapp 43 Stunden später, nach einem anstrengenden Seminar, kommt mein ICE mit Verspätung in Münster an. Es ist kurz nach 0:30 Uhr am Montagmorgen. Das Parkhaus – zu. Die Gitter sind runtergelassen. Ein großer Aufkleber verkündet ein ADAC-Zertifikat: „Benutzerfreundliches Parkhaus". Daneben hängt ein Zettel, dass Kunden ihre Autos nach 0 Uhr gegen eine Gebühr von zehn Euro abholen lassen könnten – sie müssten dazu eine Nummer wählen. Die Nummer hat keine Vorwahl.

Ist es so weit abseits des Vorstellungsvermögens eines Parkhausbetreibers, dass es Auswärtige gibt? Ich googele die Vorwahl von Münster und rufe an. Nach einiger Zeit geht ein Security-Mann ran, der dann tatsächlich auch vorbeikommt und mich ins Parkhaus lässt. Ich gehe zum Kassenautomaten, bezahle, gehe zum Auto und kann gegen 0:50 Uhr rausfahren.

„Benutzerfreundliches Parkhaus"? Der ADAC schreibt mir dazu, das Zertifikat sei 2018 abgelaufen, das dürfe da gar nicht mehr hängen.

Das ist Wurstigkeit. Wurstigkeit ist Nachlässigkeit, Gedankenlosigkeit, Abwesenheit von Kundenorientierung, Perspektivenwechsel und Mitdenken. Wurstigkeit ist auch, die Dinge rein rechtlich zu sehen: Die Öffnungszeiten seien doch angeschrieben, schrieb mir der Betreiber, und sie seien im Internet kommuniziert.

Ist klar: In einer Stadt mit mehr als 400.000 Einwohnern müssen wir vorher die Öffnungszeiten eines zentralen Parkhauses googeln – wie kundenfreundlich vor allem gegenüber Fremdsprachlern und Ortsunkundigen ist das? Und in einer Stadt mit mehr als 400.000 Einwohnern öffnet ein zentrales Parkhaus erst ab 6 Uhr. Obwohl um 5:52 Uhr ein ICE nach München startet. Ist das wirklich zu erwarten?

Und ja, es gibt in der Nähe ein weiteres Parkhaus, das nachts offen hat. Schön wäre es nur gewesen, davon zu erfahren. Clever wäre es zum Beispiel, *vor* der Einfahrt einen Hinweis auf dieses zweite Parkhaus anzubringen. Also *bevor* der frustrierte Kunde fluchend rückwärts wieder rausstößt. Wäre ja eine Idee. Könnte man ja machen. Könnte man auch selbst darauf kommen, wenn man sich einfach mal in die Perspektive des Kunden versetzt und überlegt, wie sich die Performance des Produktes aus Sicht derjenigen darstellt, die dafür bezahlen.

In einer Großstadt ist zu erwarten, dass man um 5:30 Uhr im Parkhaus am Bahnhof parken kann.

Wurstigkeit hat viele Gesichter. Sie sind wurstig, wenn Sie ...

- jemandem etwas in die Hand drücken, obwohl er gar keine Hand frei haben kann, weil er gerade bezahlt. Wie soll Ihr Gegenüber handeln?
- auf Ihrem Lieferwagen Ihren Namen und Ihre Telefonnummer abdrucken, aber keine Information dazu geben, was Sie eigentlich tun. Weshalb sollte sich jemand für Sie interessieren?
- eine Telefonnummer ohne Vorwahl kommunizieren – ganz in der Annahme, es gebe keine Auswärtigen. Wollen Sie, dass man Sie für einen lokal begrenzten Denker hält?
- einfach nur „Geschlossen" kommunizieren und verschweigen, wann wieder geöffnet ist. Haben Sie Mittagspause, Betriebsurlaub oder dichtgemacht? Das lassen Sie die Leute erraten.
- einen Prozess aus irgendwelchen Gründen unmöglich machen wie bei dem erwähnten Parkhaus und dem Kunden keine Alternative zeigen. Wie würden Sie sich fühlen, wenn Sie jemand so hängen lässt?

- im Impressum Ihrer Website eine Telefonnummer kommunizieren, unter der niemand erreichbar ist. Wieso funktioniert Ihre Technik nicht? Wehalb machen Sie es den Menschen schwer und verschwenden deren Zeit?
- eine E-Mail-Adresse kommunizieren, die aufgrund eines technischen Fehlers nicht erreichbar ist, und wenn dann auch noch die in Ihrem Impressum angegebene Faxnummer nicht funktioniert. Auch hier: Wieso haben Sie offensichtlich nicht Ihre Technik im Griff?

Und ja, an der deutschen Wurstigkeit und „american sausageness" scheitert Geschäft. Klar halten Sie Kunden von sich fern, wenn Ihre Website nicht auf dem Smartphone funktioniert oder wenn Sie telefonisch nicht erreichbar sind. Mit Wurstigkeit im Blut wird es eher schwierig, im Sinne des Kunden zu handeln.

Also: Sind Sie wurstig? Seien Sie da ganz ehrlich. Was Wurstigkeit ist, wissen Sie jetzt. Sobald Sie denken: „Der Kunde ist doch selber schuld, wenn er das Produkt nicht kapiert", wissen Sie, dass Sie wurstig sind. Der Kunde ist niemals an etwas schuld. Der Kunde finanziert Sie. Er bezahlt Ihr Dach über dem Kopf, Ihr Essen, Ihren Kaffee und die Ausbildung Ihrer Kinder.

Vergessen Sie Ihre Bestandskunden nicht

„Der Kunde" ist überhaupt ein ganz interessanter Mensch. Er freut sich – wie alle Menschen – über einen menschlichen Umgang.

Es gibt potenzielle Neukunden, Neukunden, Bestandskunden und ehemalige Kunden. Sicher haben Sie die Reise vom potenziellen Neukunden über den Bestandskunden zum ehemaligen Kunden schon einmal durchlaufen. Und wahrscheinlich haben Sie dabei auch schon die eine oder andere Enttäuschung erlebt.

Denn oft ist es gar nicht beabsichtigt, dass Bestandskunden zu ehemaligen Kunden werden – aber viele Unternehmen legen es durch mangelnde Kundenorientierung geradezu darauf an.

Kennen Sie das zum Beispiel, wenn ein Unternehmen Sie als Neukunden umwirbt und Ihnen Rabatte oder andere Annehmlichkeiten anbietet, sofern Sie zugreifen? Sobald Sie dann aber Kunde sind, sind Sie dem Unternehmen gleichgültig: Der Support ist kaum zu erreichen, die Mitarbeiter dort sind schwerfällig, und was wir zuvor über „Mitdenken" und „Empathie" festgehalten hatten, fällt aus. Sie fühlen sich als Kunde zweiter Klasse.

Bei jedem Kontakt mit dem Support erklären Sie, dass Sie den Service unterirdisch finden. Vielleicht weisen Sie auch immer wieder per E-Mail auf Programmierfehler hin, ohne dass das Unternehmen diese Fehler dann beseitigt.

Und dann kommt irgendwann per E-Mail eine Zufriedenheitsumfrage. Sie wundern sich: Bei so einem miesen Service fragt das Unternehmen allen Ernstes danach, wie die Kunden diese Katastrophe erleben? Angesichts dieser unfassbaren Ignoranz gegenüber glasklaren Beschwerden?

Und Ihnen wird eines klar: Innerhalb des Unternehmens hat offenbar niemand auch nur die geringste Ahnung davon, wie das Unternehmen performt. Die Leute, die die Zufriedenheitsumfrage aufgesetzt haben, denken rein technokratisch. Sie glauben, die Kundenzufriedenheit lasse sich nur quantitativ erfassen. Dass sich die Kundenzufriedenheit auch erfassen lässt, indem man beim Support einfach mal zuhört, verstehen viele Unternehmen nicht. Offenbar ist den Managern dieses Unternehmens das ganze Service-Elend gar nicht bewusst, das sie produzieren. Sie haben keine Ahnung davon, wie ihr Unternehmen in der Außenwahrnehmung wirkt.

Wer mit Kunden maschinell umgeht, wirkt bald sehr unsympathisch.

Natürlich ist die Zufriedenheitsumfrage konvergent gedacht – vorgegebene Antwortmöglichkeiten, Single- oder Multiple-

Choice-Prinzip, keine freien Textfelder. Nur in Ausnahmefällen wagen es Unternehmen, ihre Kunden tatsächlich nach ihrer Meinung zu fragen. Das liegt daran, dass viele Konvergenzdenker an frei formulierten Antworten schlicht scheitern – sie können mit konkreten, individuellen Ideen und Anregungen nicht umgehen. Also ignorieren sie den einfachsten Kanal: die Mensch-Mensch-Kommunikation. In der Folge fühlen wir uns als Kunden automatisiert und maschinell behandelt und merken: Selbst mehrfache Hinweise auf Bugs und Fehler zeigen keine Wirkung. Und irgendwann denken wir: Es mag sein, dass bei euch intern Maschinenmenschen arbeiten – aber ich bin keiner. Also kündige ich jetzt das Abo und trage mich aus dem Verteiler aus. Euer Unternehmen ist einfach unsympathisch!

Neukundenakquise oder Bestandskundenpflege?

Laut dem Vertriebsexperten Martin Limbeck ist es sieben Mal schwieriger, einen Neukunden zu akquirieren, als einen Bestandskunden zu reaktivieren. Anders formuliert: In der gleichen Zeit und mit dem gleichen Aufwand, die Sie für die Akquise eines Neukunden brauchen, reaktivieren Sie sieben Neukunden. Das ist auch völlig klar: Die Leute kennen Sie schon. Vieles von dem, was Sie Neukunden erst mühevoll beibringen müssen, kennen Altkunden schon.

Allerdings bezieht sich Martin Limbecks Aussage vor allem auf schlampig geführte Customer-Management-Systeme (CRM). Martin Limbeck und ich kennen einander sehr gut, und er sagt gern: „Ein CRM ist nur so gut wie der Mensch vor dem Computer." Wenn Sie Ihr CRM nicht pflegen und bedienen, könnte es ein guter Ansatz sein, damit anzufangen und eingeschlafene Kundenbeziehungen wieder zum Leben zu erwecken. Hierbei – also vorwiegend im B2B-Geschäft – sollten Sie natürlich individuell auf die Leute zugehen und nicht maschinell. Martin Limbeck ruft an.

So ein Anruf nach langer Zeit sollte dann natürlich kundenorientiert sein statt anbieterorientiert. Die Botschaft lautet weniger: „Wir haben neue Produkte." Eher ist die Botschaft sinngemäß: „Wie geht es Ihnen? Wo drückt der Schuh?" Und dann hört ein guter Verkäufer erst einmal zu und nimmt auf, welche Bedarfe und Engpässe der Kunde hat. Es ist tatsächlich so: Gute Verkäufer sind nicht in erster Linie Dampfplauderer, die uns vollschwafeln – auch wenn dieser Typus unter Verkäufern sehr stark vertreten ist. Gute Verkäufer hören zunächst einmal hin. Das ist ihre Stärke.

Es lohnt sich, nach dem mentalen Umstieg von der Anbieter- auf die Kundenorientierung einen Plan zu machen, welche „eingeschlafenen" Bestandskunden Sie wann wie kontaktieren, um mit Ihnen worüber zu sprechen. Führen Sie diese Telefonate mal überhaupt nicht mit Verkaufsabsicht, sondern hören Sie nur zu und notieren Sie in Ihrem CRM die Bedarfe. Sollten Sie sofort eine Lösung haben, bieten Sie sie natürlich an – haben Sie keine, versprechen Sie, darüber nachzudenken und sich wieder zu melden. Möglicherweise finden Sie ja in Ihrem Netzwerk jemanden, der Ihrem eingeschlafenen Bestandskunden helfen kann.

Einen Neukunden zu gewinnen kostet genauso viele Ressourcen, wie sieben Altkunden zu reaktivieren.

Auch wenn Ihre Zielgruppe keine Unternehmen sind, sondern Privatleute, hat es Sinn, mit dem neuen Fokus der Kundenorientierung erneut auf Altkunden zuzugehen. Datenschutzrechtlich ist das ein bisschen schwerer, denn wenn jemand seine Kontakterlaubnis widerrufen hat, hat er sie widerrufen. Diese Leute sollten Sie unbedingt in Ruhe lassen.

Aber sofern Sie die Erlaubnis zur Kontaktaufnahme haben, kommt es im Grunde nur auf die richtige Ansprache an. Nichts ist dümmer als eine automatisierte E-Mail in der Art: „Lange nichts gehört! Bei uns hat sich eine Menge getan." Es ist völlig irrelevant, was sich bei Ihnen getan hat. So eine E-Mail dürfte eher kontraproduktiv wirken. Hier ist es möglicherweise klug, den Verteiler zu segmentieren und zu schauen, welche Menschen genau welche Bedarfe und Bedürfnisse haben. Und dann beginnen Sie zurückhaltend und vorsichtig mit einer Content-Marketing-Kampagne, in der Sie den Leuten erst einmal nur relevante Nutzwertinformationen schenken. Anhand der Abmeldungen sehen sie, wer Ihnen theoretisch treu bleibt.

Und diese Menschen bitten Sie dann um ein persönliches Gespräch am Telefon. Wobei Sie bitte schauen, dass die Anrufer keine Vollpfosten sind, wie wir das leider in Telesales-Teams zunehmend erleben: Anrufe nach Checkliste mit Formulierungshilfen im Fall von konkreten Fragen des Kunden („Einmal abgesehen davon: Wie wäre es, wenn Sie …") – diesen stumpfsinnigen, rein konvergent gedachten Zugang können Sie vergessen. Nur Technokraten denken, man müsse Menschen sogar dann noch automatisiert behandeln, wenn man sie persönlich am Telefon hat. Wenn wir Menschen schon persönlich ansprechen, also von Mensch zu Mensch am Telefon, dann gibt es keinen Grund für Automatisierungen und stumpfsinnige Leitfäden. In diesem Fall kommunizieren wir doch bitte menschlich.

Und lassen Sie unbedingt Leute telefonieren, die einen gewissen geistigen Horizont haben und intellektuell erfassen, worum es aus Kundensicht geht. Am Telefon zu verkaufen ist kein Job für bildungsferne soziale Milieus auf der Suche nach dem schnellen Geld – auch wenn wir derzeit fast alle merken, dass sich das bei Sales-Anrufen durchgesetzt. Aber das ist keine gute Entwicklung. Wer spricht wie ein Rapper und diesen Tonfall partout nicht ablegen kann, eignet sich nur in ganz wenigen, exotischen Branchen für den Verkauf: bei Tattoo-Studios, Autotuning-Läden, Kickbox-Bedarf und illegalen Drogen. In den allermeisten Fällen bleibt dem Angerufenen bei diesem Stil nur der Gedanke an den nächstgelegenen sozialen Brennpunkt im Gedächtnis. Seriöse Unternehmen schaden sich mit solchen Sales-Leuten eher selbst

– da bringt es auch nicht viel, dass das Personal so schön billig ist. Das Geld, das man für schlechte Leute ausgibt, ist immer zu viel, da sie dem Unternehmen schaden.

Also: Schauen Sie, welche eingeschlafenen Bestandskunden Sie wachküssen können. Sehen Sie das Ganze als hohe Priorität an, sodass Sie kultivierte Menschen ans Telefon setzen. In vielen Fällen ist die Reaktivierung von Bestandskunden unbedingt Chefsache. In anderen Fällen braucht es zumindest hochkompetente Kommunikatoren. In dem Moment, in dem Sie im Namen eines Unternehmens ein Idiot anruft, halten Sie das Unternehmen für idiotisch, richtig? Also. Kundenorientierung heißt auch, nicht die Intelligenz des Kunden zu beleidigen.

Kundenorientierung als Prozess

Dann ist es ganz wichtig, Kundenorientierung als Prozess zu implementieren. In Unternehmen gibt es zahllose Prozesse in den unsinnigsten Bereichen – oft sind es Prozesse, die die Kommunikation erschweren, Entscheidungen verlangsamen und das Unternehmen zu einem schwerfälligen Tanker machen. Aber da, wo Unternehmen dringend Prozesse bräuchten – beispielsweise beim Thema Kundenorientierung – sind keine vorgesehen.

Da fällt mir die Geschichte vom Bürostuhl ein, die ich Ihnen erzählen wollte. Am 28. Mai 2021 hatte ich bei einem großen Möbelhaus einen Bürostuhl reklamiert – nach einigen Monaten war eine Rolle gebrochen. Das Unternehmen kennen Sie sicher, es geht hier nicht um eine Klitsche. Und trotzdem landet meine Reklamation ganz offenbar nicht in einem dafür vorgesehenen Prozess, sondern es ergibt sich ein umständlicher E-Mail-Wechsel mit unterschiedlichen Gesprächspartnern, denen ich zahlreiche Informationen aus der Nase ziehen durfte.

Was ich im Zusammenhang mit dieser Reklamation erlebt habe, ist ein Musterbeispiel dafür, was geschieht, wenn ein großes Unternehmen das Thema Kundenorientierung *nicht* als Prozess implementiert – hier vor allem den großen Komplex „Reklamationen".

Als Reaktion auf meine Reklamation Ende Mai habe ich durchaus eine E-Mail von einem Autoresponder bekommen, was darauf hinweist, dass hier ein Prozess eingerichtet sein könnte. In dieser E-Mail heißt es erst mal in einem Stil wie von der Behörde: „Dies ist eine automatisch generierte Eingangsbestätigung." Dann heißt es, man werde mein Anliegen „schnellstmöglich" bearbeiten. Das klingt gut – aber es hat sich daraufhin erst mal niemand mehr gemeldet.

Einige Zeit später rufe ich an und frage nach. Die Erklärung ist simpel: Meine Anfrage ist vergessen worden. Gut. Menschliches Versagen verzeiht man gern, aber offenbar fehlt hier dann doch ein Prozess. Dann höre ich, die Bearbeitung dauere acht Wochen. Ich kann also Ende Juli mit einem reparierten Schreibtischstuhl rechnen.

Zum Glück habe ich mehrere Bürostühle an mehreren Schreibtischen. Aber acht Wochen? Um das Ganze abzukürzen:

- Im nächsten Schritt hieß es, „unsere Kundendienstabteilung" habe entschieden, den Bürostuhl auszutauschen, weil „keine adäquate Reparatur vorgenommen werden kann". Gut. Wir brauchen also keine Reparatur. Theoretisch müsste der Ersatzstuhl also jederzeit eintreffen.
- Die Angabe mit den acht Wochen sei eine „Pauschalangabe", die man „bewusst" schreibe, weil es „in Einzelfällen" wegen der Lieferketten bereits zu solchen Verzögerungen gekommen sei. Das heißt für mich allgemein: Das Unternehmen kommuniziert keine verlässlichen Zahlen – ich darf also theoretisch jederzeit mit dem

neuen Bürostuhl rechnen. Was ich kundenfeindlich finde, ist, dem Kunden Klarheit vorzugaukeln, wo keine ist. De facto kann sich ein Mensch auf die Aussagen dieses Möbelhändlers nicht verlassen.

- Einen Monat lang geschieht nichts. Am 5. Juli 2021 hake ich nach. Wörtlich schreibe ich: „Ihre E-Mail liegt jetzt mehr als vier Wochen zurück. Bisher ist hier kein Sessel angekommen. Darf ich Sie fragen, wie der Stand der Dinge ist?" Heißt: Im Unternehmen fehlt offenbar der simple Prozess, den Kunden auf dem Laufenden zu halten – er fühlt sich also hängen gelassen.
- Nur 16 Minuten später kommt eine Antwort. Darin die Information, geliefert werde in der KW 34 – also gegen Ende August. Das ist interessant: Offenbar kennt man bei dem Möbelhaus den Zeitpunkt, informiert darüber aber nicht den Kunden.
- Am 5. Juli spricht man mich in einer E-Mail mit „Sehr geehrter Herr Baumbach" an. Gut. Egal. Solche Fehler geschehen – ich bin oft „Frau Braun" und noch öfter „Herr Baumann". Aber aus dem Fehler lese ich heraus: Da sitzt jemand und tippt. Da ist kein Prozess implementiert, der meinen Namen automatisch in eine E-Mail einfügen würde. Ergo scheint da kein professioneller Prozess etabliert zu sein. Immerhin bekommt „Herr Baumbach" einen 40-Euro-Gutschein versprochen. Ist so ein Gutschein jetzt kundenorientiert? Na gut – ich habe ihn verschenkt.
- Am 13. August 2021 klingelt ein Kurierfahrer und bringt ein klobiges Paket. Darin: der passende Rollenkranz zu meinem Bürostuhl. Einfach so – ohne eine E-Mail dazu, was nun genau in welchem Zusammenhang geliefert wird. Da ich meinen Ansprechpartnern glaube, was sie mir sagen, gehe ich nach wie vor davon aus, dass

sie den ganzen Stuhl ersetzen. Also schließe ich, dass die Lieferung nicht vollständig ist. Aus Kundensicht ist das eine völlig klare Folgerung. Und das müssten sich die Leute bei dem Möbelhaus denken können.

- Also frage ich per E-Mail nach, wie das nun weitergeht und ob noch eine Ergänzungslieferung kommt. Am selben Tag erhalte ich die Antwort: „Wir tauschen in diesem Fall nur den Fuß mit den Rollen aus, da auf den Bildern kein weiterer Schaden zu sehen ist." Hallo? Die Fotos vom Schaden sind von Ende Mai. Seitdem ist bekannt, dass es um den Rollenkranz geht und um sonst nichts. Die Ansage, man tausche den gesamten Stuhl aus, war von Anfang Juni. In diesem Moment kann ich das Unternehmen nicht mehr ernst nehmen: Der eine Mund weiß nicht, was der andere verspricht. Dort scheint das komplette Chaos zu regieren.
- Ich sehe relativ schnell, dass ich ohne geeignetes Werkzeug den Stuhl nicht ummontieren kann und frage per E-Mail, wie es nun weitergeht. Von sich aus kam man nicht auf die Idee, diese Frage gleich zu klären – denn es fehlt ja wie erwähnt ganz offensichtlich der dazu nötige Prozess. Und die Akteure selbst scheinen ohne einen solchen Prozess auch nicht auf den Gedanken zu kommen, dass der Kunde möglicherweise Schwierigkeiten damit hat, einen Rollenkranz von einem Bürostuhl abzuziehen. Das Aufstecken ist kein Problem, aber umgekehrt ist das bei einem Bürostuhl nicht ganz unterkomplex.
- Antwort: Entweder das Ding wird geschraubt oder gesteckt. Der Mitarbeiter schreibt: „Sollten Sie das Ganze nicht montieren können, lassen Sie mich dies bitte wissen. Wir würden dann mit einem Monteur zu Ihnen kommen, der das Ganze montieren kann." Gute Idee! Ja,

das ist kundenorientiert. Ich maile am selben Tag zurück, also am 13. August 2021: „Ja, bitte. Wie organisieren wir den Termin mit dem Monteur?"

- Dann geschieht tagelang wieder nichts, ich bekomme keine Orientierung. Am 17. August hake ich erneut per E-Mail nach: Was ist jetzt?
- In der Antwort vom selben Tag schreibt das Möbelhaus, das zuständige Servicecenter melde sich „spätestens morgen im Laufe des Tages", also am 18. August.
- Am 18. August meldet sich niemand. Und ich erhalte keine Information darüber, wann sich stattdessen jemand meldet.
- Nachdem sich auch bis zum 20. August niemand gemeldet hat, hake ich erneut nach. Vonseiten des Möbelhändlers heißt es, man stoße das jetzt noch einmal an.
- Kurz darauf kommt ein Monteur in einem Transporter auf den Hof gefahren, klingelt und montiert den Bürostuhl.

Das ist die Geschichte vom Bürostuhl. Dieses wirklich große und bekannte Möbelhaus gehört nach meinem Dafürhalten zu den Unternehmen, die die Kundenorientierung systematisch mit Füßen treten – das zeigt sich am Prozessmanagement. Bei diesem Anbieter scheint der Kunde die Prozesse zu steuern. Meldet sich der Kunde nicht, bleiben die Dinge liegen und der Kunde uninformiert. Erst wenn der Kunde nachhakt, geht etwas weiter und kommen neue Informationen.

Von sich aus informiert dieser Anbieter seine Kunden ganz offensichtlich weder über entscheidende Prozessfortschritte noch über Änderungen bisheriger Entscheidungen. Dass der Kunde Orientierung wünscht und man ihn durch so einen Prozess plausibel hindurchleiten kann, gehört nicht zur Unternehmenskultur.

Menschen machen Prozesse ...

Welche Prozesse ein Unternehmen pflegt und welche nicht, ist dabei gar nicht so starr vorgegeben. Ein Unternehmen darf also durchaus ungewöhnliche Prozesse etablieren. Natürlich sind der Kreativität vor allem in Konzernen Grenzen gesetzt – hier sind die Strukturen oft so starr, dass selbst die besten Leute ihre guten Ideen nicht umsetzen können. Aber ein mittelständischer Unternehmer kann die Konventionen über den Haufen werfen, wenn sie nicht kundenfreundlich sind, und kundenfreundliche Prozesse einführen.

In diesem Zusammenhang möchte ich Sie auf ein Buch hinweisen, dass Sie unbedingt lesen sollten. Es ist von Ricardo Semler (* 1959) und steht im Literaturverzeichnis mit seinem deutschen Titel „Das Semco-System". Die deutschsprachige Ausgabe ist vergriffen – was ich schade finde, ein Verlag sollte es neu auflegen. Das amerikanische Original ist noch zu haben, es heißt „Maverick. The Success Story Behind The World's Unusual Workplace" (etwa: „Der Außenseiter. Die Erfolgsgeschichte hinter dem ungewöhnlichsten Arbeitsplatz der Welt"). Einen wirklich erstaunlich guten Überblick über das Buch inklusive kurzen Zusammenfassungen der einzelnen Kapitel finden Sie in der deutschsprachigen Wikipedia.[42]

Ricardo Semler war 21 Jahre alt, als er das Unternehmen seines Vaters übernahm – Semco, den bekannten brasilianischen Big Player in Sachen Maschinenbau. Semler schreibt, Semco sei bei seinem Einstieg „in jeder Hinsicht ein traditionelles Unternehmen" gewesen, „mit einer pyramidenförmigen Hierarchie und Vorschriften für jede Kleinigkeit. Heutzutage aber setzen unsere Fabrikarbeiter zuweilen ihre eigenen Produktionsquoten fest und erfüllen sie sogar nach eigenen Arbeitszeitplänen, ohne vom Management dazu angetrieben werden zu müssen oder sich für Überstunden bezahlen zu lassen".[43]

Kaum angetreten, hat der junge Chef erst einmal Regeln gekippt: „Eine meiner ersten Aktivitäten bei Semco bestand darin, dass ich die Vorschriften über Bord geworfen habe. Alle Unternehmen haben Richtlinien-Bibeln. Einige sind so umfangreich wie ein Konversationslexikon. Wer braucht das eigentlich alles? Diese Regelwerke verhindern Flexibilität und sind reiner Selbstzweck." Zum Thema Reisekosten schreibt er: „Bei Semco sollen unsere Leute so viel ausgeben, wie ihrer Meinung nach nötig ist. (...) Wenn wir Angst davor haben, Menschen selbst darüber entscheiden zu lassen, in welcher Klasse sie fliegen wollen oder wie viele Sterne ihr Hotel haben muss, sollten wir sie eigentlich nicht losschicken, damit sie Geschäfte in unserem Namen machen, nicht wahr?"[44]

Ricardo Semler war kundenorientiert, weil er nichts für typisches Managerdenken übrighatte.

Für Manager, Managementlehrer und Managementtrainer wirkt das wie von einem anderen Stern. Diese drei Berufsgruppen denken tendenziell konvergent und prozessorientiert, weniger ergebnisorientiert. Insofern denke ich, Semler hat die Prozesse im Unternehmen nicht ins Absurde getrieben, er hat sie *normalisiert*. Er hat ein durch abstruse Prozesse überreguliertes und gelähmtes Unternehmen von seinen Fesseln befreit. Das gelang ihm, weil er das Thema Management eben von außen sah, ohne die typische BWL- oder MBA-Brille, die Menschen konsequent vom Kunden entfernt. Und es gelang ihm, weil er Inhaber war.

Letzten Endes hatte Semler bei seiner Neuorganisation des Unternehmens nur eine Kennzahl im Blick gehabt: den erwähnten „GMV" – Sie erinnern sich: den gesunden Menschenverstand.

Vergleichen Sie Semco mal mit irgendeinem deutschen Konzern. Denken Sie an Führungsstrukturen mit Top-, Middle- und Lower-Management. Die Chefetage sagt, wo es langgeht, das mittlere Management setzt die Prozesse auf und das Lower-Management schickt die Truppe los. Da können Sie im mittleren Management so clever sein, wie Sie wollen. Sie können auch dieses

Buch hier verstehen. Aber in einer typischen Konzernstruktur wird es Ihnen bestenfalls punktuell gelingen, sinnvoll zu handeln und Kundenorientierung zu implementieren, solange die Chefetage nicht versteht, worum es geht. Da ist es dann schön, wenn Sie im Einzelfall eine Reklamationskatastrophe wieder eingedämmt bekommen, obwohl die Unternehmensprozesse nach ihrer Logik eigentlich zwangsläufig die totale Eskalation zur Folge haben.

… und Prozesse machen Menschen

Wenn Sie aber die Macht haben, um Prozesse einzuführen und abzuschaffen, also an entscheidender Stelle im Vorstand oder als Eigentümer, dann können Sie den ganzen Prozessquatsch, der wie eine angezogene Handbremse wirkt und das Unternehmen von den Kunden entfremdet, überdenken und durch sinnvolle Prozesse ersetzen. Sobald das der Fall ist, dürfte sich auch bald das Image des Unternehmens auf positive Weise wandeln.

Und so ein Wechsel auf kundenfreundliche Prozesse wirkt sich auch auf die Menschen im Unternehmen aus. Handelt ein Supportmitarbeiter bisher nach Schema F, dann deswegen, weil er es soll und ansonsten Sanktionen erwartet. Handelt er künftig kundenorientiert, dann auch deswegen, weil er es soll und ansonsten Sanktionen erwartet. Es ist im Grunde egal, was Sie Ihren Mitarbeitern vorgeben. Das, was Sie ihnen vorgeben, werden die Mitarbeiter ausführen. Und wenn Sie Ihr Unternehmen von „technokratisch" auf „menschlich" umstellen und nicht mehr anbieterorientiert, sondern kundenorientiert denken, werden sich die Menschen im Unternehmen anders verhalten – die meisten jedenfalls. Sicher gibt es Menschen, die zur Empathie und zum Mitdenken nicht in der Lage sind, aber die meisten sind es. Sie *dürfen* in ihren Arbeitsumgebungen nur nicht empathisch sein und mitdenken, es ist nicht erwünscht.

So machen nicht nur Menschen Prozesse, sondern auch Prozesse Menschen. Alles wirkt ineinander. Warum führen Sie nicht einen Herzlichkeitsbeauftragten ein, der darüber wacht, dass der gesamte Kundenservice freundlich und angenehm ist? Ich denke da an die Wirtschaftspsychologin Mahsa Amoudadahi, die diese Aufgabe im Hotel Schindlerhof in Nürnberg eine Zeitlang innehatte und heute als Keynote-Speakerin unterwegs ist.[45] Oder weshalb engagieren Sie nicht mich als Textchef, der darüber wacht, dass Ihre Kundenkommunikation kundenorientiert und klar verständlich ist? Oder weshalb geben Sie nicht jedem einzelnen Mitarbeiter und jeder einzelnen Mitarbeiterin ein Budget, um kurzfristig und ohne umfangreiche Antragsprozesse sinnvolle Dinge zu bewirken?

Welche Prozesse etablieren Sie bei einer Neugründung?

Um zu entscheiden, welche Prozesse in Ihrem Unternehmen sinnvoll sind und welche möglicherweise absurd, habe ich ein Gedankenspiel für Sie. Stellen Sie sich vor, Sie gründen Ihr Unternehmen auf der grünen Wiese neu. Sie fangen komplett von vorn an. Welche Prozesse etablieren Sie?

Ich mag diesen Gedanken. Ich selbst komme ja aus dem Journalismus – ich war mal Zeitungsredakteur und bin beim Begriff „Zeitung" geneigt zu sagen: „Die Älteren werden sich erinnern." Als die Digitalisierung aufkam, habe ich gesagt: Solange ein Berliner U-Bahnfahrer oder Busfahrer keinen Rechner im Cockpit hat, wird es Zeitungen geben. Heute sehe ich das ein wenig anders. Es gibt Smartphones und Tablets, die gab es damals, zum Zeitpunkt meines Statements, noch nicht. Die Zeitungsverlage ringen um neue Geschäftsmodelle – damit fingen sie damals erst zögerlich an. Ich war damals gefangen von meinen Grenzen im Denken. Obwohl ich meine Vorstellungskraft auch um die Jahrtausendwende nicht für schlecht gehalten habe, habe ich mich in diesem Punkt dann vermutlich doch eher getäuscht.

Aber zur Grundüberlegung zurück: Angenommen, ich würde heute ein Medienunternehmen gründen. Würde ich das heute so aufstellen, wie mein früherer Arbeitgeber, der „Berliner Verlag", damals aufgestellt war? Konkret: Würde ich eine Druckerei bauen? Oder würde ich bei der Gründung eines Medienunternehmens heute eher keine Druckerei bauen? Vermutlich würde ich keine bauen. Aus dieser Überlegung können Unternehmenslenker heute ableiten, welche Teile des Unternehmens zukunftsfähig sind und welche nicht. Gut: Wenn ich eine Druckerei hätte und Menschen noch Zeitung lesen, würde ich die Druckerei nicht abreißen. Aber auf der grünen Wiese eine neue bauen? Ich weiß nicht.

Angenommen, Sie gründen neu. Welche Prozesse würden Sie etablieren, welche nicht?

Genauso können Sie die Prozesse Ihres Unternehmens prüfen. Angenommen, Sie gründen neu. Auf welche Prozesse, die Sie heute gewöhnt sind, würden Sie verzichten? Und welche Prozesse, die Sie heute nicht haben, würden Sie etablieren?

Vor dieser Frage stehen sämtliche Start-up-Gründer. Sie sind mental nicht in Gewohnheiten gefangen, die sich eben im Laufe der Zeit aus dem Trott ergeben. So ein Start-up kann von Anfang an kundenorientierte Prozesse etablieren oder eben auch eine Stelle für einen Herzlichkeitsbeauftragten. Entscheidend ist jetzt, zu erkennen, dass das auch in Unternehmen möglich ist, die bereits existieren.

Förmliche oder menschliche Kommunikation?

Weshalb drückt sich der oben erwähnte Rechtsanwalt so überkompliziert aus? Weil er denkt, das sei bei Juristen normal. Er tut förmlich – das tut er bewusst – und schreckt dabei potenzielle Mandanten ab – das tut er unbewusst. Er will niemanden abschrecken, sondern denkt allen Ernstes, dass er damit professionell wirkt. Oder er handelt schlicht gedankenlos und pflegt den störrischen Sprachstil, den er aus der Uni kennt, ohne sich darüber im Klaren zu sein, dass das ein sehr kundenferner Sprachstil ist.

Lassen Sie mich kurz demonstrieren, was ich mit „förmlich" meine. Stellen Sie sich vor, Sie arbeiten für eine Rechtsanwaltskanzlei und sollen einem Mandanten einen Telefontermin bestätigen. Es geht also um einen Textbaustein – um eine Passage, die an viele Kunden rausgeht.

Sie könnten diesen Zusammenhang jetzt ganz einfach vermitteln, etwa so:

Sehr geehrter Herr Baum,

vielen Dank für Ihren Telefontermin am 9. März 2022 um 10 Uhr mit Frau Rechtsanwältin Daisy Duck. Bitte rufen Sie bei uns an (040-1234567), wir verbinden Sie dann gerne.

Bitte senden Sie uns die Unterlagen anbei ausgefüllt und unterzeichnet zurück, damit sie uns vor dem ersten Termin vorliegen.

Mit freundlichen Grüßen

Marina Musterfrau
Rechtsanwalts- und Notarfachangestellte

Oder Sie machen die Dinge komplizierter als nötig, verzichten auf positive emotionale Signale und formulieren sogar Datum und Uhrzeit technokratisch:

Sehr geehrter Herr Baum,

ich nehme Bezug auf das Telefonat vom heutigen Tage und bestätige Ihnen den Telefontermin am 09.03.2022 um 10:00 Uhr bei Frau Rechtsanwältin Daisy Duck. Bitte rufen Sie zu diesem Zeitpunkt bei uns im Büro an, wir verbinden Sie dann.

In der Anlage übersenden wir die besprochenen Unterlagen mit der Bitte, diese ausgefüllt und unterzeichnet an uns zurückzureichen. Wir weisen darauf hin, dass diese uns vor dem ersten Termin vorliegen müssen.

Mit freundlichen Grüßen

Marina Musterfrau
Rechtsanwalts- und Notarfachangestellte

Das meine ich mit „förmlich". Die förmliche Variante hier ist übrigens ein Original, es ist lediglich anonymisiert. Wie Sie sehen, fehlt darin sogar die Telefonnummer, unter der der Mandant anrufen soll – es heißt nur, er solle „bei uns im Büro" anrufen (wo sonst? In der Sauna?), und so soll er gefälligst selbst nach der Nummer suchen. Kundenorientiert wäre hier eine Kommunikation, die es dem Mandanten möglichst leicht macht.

Ein „Ich" am Anfang – was soll das? „Bezug nehmen" – wer redet so? Und worauf sonst, wenn nicht auf das Telefonat heute? Und: „Wir weisen darauf hin, dass ..." – na ja, wenn die Dame schreiben würde, dass die Unterlagen vor dem Termin vorliegen müssen, dann wäre das ja ein Hinweis. Müssen wir darauf hinweisen, dass wir auf etwas hinweisen? Auch antiquierte Wendungen wie „vom heutigen Tage" und „unterzeichnet an uns zurückreichen" klingen nach der Hoffnung, der Kaiser kehre bald zurück. Für mich ist so eine Sprache ein klares Warnsignal, eine solche Kanzlei nicht zu beauftragen – denn wenn es schon so losgeht, wird das ganze Anwalt-Mandanten-Verhältnis ein einziger förmlicher und umständlicher Quark.

Auch in der Bürostuhl-Geschichte hatte ich gesagt, der Stil der E-Mail wirke wie von einer Behörde. Es hieß darin: „Dies ist eine automatisch generierte Eingangsbestätigung." Mit ein wenig Abstand könnten wir sagen: Hallo, es ist ein Möbelhaus und nicht das Bundeszentralamt für Steuern. Das Möbelhaus sollte freundlich sein zu den Menschen und sie als Kunden halten. Also sollte es mit Menschen angenehm umgehen und ergo mit ihnen menschlich kommunizieren.

Was wir stattdessen schreiben sollten? Zum Beispiel so etwas:

Vielen Dank für Ihre Anfrage! Wir kümmern uns darum. Diese Antwort ist automatisiert – bitte geben Sie uns 48 Stunden.

Es gibt viele weitere Möglichkeiten, diesen simplen Zusammenhang einfach und klar zu vermitteln. Nur kommt in vielen Unternehmen eben niemand auf die Idee, *normal* mit den Leuten zu sprechen. Da stellt sich die Frage: Ist das bewusst oder unbewusst?

Ich denke: Selbst wenn Formulierungen unbewusst geschehen, sind sie Folgen von Entscheidungen. Und selbstverständlich gibt es unbewusste Entscheidungen und auch Fahrlässigkeit. Es ist im Grunde egal, ob Ihnen jemand absichtlich oder versehentlich mit dem Auto über den Fuß fährt – wenn es ein Versehen ist, macht das Ihre mehrfachen Knochenbrüche nicht erträglicher und es lässt sie auch nicht schneller heilen.

Die E-Mail des Möbelhauses klingt jedenfalls nicht durch Zufall so, wie sie klingt. Sie klingt so, weil irgendwann einmal jemand – aus welchen Gründen auch immer – diesen Sprachstil im Unternehmen etabliert hat. Vermutlich folgte derjenige der geisterhaften Konvention, die überall herumspukt, wonach ein Unternehmen möglichst offiziös klingen muss, damit die Leute es ernst nehmen. Ein irreführender Glaubenssatz – nicht nur bei vielen Juristen. Oder aber es ist unbewusst geschehen, quasi weil es schon immer so war.

Wie auch immer: Nichts ist zufällig. Die störrische Kommunikation eines Unternehmens ist genauso wenig ein Zufall wie die freundliche und kundenorientierte. Ganz gleich, ob dahinter rationale Überlegungen stehen, Konventionen, ungeschriebene Gesetze, dubiose Vorbilder oder etwas, worüber noch nie jemand nachgedacht hat – es sind Entscheidungen.

Auch über etwas nicht nachzudenken ist eine Entscheidung. Es ist ähnlich wie bei Kleidung: Es ist unmöglich, dass wir uns nicht inszenieren. Wir inszenieren uns immer – auch bei völlig gedankenloser Wahl unserer Stile, Farben, Stoffe und Muster. Eine Botschaft senden wir durch unser Äußeres immer. Und wenn es die Botschaft ist, dass wir keinen Geschmack haben oder es uns egal ist, wie wir wirken.

Das Unternehmen ist Obrigkeit, der Kunde Untertan

Und jetzt kommen wir noch mal auf das Gedankenspiel der „grünen Wiese" zurück. Angenommen, Sie würden Ihr Unternehmen neu gründen. Würden Sie sich dann bewusst für eine förmliche Sprache entscheiden? Also dafür, mit Kunden in einem Ton zu sprechen wie eine Staatsanwaltschaft?

Falls ja: Warum? Wozu? Was, bitte, macht ein Unternehmen zur Obrigkeit und den Kunden zum Untertan? Eher doch „dient" das Unternehmen dem Kunden, nicht umgekehrt. Ohne Menschen Problemlösungen anzubieten, funktioniert Wirtschaft wie erwähnt nicht.

Die Unternehmenswerte heutiger Unternehmen sind jedenfalls ganz sicher allesamt menschlich. Ich kenne kein Unternehmen, das laut Leitbild distanziert, formell und bürokratisch wirken will. Und trotzdem kommunizieren zahlreiche Unternehmen genauso. Sie verstoßen mit ihrer Kommunikation gegen ihre Markenwerte. Und weil die Markenwerte menschlich sind – so gut wie alle Unternehmen wollen freundlich sein –, verstoßen Unternehmen durchgängig mit ihrer Kommunikation gegen ihre Markenwerte.

Das heißt: Kunden maschinell und automatisiert zu behandeln widerspricht dem Selbstbild so ziemlich aller Unternehmen – außer manchen in der IT, bei denen die Gründer tatsächlich stolz darauf sind, „Tekkies" zu sein. Aber davon abgesehen, würde kein Unternehmen von sich behaupten, dass es Menschen wie eine Behörde behandeln und die Kundenorientierung mit Füßen treten *will*. Danach gefragt, ob das Unternehmen kundenorientiert handelt, dürfte vermutlich so ziemlich jedes Management antworten: Natürlich! Auch die Chefs des erwähnten Möbelhauses und der Leiter des Parkhauses in Münster dürften die Frage mit Ja beantworten, ob sie sich und ihr Handeln für kundenorientiert halten.

Wir haben es also mit einem krassen Delta zu tun, wenn es um das erwünschte und das tatsächliche Fremdbild von Unternehmen geht. Das Selbstbild ist meistens schick – aber weil niemand im Unternehmen die Performance des Unternehmens von außen wirklich erfasst, ist die gesamte Unternehmenskommunikation von einer riesigen Illusion bestimmt: der Illusion, kundenfreundlich zu kommunizieren, obwohl man genau das Gegenteil davon tut. Statt sich einfach und klar auszudrücken, wählen Unternehmen die absurdesten Wortgirlanden. Und statt sich menschlich zu verhalten, verhalten sie sich maschinell und wie Behörden.

Viele Unternehmen kommunizieren wie Obrigkeiten – obwohl das ihren Markenwerten widerspricht.

Spürbar wird dieses Delta dann, wenn der Vertrieb wie erwähnt zurückmeldet, dass er mit den bereitgestellten Unterlagen aus dem

Marketing nichts anfangen kann. Vertriebler haben Kundenkontakt, der Innendienst eher nicht. Spürbar wird es auch, wenn eine Reklamations-arie so in die Hose geht wie bei dem Möbelhaus – der Pressesprecher von dort hat mir mitgeteilt, dass der Vorgang intern durchaus Staub aufgewirbelt hat und man wohl einige „Lehren zieht". Mich freut das natürlich. Aber warum brauchen so viele Unternehmen erst einen Tritt, um in Bewegung zu kommen?

In jedem Fall ist die Kommunikation, genauer die Sprache, ein besonders symptomatischer Teil beim Thema Kundenorientierung. Wir alle denken, wir könnten sprechen und schreiben. Aber sofern wir professionelle Maßstäbe zugrunde legen, müssen wir leider sagen: Nur die Minderheit kann es tatsächlich. Die meisten Menschen kommunizieren *irgendwie* und denken zugleich, sie hätten eine professionelle E-Mail rausgeschickt – so wie sich auch die meisten Menschen *irgendwie* anziehen und denken, sie seien gut gekleidet. Ein Zufall ist es auch bei der Sprache nicht, es sind auch hier meist unbedachte und unbewusste Entscheidungen.

Die Schule bringt uns professionelle Kommunikation nicht bei

Warum die übliche Unternehmenssprache förmlich ist und wie ein Unternehmen zu einer menschlichen Sprache finden kann, haben die Führungskräfte und Mitarbeiter nicht in der Schule gelernt. Die Schule bringt uns das nicht bei – der Fokus des Bildungssystems liegt eher darauf, möglichst intellektuell zu klingen und keine Kommafehler zu machen. Eine pragmatische, wirkungsorientierte Sprache in dem Sinne, dass wir Informationen unzweifelhaft und zugleich freundlich vermitteln, ist ein eigenes Handwerk, das die Schule uns definitiv nicht vermittelt. Weil aber so gut wie niemand das Formulieren als Handwerk würdigt, entscheiden eben viele Manager über Formulierungen, obwohl deren Kompetenzen in völlig anderen Bereichen liegen.

In der Folge wirken zahlreiche Unternehmen – völlig unfreiwillig, ohne Not und völlig vermeidbar – äußerst kundenfeindlich.

Dass Unternehmen wie Obrigkeiten kommunizieren, ist erklärbar: Zu Beginn der Industrialisierung hingen Unternehmer mit der Obrigkeit eng zusammen. Damit meine ich nicht nur den reichen Großbauern, der mit dem Pfarrer und dem Lehrer zu den „Honoratioren" gehörte und im kleinen Kreis die Politik mitbestimmte, sondern ich meine damit auch die Verflechtungen von Industriellen zum Kaiserhof und zu Behörden. „Unten" angesiedelt waren die Arbeiter und die Untertanen. Wenn Unternehmen heute mit Kunden sprechen wie ein kafkaeskes Amt, dann kommt das historisch genau aus dieser Tradition. „Der Kunde" ist in diesem Selbstverständnis oft genauso Abschaum wie „der Bürger" oder „der Mitarbeiter".

Um es auf eine fiese Formel zu bringen: Die überaus komplizierte, umständliche und distanzierte Ausdrucksweise zahlreicher Unternehmen in Briefen und E-Mails ist Ausdruck von Menschenverachtung. Sie mag unbewusst geschehen, aber sie wirkt so. Und das ist nicht klug, denn am Ende leben alle im Unternehmen vom Geld des Kunden. Zudem ist es abstrus, denn jeder Einzelne der Protagonisten ist selbst einfach nur ein Mensch und ein Bürger und nicht wichtiger oder mehr wert als andere.

Hinter bürokratischer Sprache steckt Menschenverachtung – nicht nur wegen fehlender Barrierefreiheit.

Manche Leute versuchen allerdings, sich anhand einer Unternehmensmarke und einer formalisierten Sprache wichtiger zu machen, als sie sind – etwa bei Reklamationen verhalten sie sich nicht wie jemand, der Mist gebaut hat, sondern wie eine Majestät nach einer Majestätsbeleidigung. Diese Arroganz schreckt sehr viele Menschen ab und bewirkt natürlich auch entsprechende Bewertungen und Kommentare im Netz.

Auch die KI und Barrierefreiheit verlangen klare Sprache

Auf Dauer wird aber kein Weg daran vorbeiführen, die Unternehmenssprache zu vereinfachen und zu vermenschlichen – schon künstliche Intelligenz (KI) ist auf klare Worte angewiesen. Wenn Sie Siri sagen, sie soll Alexa abschalten, dann müssen Sie sich möglichst klar ausdrücken, weil Siri Sie sonst nicht versteht. Auch telefonische Sprachcomputer zeigen, wie wichtig eine einfache, klare Sprache im Zusammenhang mit künstlicher Intelligenz ist. Und geben Sie so manchen Satz aus einer Unternehmenskorrespondenz in einem automatischen Übersetzer ein, sehen Sie, wie KI an unnötig komplizierter Sprache scheitert.

Noch wichtiger ist für meine Begriffe der Integrations- und Inklusionsgedanke. Unternehmen wollen menschenfreundlich sein, weltoffen, sie treten für Vielfalt und Barrierefreiheit ein und sagen, sie seien tolerant. Und dann erschweren sie den Menschen das Verständnis durch eine unnötig komplizierte Sprache? Das kapiere ich nicht. Und ich verstehe nicht, warum den Unternehmen dieser Widerspruch nicht auffällt. Sobald Sie „Bezuschussung" sagen, obwohl Sie „Zuschuss" meinen, schaut ein Fremdsprachler im Wörterbuch unter „B" nach. Wie barrierefrei ist das? Und sobald Sie einen Monstersatz mit zahlreichen Nebensätzen im Passiv bilden, schließen Sie viele Fremdsprachler und Menschen mit geistigen Beeinträchtigungen aus.

Die störrische Sprache vieler Unternehmen ist alles andere als kundenorientiert – sie wirft im Gegenteil die Frage auf, was diese Unternehmen gegen Menschen haben. Umgekehrt ist die Folgerung simpel: Ein kundenorientiertes Unternehmen kommuniziert kundenorientiert. Es geht also beim Formulierungen nicht davon aus, was es sagen will, sondern davon, was ankommen soll.

Guter oder schlechter Service?

Anruf bei einer Tierklinik. Wir wollen nach einer Blutuntersuchung das Testergebnis für unsere Katze erfragen. Es ist Freitag, 14 Uhr.

Dass wir bei der in Google angezeigten Zentralnummer erst in der Pferdeabteilung landen, von wo man uns dann umständlich zur Kleintierklinik durchstellt – das sind wir schon gewohnt. Das ist jedes Mal so, das bestätigen auch die Mitarbeiterinnen dort als unvermeidlich. Niemand kommt auf die Idee, den Google-Eintrag zu korrigieren – was ja möglich wäre, wie in einem der vorigen Kapitel beschrieben.

Weisen wir darauf hin, hören wir allerdings nicht: „Oh, interessante Anregung, gute Idee, hier können wir wirklich die ‚Usability' der ‚Customer Journey' verbessern, das gebe ich mal weiter." Stattdessen hören wir sinngemäß: „Das ist leider so."

Diese überflüssige, zusätzliche Schleife, die mit einfachen Mitteln vermeidbar wäre, ist also bekannt. Und damit ist sie gewollt. Denn das Management ändert daran nichts trotz unserer Hinweise. Es ist dieser Tierklinik also vollkommen gleichgültig, dass ein etablierter Prozess dem Kunden den Kontakt erschwert.

So war es auch an diesem Freitag um 14 Uhr. Man stellte uns durch, und wir hörten eine ganze Weile Musik. Bis dann eine Dame ranging und uns sagte, wir sollten um 14:30 Uhr noch einmal anrufen. Man habe Mittagspause. Aha.

Um 14:32 Uhr haben wir den Prozess ein weiteres Mal durchlaufen. Dame 1 stellte uns durch. Dame 2 sagte, das Testergebnis liege vor und die Tierärztin rufe zurück, sobald sie aus der Mittagspause zurück sei.

Eine andere Situation: Nach langer Zeit treffe ich eine gute Freundin und Kollegin wieder. Wir sind in Berlin und gehen dort am Wannsee essen. Es ist ein sonniger, warmer Tag, wir sitzen auf der Terrasse.

Die Bedienung bringt uns zwei Speisekarten und nimmt schon mal die Getränkebestellung auf. Als die Bedienung wieder weg ist, sehen wir in der Speisekarte ein Einlegeblatt mit Pfifferlingsgerichten. Stimmt, die Pfifferlingszeit beginnt! Also wählen wir natürlich etwas Feines mit Pfifferlingen.

Die Bedienung kommt mit den Getränken und will die Essensbestellung aufnehmen. Wir sagen, was wir haben wollen. Darauf die Bedienung: „Pfifferlinge haben wir noch nicht."

Tja – es wäre ja einigermaßen clever, dann keine Pfifferlingskarte beizulegen.

Servicewüste DACH-Land

Wegen solcher Dinge nennt man Deutschland eine „Servicewüste" – wobei ich auch in Österreich und in der Schweiz jede Menge Service-Katastrophen erlebe. Von Aachen bis Zürich herrscht Servicenotstand. Warum weiß die erste Dame am Telefon der Tierklinik nichts von der Mittagspause, sondern stellt durch? Warum sagt nicht schon die Warteschleife, dass Mittagspause ist? Warum ist die Information „14:30 Uhr" nicht verlässlich? Warum zwingt diese Tierklinik ihre Kunden dazu, mehrmals anzurufen? Der Klinik ist es offenbar gleich, dass auch andere Menschen arbeiten und versuchen, solche Anrufe irgendwie in ihre Mittagspause einzutakten.

Der Grund für den schlechten Service in vielen Unternehmen ist meistens Gedankenlosigkeit.

Und die Bedienung im Restaurant verteilt Speisekarten, ohne zu wissen, was drin ist. Irgendjemand hat die Pfifferlingsblätter zu früh verteilt. Auf die Idee, dass es ein Fehler des Restaurants ist, falsche Karten zu verteilen, kommt sie nicht. Aus ihrer Sicht scheinen wir die dummen Gäste zu sein, die Pfifferlinge bestellen, obwohl es doch noch gar keine Pfifferlinge gibt. Wie kann man so ein Idiot sein und etwas bestellen, was wir gar nicht haben?

Die Dinge, die einen Service schlecht machen, sind oft erstaunlich einfach. Es sind keine komplizierten Prozesse, für die man ein Prozessmanagement-Tool bräuchte. Es sind vielmehr ganz kleine Dinge. Vielleicht sind diese Dinge zu klein. So klein, dass die Betreiber von Tierkliniken und Restaurants sie nicht sehen. Aber es sind eben Grundlagen. Meistens liegt der Grund in simpelster Gedankenlosigkeit.

Viele Hotels liefern die besten Gründe, um im Wohnmobil zu schlafen. Auch hier geht es nicht darum, dass das Personal nicht freundlich wäre. Das Personal ist überfreundlich! Es inszeniert jede Menge Empathie, versagt aber bei den Must-haves. Und damit ist die Freundlichkeit im Grunde nicht mehr zu gebrauchen. Und nein, die folgenden Beispiele habe ich nicht in üblen Absteigen gesammelt, sondern in ordentlichen Häusern, meistens Kettenhotels oder in sehr schicken inhabergeführten Szenehotels:

- Ich buche per E-Mail ein Hotelzimmer, und damit hat das Hotel meine Daten. Bei der Anreise am Nachmittag oder Abend gebe ich die Daten noch einmal an – auf dem Meldezettel. Ich füge hinzu, dass diese Adresse auch meine Rechnungsadresse ist. Damit kann die Rezeption die Rechnung theoretisch schon mal fertig machen, macht es aber nicht. Am nächsten Morgen ist anderes Personal an der Rezeption und fragt mich beim Auschecken nach meiner Rechnungsadresse. Also sage ich wieder: „Die Anschrift auf dem Meldezettel ist meine Rechnungsadresse." Mein Gegenüber sagt: „Aber das ist doch die private Adresse!" Ich antworte: „Das stimmt. Und es ist die Rechnungsadresse." Wieder sagt die Dame hinter dem Tresen: „Aber für die Rechnung brauchen Sie doch die geschäftliche Adresse!" Mir wird es zu bunt. In sicher mehr als hundert Hotels habe ich bisher versucht zu erklären, dass auch eine Meldeanschrift eine Rechnungsadresse sein kann. Dass Selbstständige wie ich außerhalb des Vorstellungsvermögens des Hotelpersonals liegen, ist schlimm genug. Also wiederhole ich einfach: „Die Anschrift auf dem Meldezettel ist meine Rechnungsadresse. Nehmen Sie die bitte?" Nachdem sich die meist sehr junge Angestellte überwunden hat, einfach nur dem Kundenwunsch zu folgen, diktiere ich meine Anschrift, denn niemand hat sie übertragen. Je nach Alphabetisierungsgrad des Personals braucht es dann bis zu drei Anläufe, bis meine Rechnung mit korrekter Rechnungsadresse vorliegt.

- Ich komme am Parkhaus eines Fünfsternehotels an, drücke den Knopf, fahre rein – alles voll. Wo soll ich parken? Warum ist das Parkhaus nicht als „besetzt" gekennzeichnet? Ich lasse mein Auto im Weg stehen, gehe zur Rezeption und frage, warum man mich in ein besetztes Parkhaus leitet. Man gibt mir ein Ausfahrtticket und sagt, es gebe noch ein zweites Parkhaus. Dort fahre ich hin. Als ich an der Schranke auf den „Ticket"-Knopf drücke, tut sich nichts. Per Handy rufe ich im Hotel an, und die Frau an der Rezeption öffnet die Schranke.
- Angekommen im Hotelzimmer, will ich mir einen Kaffee und ein Stück Kuchen aufs Zimmer bestellen. Aber wo soll ich bestellen? Auf dem Zimmertelefon am Bett sind keine Nummern an den Tasten markiert. Die übliche „9" für die Rezeption führt nirgendwohin. Also ruft der Gast per Handy „von außen" an. Erklärung: Die Telefonanlage sei neu. Interessant: Man hat die Anlage eingerichtet, aber aus Kundensicht nicht vollständig. Niemand hat am Ende geprüft, ob der Prozess funktioniert.

- In einem anderen Hotel will ich im Zimmer etwas essen. Wie üblich, greife ich zur Zimmermappe und schaue unter „R" wie „Restaurant". Doch den Eintrag gab es nicht. Das Hotel war sehr schick, die Texte in der Zimmermappe sichtbar von fröhlichen Profi-Textern verfasst – aber am Ende nicht anwendbar. Es gab Texte wie „Der Steirer" (es war in Graz), „Der Wein", „Der Wirt" – aber keine Karte. Ich rufe in der Rezeption an, und die Dame dort meint, sie müsse mir die Karte vorlesen. Ich wundere mich, aber gut. Am nächsten Tag bringt sie die Karte hoch und wartet, bis ich etwas ausgesucht habe. Dann nimmt sie die Karte wieder mit. Des Rätsels Lösung: Es gab in dem Hotel nur eine einzige Speisekarte für Zimmerbestellungen, und die lag an der Rezeption. Aber Hauptsache schickimicki.
- Kurz vor 20 Uhr komme ich ins Hotelzimmer, gerade angereist. Der Fernseher läuft, wie so oft: Wir sehen das Hotel von außen plus Logo, also eine bekannte Information. Ich nehme die Fernbedienung und drücke die „1" in der Hoffnung, die „Tagesschau" sehen zu können. Stattdessen kommt ein Werbespot für die Hotelkette. Ich rufe an der Rezeption an – dort kannte man das Problem nicht, eigentlich müsste beim Druck auf die „1" das Programm „Das Erste" kommen. Ich bitte jemanden hoch. Eine Dame kommt und überzeugt sich selbst – sie hätte mir gern glauben können. Es gelingt auch ihr nicht, den Fernseher einzuschalten.
- Ich will meine Wertsachen im Zimmertresor einschließen, aber ich kapiere die Bedienungsanleitung nicht, die auf laminiertem Papier danebenliegt. Wo genau soll ich eine Kreditkarte durchziehen? Es gibt keinen Kartenschlitz. Ich rufe die Rezeption an, die Rezeption stochert eine Weile im Nebel, bis der Mitarbeiter begreift,

dass er sich den Tresor anschauen muss. Viele Ansprechpartner in Unternehmen glauben dem Kunden nicht, was er sagt – sie verstehen die Situation erst, wenn sie sie real erleben. Der Mann kommt hoch und stellt fest: „Oh, das ist ja noch eine alte Beschreibung. Wir hatten die Tresore ausgetauscht." Aha. Das muss man wissen. Clever wäre es, den Prozess zu Ende zu denken und auch die Anleitungen auszutauschen.

- Ein Spitzen-Seminarhotel, ich reise abends müde an. Mit mir passiert nichts mehr, ich falle erschöpft ins Bett. Um 20:50 Uhr kratzt es an der Tür. Ich rufe: „Nein!" Es klopft. Na gut, ich öffne. Eine Hausangestellte im Pinguin-Look kommt herein und sagt, sie wolle „das Bett aufdecken". Ich liege bereits im Bett und werfe die Frau raus. Tags drauf behauptet die Dame an der Rezeption, „die Gäste" wollten so etwas. Ich habe das in mehr als 20 Jahren in Hotels nicht erlebt – ich will es nicht. Ich will einfach nur übernachten.
- Wir kommen zu zweit in unseren Seminarraum. Es ist Sommer, 8:30 Uhr, um 9 Uhr geht das Seminar los. Innentemperatur: 30 Grad Celsius. Das entsprach exakt der Einstellung des Thermostaten. Lösung: Das Hotelpersonal wusste nicht, dass man bei diesem Thermostaten – wie auch bei einer Klimaautomatik im Auto – die Zieltemperatur einstellt. Und nicht die Höchsttemperatur in der irrigen Hoffnung, dass es dann schneller warm wird.

Und so weiter und so weiter. Lauter wesentliche Dinge funktionieren nicht – aber Hauptsache, das Personal lächelt freundlich und das WC-Papier ist hübsch gefaltet. Allein mit Hotelkatastrophen könnte ich ein Buch füllen. Die Kernpunkte scheinen immer wieder zu sein:

- Absurdeste Regeln stehen über dem Sinn des Unternehmens. Mitarbeiter führen stumpf Regeln aus und folgen absurden Prozessen, statt ergebnisorientiert zu denken und zu handeln.
- Der Kunde ist nicht König, sondern lästig. Er ist nach Schema F zu behandeln.
- Die einfachsten Abläufe sind nicht klar und einfachste Informationen wie Telefonnummern fehlen.
- Niemand prüft die Prozesse aus Kundensicht.
- Die ganze in Seminaren erprobte Freundlichkeit hat keinen Sinn, wenn das Produkt nicht funktioniert.

Ich verstehe es gut, dass zahlreiche Kolleginnen und Kollegen in der Trainer- und Speakerszene aufs Wohnmobil umgestiegen sind – Stefan Frädrich ist ein Beispiel. Natürlich spricht er immer noch vor Publikum in Hotelsälen, aber er übernachtet in seinem Wohnmobil, oft auf dem Hotelparkplatz. Sollte sich darüber jemals irgendein Hotel beschweren, geht dieser Umsatzbringer woanders hin. Und so ist es eben: Gute Leute sind da, wo man sie sein lässt, wie sie sind. Sobald sie jemand absurden Regeln unterwerfen will, sind sie weg.

Und ich finde das völlig nachvollziehbar: Wer oft in Hotels übernachtet, hat keine Lust mehr, jeden Morgen beim Frühstück Schlange zu stehen, um brav seine Zimmernummer aufzusagen, wobei Vielreiser ihre Zimmernummern verschiedener Übernachtungen auch mal durcheinanderbringen. Es gibt – aus Sicht von Geschäftsreisenden wie mir – keinen einzigen Grund, zu glauben, ich sei ein Zechpreller. Dieses ständige Misstrauen geht vielen Kollegen auf den Senkel, sodass sie lieber in kleinen Pensionen absteigen. Denn selbst wenn der Kontrollwahn gerechtfertigt wäre, könnte man die Zimmernummer immer noch am Tisch abfragen. Wer das alles nicht begreift, sind die Manager dieser Hotels.

Natürlich gibt es auch tolle Hotels, ganz ohne Frage. Und bei denen gilt: Habe ich in irgendeiner Stadt einmal ein gutes Hotel gefunden, das mich mit solchen Problemen in Ruhe lässt und das ganz einfach funktioniert, dann bleibe ich bei diesem Hotel. Weshalb sollte ich in dieser Stadt ein anderes Hotel testen, wenn die Wahrscheinlichkeit viel zu hoch ist, dass ich dort eine Enttäuschung erlebe?

In Servicewüsten-Branchen haben es alternative Anbieter schwer: Wir halten an guten Anbietern fest.

Der Denkfehler beim klassischen Servicegedanken

Natürlich: Das Ganze betrifft auch andere Branchen. Der Service funktioniert in vielen Branchen nicht. Hotellerie und Gastronomie sind einfach großartige Beispiele, weil der Service dort eine Hauptrolle spielt. Hier ist die Servicequalität ein Kriterium, um auch mal den Dienstleister zu wechseln: Wenn ein Anbieter – gleich welcher Leistung – konsequent die Kundensicht ignoriert, orientieren sich die Kunden auf Dauer um.

Sollte nun so ein Hotel – oder auch ein anderes Unternehmen – schlecht laufen, dann neigen manche Manager dazu, den Service zu schulen. Dabei ist Vorsicht angebracht: Wenn der „Servicegedanke" fehlt, dann geht es dabei meistens nicht um fehlende Freundlichkeit. Nett sind die Mitarbeiterinnen und Mitarbeiter in Hotels inzwischen fast alle. Wichtig ist, hier die richtige Dimension von „Service" zu erwischen, wenn es um die Schulung von Personal geht.

Kundenorientierung heißt, den Kunden zu überraschen? Viele Kunden mögen keine Überraschungen.

Konvergent gedacht heißt „Service" zum Beispiel, den Kunden „immer wieder zu überraschen". Und darin lassen dann manche Manager ihr Personal schulen. Aber ich sage Ihnen ganz ehrlich: Profi-Übernachter in Businesshotels sind eigentlich eher froh, wenn sie *keine* Überraschungen erleben. Na gut: Eine „Überraschung" – sagen wir mal Schokolade für alle – ist lieb und nett, ja. Sie bringt aber überhaupt nichts, wenn der Beamer nicht funktioniert und kein Techniker greifbar ist.

Clevere oder dumme IT?

Das Softwareunternehmen SAP unterhält seit 2013 das Recruitingprogramm „Autism at Work".[46] Gemeint ist damit tatsächlich die medizinische Diagnose, nicht die landläufige Bedeutung des Wortes „Autismus". In einem IT-Unternehmen sind Autisten tatsächlich besonders gefragt. Über den Mitarbeiter Matthew aus Vancouver schreibt SAP auf der Website: „Als Autist bringt er als Mitglied unseres Teams für Global Technology Legal Compliance seine einzigartigen Talente bei der Überprüfung des Codes ein."

Bei allem Respekt vor der Würde der Betroffenen: Was die unterschiedlichen Denkweisen angeht, ist Autismus konvergentes Denken in Reinform. Als Konzept hat der Autismus nichts Kreatives oder Musisches, er ist nicht freundlich oder menschlich. Sicher gibt es kreative und freundliche Autisten, aber die typischen Wesensmerkmale sind das nicht. Wenn SAP Autisten beschäftigt, erwartet das Unternehmen keinen Humor, keine Teamfähigkeit, keine Emotionen und kein Einfühlungsvermögen, sondern rein kognitive Fähigkeiten, vor allem im Umgang mit Informationen.

In dem Film „Rain Man" von 1988 gibt es die berühmte Szene, in der ein Haufen Zahnstocher auf den Boden fallen. Der Autist Raymond (Dustin Hofmann) blickt zu Boden, hat sofort die Anzahl ermittelt und sagt: „82, 82, 82." Um diese Kompetenzen geht es, zugespitzt betrachtet. Code zu überprüfen ist eine der Aufgaben, für die Autisten aufgrund ihres extrem leistungsfähigen Denkvermögens wie geschaffen sind.

Doch ist das eben nur eine der Kompetenzen, die in der IT nachgefragt sind, und es ist nicht einmal die wichtigste. Was geschieht, wenn so ein „Rain Man" im Support arbeitet? Genau das, was Sie und ich im Umgang mit IT-Unternehmen immer wieder erleben. Ich hatte Ihnen eingangs von dem Supportmitarbeiter berichtet, der mir allen Ernstes einen Link zu einem 500 Seiten starken PDF geschickt hat – ich kann es ihm nicht verübeln. Er denkt so. Er ist tatsächlich der Überzeugung, dass sich ein Kunde ebenso für Details interessiert wie er. Es gehört zu seinem Wesen.

Das konvergente Denken ist ein Wesensmerkmal der IT. Daher sollte sie Divergenzdenker anheuern.

Und er erfasst eine simple Sache nicht: Er als Supportmitarbeiter *verdient Geld* dabei, wenn er sich in Probleme hineindenkt, die sein Unternehmen verursacht. Der Kunde aber *bekommt kein Geld* dafür, sich mit den Problemen zu befassen, die ein IT-Unternehmen verursacht. Im Gegenteil – der Kunde *verliert* Ressourcen bei der Suche nach einer Lösung, die eigentlich intuitiv findbar sein sollte.

Dieser Verlust vor allem von Zeit und Energie aufseiten des Kunden ist natürlich ein Grund dafür, dass Kunden ungehalten reagieren, wenn ein Unternehmen ihre Sichtweise mit Füßen tritt und dem Kunden ständig Fallen stellt. Menschen ärgern sich nun einmal, wenn Anbieter ihre Prozesse nicht durchdenken und keine anwendbaren Oberflächen bereitstellen. Aus Kundensicht ist IT in vielerlei Hinsicht ein grundlegendes Problem: Ursprünglich ging es darum, das Leben durch IT zu vereinfachen, aber in der konkreten Umsetzung erschwert IT das Leben sehr oft. Oft stört IT sogar massiv beim Arbeiten.

Die Haltung des Supports wirkt dann oft so wie die zuvor erwähnte Anmaßung, eine Obrigkeit zu sein: „*Sie* wollen doch etwas von *mir*", blafft mancher Servicetechniker oder Supportmitarbeiter einen Kunden mitunter an und verkennt dabei komplett die Lage. Denn es ist genau andersherum: Das Unternehmen sollte bitte seine Hausaufgaben machen und von vornherein eine funktionierende Struktur zur Verfügung stellen. Dem Kunden das volle Geld abknöpfen, die Leistung nicht auf die Reihe bringen und dann dem Kunden ins Gesicht sagen, er sei doch hier der Bittsteller – das ist Kundenfeindlichkeit in höchster Vollendung.

Der Support vieler IT-Unternehmen kapiert nicht, dass das Unternehmen mit seinen undurchdachten Entwicklungen seinen Kunden die Zeit raubt und für diese Frechheit im Grunde Schadenersatz zahlen sollte. Und das liegt daran, dass das Einfühlungsvermögen in der IT-Branche nun einmal rar gesät ist. Es ist ebenso selten wie das divergente Denken oder die Fähigkeit zum Perspektivenwechsel. Das wiederum liegt in der Natur der Sache: IT ist nun einmal etwas für konvergente Detail- und Prozessdenker.

Wenn bei der detailtreuen IT die Details nicht stimmen

Lassen Sie mich auch hier einige Erfahrungen auflisten:

- Auf eine Anfrage an ein IT-Unternehmen über ein Kontaktformular kommt zwar eine Antwort, aber diese Antwort ist nicht als Antwort zu erkennen. Denn die E-Mail-Adresse gehört zu einer völlig anderen Domain. Zudem ist die Betreffzeile kryptisch. Der Kunde erkennt die E-Mail als Spam und löscht sie. Hier prüft das Unternehmen nicht, wie sich seine Nachrichten aus der Perspektive des Empfängers darstellen, sagt aber hinterher: „Wir haben Sie doch informiert". Ein klarer Fall des Anspruchs, der Kunde könne Gedanken lesen.
- Prozesse führen den Anwender in Sackgassen oder im Kreis herum. Hier versäumen die Entwickler den Plausi-

bilitätstest aus Anwenderperspektive. Prozesse sind angedacht, aber nicht zu Ende gedacht, und auch nicht vom Ergebnis her getestet. Irrig denken die auf sich selbst bezogenen Entwickler, die Prozesse würden laufen.

- Nachdem Sie etwas so installiert haben, wie es vom Hersteller gedacht ist, funktioniert es immer noch nicht – Sie müssen erst zusätzliche Elemente installieren, die im Grunde schon Teil des Pakets sein müssten. Hier übertragen die Entwickler ihr Detaildenken auf den Kunden, obwohl der ein funktionierendes Produkt will. Der Anbieter übersieht die Kundensicht insofern, als eine Installation mit wenigen Mausklicks vollständig sein sollte. Komponenten, ohne die das Ganze nicht funktioniert – wie beispielsweise eine Datenbank im Zusammenhang mit einer Wordpress-Installation – sollten sich automatisch mit installieren und keine umständlichen Zusatzelemente sein.
- Begriffe sind Kraut und Rüben: Sie buchen das Produkt „Business", aber wenn Sie ein Update suchen, finden Sie den Terminus nirgendwo. Stattdessen ist die Rede von „Plus". Der Support verrät Ihnen, alle Produkte seien „Plus", und „Business" sei eine Unterkategorie. Hier verkennen die Entwickler wieder, dass Menschen keine Gedanken lesen können und dass Bezeichnungen klar sein und beibehalten werden sollten. Dass niemand aus Begrifflichkeiten schlau werden kann, wenn die Urheber nicht vollkommen klar damit sind, verstehen viele Technokraten nicht. Sie erwarten allen Ernstes, dass der User ihre verzweigten Gedanken aus der Entwicklungsphase kennt und nachvollzieht.
- Fehlermeldungen sind völlig kryptisch – kein normaler User kann sie nachvollziehen. Um die Fehlermeldung zu verstehen, bedarf es eines Anrufs beim Support, was

völlig unsinnig ist, da gute Fehlermeldungen dem User selbst sagen, was er wo einstellen muss.
- Viele Fehlermeldungen enthalten Fehlercodes, aber der Support kann mit der Nummer nichts anfangen – obwohl es genau dieses Unternehmen ist, das die Software programmiert hat und damit auch den Fehlercode kennt. Hier ignoriert das Unternehmen den Prozess beim Troubleshooting aus Kundenperspektive und versagt beim Umgang mit Informationen.

All diese Beispiele haben etwas gemeinsam: In jedem dieser Fälle fehlt dem Unternehmen die Fähigkeit zum Perspektivenwechsel. Zugleich ist die Kundenperspektive aber nötig, wenn ein Geschäft erfolgreich sein soll.

Gut: Die großen IT-Riesen laufen auch ohne Usability. Aber wenn ein Gründer mit einer genialen IT-Idee auf den Markt will, ist er gut beraten, sich einen empathischen Partner dazuzuholen. Und es wäre natürlich schön, wenn auch etablierte IT-Unternehmen begreifen, dass sie für die Usability von Oberflächen und die Funktionalität von Prozessen aus User-Sicht eine Art Herzlichkeitsbeauftragten brauchen, der das ganze Geschehen aus Kundensicht beobachtet und prüft – so wie Fachleute Redakteure brauchen. Ich weiß, dass das aus zwei Gründen tricky ist:

- Häufig wissen Menschen mit Defiziten nicht, dass sie ein Defizit haben. Gerade hoch spezialisierte Fachleute glauben ja, sie hätten alles, was sie für ihren Geschäftserfolg brauchen.
- Gute Leute – also Menschen, die außerhalb ihrer eigenen kleinen Welt denken können – sind schwer zu bekommen.

Der Kurs für Mac, der auf Mac nicht läuft

Den Vogel abgeschossen hat ein Kauf im Jahr 2021. Im August habe ich einen Lernkurs gekauft, laut Verkaufsseite „für Mac". Ich bezahle und lade eine zip-Datei herunter. Klicke ich die doppelt, zeigt sich Software für Mac dann üblicherweise als dmg-Datei, die man dann installiert. Doch durch den Doppelklick startete keine Installation, sondern es entstand ein völlig chaotischer Ordner mit Dateien und weiteren Ordnern namens „Adobe AIR", „assets" und „config" – alles wirkte nicht wie für Mac, sondern eher wie für Windows: ein nach Microsoft-Art unverständlicher Dateienwust. Von Entwicklern für Entwickler eben, ohne Empathie für Anwender.

Im Chaos: eine Datei namens „Tutorial.app". Dieses Suffix zeigt ein Programm an, das auf dem Mac läuft. Ich klicke die Datei doppelt und erhalte die Meldung: „‚Tutorial.app' muss aktualisiert werden. Der Entwickler muss diese App aktualisieren, damit sie mit dieser Version von macOS funktioniert. Weitere Informationen erhältst du beim Entwickler."

Hatte ich nicht einen Lernkurs für Mac gekauft? Auf die Reklamation reagiert der Chef des kleinen Unternehmens in Schwabach selbst: Man sei „bereits" dabei, für die Betriebssysteme Catalina aufwärts ein Update bereitzustellen. „Bereits"? Catalina war seit Oktober 2019 auf dem Markt! Wir haben August 2021! Will der mich für dumm verkaufen? Was soll dieses irreführende und kundenverachtende Wort „bereits"?

Kundenorientierung ist nicht, wenn wir den Kunden mit irreführender Rhetorik einseifen.

Diese Art zu denken ist ein großes Problem in der IT. Es ist, als kaufe man ein Auto, aber es gibt keine Möglichkeit, es zu starten. Mit so einer unausgereiften Idee geht ein empathischer Mensch niemals auf den Markt.

Auch ein weiteres typisches IT-Element kam hinzu: sinnloses Gedöns. Der Chef schrieb, ich könne (Tippfehler im Original) „die

Videos komfortabel über die Max OSX eigene ‚App AppleTV'" abspielen. In einem Infovideo sei zu sehen, „wie einfach das geht" – und er verlinkte ein Youtube-Video. Warum ich das Ganze „Gedöns" nenne? Weil es erstens kein strukturiertes Troubleshooting war, sondern „deutsche Wurstigkeit". Und zweitens, weil das alles am Ende unnötig war. Ich war davon ausgegangen, ich bräuchte die Software, weil es wie in anderen digitalen Trainings interaktive Elemente gibt – weshalb auch sonst der Aufwand mit der App? Am Ende aber bestand der Lernkurs nur aus Videos, also simplen MP4-Dateien. Diese Dateien klickt man auf jedem normalen Mac einfach doppelt, und sie starten im Programm „QuickTime". Dazu braucht niemand Apple TV. Auch das Update, von dem der IT-Unternehmer sprach, ist entsprechend unsinnig. Hätte ich mich weiter darum gekümmert und wäre ich den Anleitungen dieses Mannes gefolgt, hätte mich das vor allem Zeit gekostet. Ob es dadurch funktioniert hätte, weiß ich nicht.

Aber das ist eben IT: Man schickt die Leute auf unnötige Reisen und auf Holzwege. Ganz offenbar waren die kognitiven Fähigkeiten des Machers über die notwendigen Anforderungen hinausgaloppiert – ein typisches Muster in der IT-Industrie. Eigentlich hätte er längst wissen müssen, wie ein User MP4-Dateien auf einem Mac anschaut, aber es hat ihn eben nicht interessiert, weil es mutmaßlich nicht seinem Weltbild entsprach. Auch Raymond in „Rain Man" hält zwanghaft an sinnlosen Abläufen fest.

Hilfeseiten als Abgründe von IT-Versagen

Nehmen Sie sich einfach mal die Hilfeseiten eines großen IT-Unternehmens vor. Mit „groß" meine ich „richtig groß". Nehmen Sie die Big Player. Alle haben Hilfeseiten. Stöbern Sie mal durch. Wissen Sie, worauf Sie da stoßen? Auf massenhaft Probleme, die das Unternehmen produziert und mit denen sich Kunden auf eigene Kosten herumschlagen dürfen.

Hilfeseiten von IT-Unternehmen sind voller Issues, die es eigentlich gar nicht geben dürfte. „Wie lösche ich eine Freundschaftsanfrage?“ ist so eine Frage bei einem Anbieter. Intuitiv gedacht, müsste die Freundschaftsanfrage ein Hamburger-Menü haben (also die drei parallelen waagerechten Striche), und darunter sollte die Option „Anfrage löschen“ zu finden sein. Tatsächlich aber muss der User einen bestimmten URL ansteuern und dort die entsprechende Anfrage finden und löschen. Auf den Hilfeseiten zu einer Bildbearbeitungssoftware gibt es eine Suchmaske, aber die Eingabe „freistellen“ führt zu keinem Ergebnis.

Und so weiter. Auf der Suche nach Lösungen suchen sich User dumm und dämlich, weil erschreckend viele Akteure in der IT-Industrie nicht in der Lage sind, ihre Produkte aus Nutzersicht zu betrachten. Wäre die IT-Industrie kundenorientiert, gäbe es diese Unmengen von Hilfeseiten nicht. Die Macher würden die Oberflächen so designen, dass User sofort intuitiv finden, was sie suchen. Indem sich die Entwickler in die Anwenderperspektive versetzen, würde ihnen auch sofort klar, dass beispielsweise die Änderung der Rechnungsadresse intuitiv möglich sein sollte.

Und kennen Sie es, wenn Sie beim Suchen nach Problemlösungen auf uralte Seiten stoßen? Tja: Es gibt namhafte IT-Riesen, die ihre Hilfeseiten nicht aufräumen. Auch in Foren, oft bereitgestellt von den IT-Anbietern, stoßen User oft auf dummes Zeug, eingetippt von anderen Usern, die das Problem des Threaderöffners nicht erfassen, weil sie nicht richtig lesen können. Und da räumt niemand auf.

Alles das passiert nicht, wenn jemand divergent denkt und die Kundenperspektive einnimmt. Das wiederum wäre ein Wettbewerbsvorteil für Gründerinnen und Gründer: Sie könnten das Thema Software einmal kundenorientiert angehen.

Die Bürgerbrille

Über den öffentlichen Dienst hatte ich in den vergangenen Kapiteln immer wieder geschrieben. Der öffentliche Dienst ist eine ganz eigene Welt, in der zahlreiche ökonomische Ansprüche und Prinzipien nicht gelten. Aus Sicht von Geschäftsleuten handelt es sich bei den allermeisten Bereichen des öffentlichen Dienstes um Paralleluniversen.

Was im öffentlichen Dienst abläuft, ist ohne Verständnis für Metaphysik und Parapsychologie manchmal kaum zu verstehen. Zugleich wünschen sich so ziemlich alle Geschäftsleute, mit denen man spricht, vom öffentlichen Dienst mehr Interesse und Sinn für das, was wir hier machen – Werte schaffen, um Steuern zu erwirtschaften, damit unser Gemeinwesen überhaupt funktioniert. Man wünscht sich sozusagen, dass die öffentliche Verwaltung die Bürgerbrille aufsetzt und die Belange der Menschen sieht.

Ich habe einen guten Freund in Berlin, der leider manchmal seine Post nicht bearbeitet. Er mag seine Gründe dafür haben, ich mache es anders, aber bei ihm bleiben Dinge eben manchmal liegen.

Und so bekam er im November 2020 von der Bußgeldstelle des Polizeipräsidenten in Berlin eine „Schriftliche Verwarnung mit Verwarnungsgeld / Anhörung". Er habe am 13. Oktober 2020 „von 15:24 Uhr bis 18:28 Uhr in 10781 Berlin Winterfeldtstr. hinter PSA 55048" eine Ordnungswidrigkeit begangen.

„PSA 55048"? Meint der Polizeipräsident den Prostatakrebsmarker? Oder den Peugeot-Hersteller „Peugeot Société Anonyme"? Eine Personal-Service-Agentur? Eine „persönliche Schutzausrüstung"? Oder Phthalsäureanhydrid? Oder das gute alte Postsparkassenamt? Der öffentliche Dienst kommuniziert oft wie die IT: Man setzt Begriffe voraus, die wir nicht verstehen *können*.

Vermutlich – aber auch das wissen wir nicht sicher – ist ein „Parkscheinautomat" gemeint, der eben die Nummer 55048 hat.

Denn darum geht es: Mein Kumpel habe dort ohne gültigen Parkschein geparkt. „Zeuge/in / Anzeigende/r" sei ein oder eine „ANG-PRK", es folgt ein Nachname, und dann steht da noch das Gestammel „I. BA TEMPSCHBG ORDNUNGSAMT". Eine Ausdrucksweise, die nach Maßstäben der Kundenorientierung ein wenig zu wünschen übrig lässt: Ordentliche Sprache geht anders, Höflichkeit geht anders. So schnoddrig geht man nicht mit Menschen um.

30 Euro sollte er zahlen, mein alter Kumpel, für mehr als drei Stunden Parken ohne Parkschein. Sein Parkschein war abgelaufen, und die Arbeit an einem seiner Einsatzorte hatte sich ein wenig verzögert.

Ich hätte die 30 Euro überwiesen. Mein Kumpel hat den Brief liegen gelassen. Der Brief lag und lag und lag. Am 13. Februar 2021 dann kam ein „gelber Brief", also eine „förmliche Zustellung". Schon der Briefumschlag ist ein Formular. Angekreuzt unter „Weitersenden innerhalb des" war „Inlands". Es ist eine fragmentierte, gestotterte Sprache. Die Bußgeldstelle des Polizeipräsidenten schrieb erneut. Betreffzeile: „Kostenbescheid". Wörtlich heißt es darin: „Das in dieser Sache anhängige Bußgeldverfahren ist eingestellt worden." Nach § 25a StVG erlege man meinem alten Freund die Kosten des Verfahrens auf, „da die Feststellung des Führers des Kraftfahrzeugs, der den Verstoß begangen hat, nicht vor Eintritt der Verfolgungsverjährung möglich war oder einen unangemessenen Aufwand erfordert hätte."

Kosten: Zu 20 Euro „Gebühr" kamen 3,50 Euro „Auslagen" – ohne dass irgendwie nachzuvollziehen wäre, wer wofür 3,50 Euro ausgelegt hatte. Macht summa summarum 23,50 Euro. Mein Kumpel überwies. Von den gesparten 6,50 Euro holte er sich einen Döner und ein Bier.

Das ist der öffentliche Dienst. So läuft es da. Es ist das Paradies der „deutschen Wurstigkeit". Der öffentliche Dienst denkt in Regeln. Die gibt er vor. Widerspricht die Realität einer Regel, startet ein Prozess. Stockt ein Prozess, geht es nicht auf einem anderen

Weg weiter – es gibt keinen Workaround. Sondern dann hängt sich das System auf wie eine defekte Software. Und niemanden kümmert es. Dass die Behörde zu lahm war, um die 30 Euro einzutreiben? Hat keine Folgen. Es ist eben eine Verwaltung.

Bürgernähe ist Kundenorientierung aus der Sicht staatlicher Stellen.

Und in Berlin ein Auto zulassen? Die Zulassungsstellen waren lange Zeit berühmt dafür, dass der Staat in Berlin versagt. Im Sommer 2019 meldete *Der Tagesspiegel*, in Berlin ein Auto zuzulassen gehe nun deutlich schneller, es dauere nur noch fünf Tage. Ein Jahr zuvor seien es noch bis zu sechs Wochen gewesen.[47] Und auch heute noch gibt es Warteplätze auf dem Schwarzmarkt.

Dem öffentlichen Dienst ist das egal. Die Leute dort fangen morgens an und hören abends auf. Wie lange ein Vorgang aus Bürgersicht dauert, ist der Behörde völlig gleich.

Mein Berliner Kumpel erlebt mit der Behörde übrigens immer wieder kuriose Geschichten. Beispielsweise brechen immer wieder irgendwelche schweren Jungs seinen VW-Bus auf. In zwei Fällen wurde der Täter jeweils gefasst – einmal durch meinen Kumpel selbst auf frischer Tat: Er hat den Täter niedergeschlagen und gemäß § 127 Absatz 1 StPO vorläufig festgenommen. Die Staatsanwaltschaft hat die beiden Fälle – es waren unterschiedliche Täter – nach Art der Berliner Behörden behandelt: Das Verfahren gegen Täter Nummer 1 hat sie eingestellt, weil gegen ihn noch nichts vorgelegen hatte. Das Verfahren gegen Täter Nummer 2 hat sie eingestellt, weil gegen ihn so viel vorlag, dass es auf diese eine Tat nun auch nicht mehr ankam.

Würden Menschen in normalen Berufen so handeln – also in Berufen, in denen man unter ökonomischen Bedingungen arbeitet –, würde sie ein fürsorglicher Arbeitgeber hurtig wieder dem Arbeitsmarkt zuführen, um die Kompetenzen, die sie in anderen Bereichen haben, der Volkswirtschaft nicht vorzuenthalten.

Warum der Bürokratieabbau scheitert

Und so langsam nähern wir uns dem Kern des staatlichen Denkens und Handelns. Dieses Denken und Handeln ist dem Umgang mit Realität, wie er sinnvoll wäre und wie man ihn in gesunden Unternehmen findet, völlig entgegengesetzt.

Ein Unternehmen setzt sich Ziele. Also Umsatzziele, Wachstumsziele, was auch immer. Wie das jeder normale Mensch macht: Menschen wollen Abitur machen, studieren, einen Job bekommen, eine Familie gründen, eine Firma gründen, abnehmen – Menschen setzen sich ständig Ziele und schauen dann, wie sie sie erreichen. Sind die Ziele definiert, schauen normale Menschen und gesunde Unternehmen, wie sie diese Ziele erreichen. Ein Unternehmen setzt dazu Ressourcen ein: Geld, Zeit, Manpower. Um die Ziele zu erreichen, etabliert das Unternehmen ein Prozessmanagement. Führen die Prozesse nicht zum Ziel, werden sie optimiert. So wie man eine Wanderroute anpasst, wenn das Wetter umschlägt.

Bürokratieabbau gelingt nicht, solange der Staat nicht ergebnisorientiert denkt.

Der Staat dagegen legt seinem Handeln keine Ziele zugrunde, sondern Regeln. Regeln sind manchmal auch zielorientiert und führen auch irgendwohin, wie das beispielsweise Lenkungssteuern tun, also Steuern, die auf das Verhalten der Bürger einwirken sollen. Aber wenn Regeln ihre Ziele verfehlen, hat das beim Staat keine Folgen. Oftmals bleiben Regeln dennoch bestehen – einmal etabliert, gelten sie. Die Prozesse, die diese Regeln anstoßen, mögen so sinnlos sein, wie sie wollen – sie haben Rechtskraft und sind für alle Menschen im Land bei Strafe verbindlich.

Das heißt, die Logik des Staates ist der Logik eines Unternehmens genau entgegengesetzt. Bei beiden gibt es Prozesse. Aber während Unternehmen ihre Prozesse an einem Ergebnis ausrichten, also im zeitlichen Ablauf vom Ende her denken, setzt der Staat den Prozessen etwas voran. Ein Unternehmen definiert ein

Ziel, der Staat definiert eine Prämisse. Das Wort „Vorschrift" sagt bereits, dass das entscheidende Element *vor dem Prozess* steht. Im unternehmerischen Denken steht das entscheidende Element *am Ende des Prozesses* – es ist das Ziel.

Übersetzen wir „Vorschrift" wörtlich ins Lateinische, landen wir bei „Programm": Etwas ist programmiert, also vorgegeben, und gemäß diesem Programm läuft der Prozess dann ab. Auch deswegen sind sich staatliches Handeln und das Handeln von IT-Unternehmen und IT-Abteilungen in vielem so ähnlich: Beide zeigen völliges Unverständnis, wenn ein Anwender Prozesse aus der Ergebnisperspektive kritisiert. Sowohl der Staat als auch die IT schieben die Schuld für das Misslingen von Prozessen gern auf den Bürger beziehungsweise Anwender – obwohl es nicht am Bürger oder Anwender liegt, wenn Prozesse nicht durchdacht sind und de facto nicht funktionieren.

Und so läuft staatliches Handeln rein konvergent gedacht ab: Behörden wie das Ordnungsamt oder die Polizei schauen im Kern nur danach, ob die Realität der Prämisse entspricht, also den Regeln, der Rechtslage. Findet sich da ein Delta – also widerspricht die Realität der Rechtslage –, dann schreit der Staat: „Fehler!" Das Merkmal „Fehler" wiederum führt in der staatlichen Logik zu einer Sanktion, und ergo verhängt der Staat Bußgelder und Strafen.

Ob das Ganze sinnvoll ist, also ob der Rückbau von Parkplätzen in einer Stadt wie Berlin dazu führt, dass die Leute weniger Auto fahren, obwohl Handwerker wie mein Kumpel schlichtweg ihr Auto *brauchen* und unterwegs sein *müssen*, fragt sich der Staat nicht. Es ist der Verwaltung vollkommen gleichgültig, ob es zu wenig Parkplätze gibt. Die Sinnfrage stellt der Staat nicht – jedenfalls nicht auf der Ebene der Behörden, die politische Vorgaben lediglich umsetzen.

In der Folge sind Behörden wie die Polizei auch nicht wirklich präventiv tätig – sie sind erst dann „zuständig", wenn die Sachlage der Rechtslage widerspricht und beispielsweise eine Straftat vorliegt. Vorher nicht. Empfindet also jemand einen bestimmten Menschen als gefährlich, kann der Staat aufgrund seiner Regelorientierung erst dann etwas unternehmen, wenn schon etwas geschehen ist. Ein Unternehmen würde viel früher intervenieren, um das unerwünschte Geschehen zu verhindern.

Und das ist der Grund, weshalb bis heute kein nennenswerter Bürokratieabbau gelungen ist: Das Denken in Prämissen ist komplett inkompatibel mit Bürgernähe. Wir können politisch lang und breit über Bürokratieabbau debattieren, wie wir wollen: Solange der öffentliche Dienst regelorientiert statt ergebnisorientiert denkt, ist es unmöglich, die Bürokratie in ihren krebsgeschwürartigen Wucherungen einzudämmen. Denn an jeder Regel, die der Staat etabliert, hängt wieder ein Rattenschwanz von absurden Prozessen und oft auch neuen Behörden. Es gibt sogar ein Bundesverwaltungsamt. Es gibt ein Bundeszentralamt für Steuern, obwohl es Finanzämter gibt. Und, und, und. Rein regel- und prozessorientiert gedacht, ist es nicht möglich, Prozesse zu optimieren, die sich aus Regeln ergeben. Es wäre ein grundlegendes Paradoxon. Denn jeder Versuch des Staates, die Bürokratie einzudämmen, würde eine neue Regel voraussetzen, der dann wieder ein Prozess folgt. Deutlich würde das durch ein eigens geschaffenes „Bundesministerium für Bürokratieabbau".

Die Kunst und Aufgabe beim Bürokratieabbau und bei der Bürgernähe dürfte sein, den grundsätzlichen Blickwinkel des Staates zu verändern – von der Regelorientierung hin zur Ergebnisorientierung. Und das unter der Vorgabe, ein Rechtsstaat zu bleiben.

Wenn das Denken in Prämissen Prozesse erschwert

Das staatliche Denken in Prämissen ist oft auch fatal und hätte in der Unternehmenswelt heftige personelle Folgen wegen Missmanagement: Versuchen Sie mal, dem Bundeskriminalamt (BKA) einen Hinweis zu geben. Ich weiß nicht, wie das ist, wenn Sie dieses Buch hier lesen – ich habe das BKA natürlich über seinen Logikfehler sehr zeitnah informiert. Zum Zeitpunkt meiner Arbeit am Manuskript war jedenfalls die Textlänge für Hinweise ans BKA auf 1.000 Zeichen begrenzt. Und zwar ohne dass es dabeistand. Da zählte beim Schreiben auch keine Zahl nach unten, damit der Hinweisgeber sieht, dass er langsam zum Ende kommen soll. Das hätte es ja zur Orientierung geben können, zumal sich so etwas bei anderen Websites auch findet.

Warum ist das so? Es ist genau der erwähnte Punkt: Es ist so, weil der öffentliche Dienst nicht ergebnisorientiert denkt, sondern Prämissen vorgibt. Da gibt die IT einfach eine Regel vor, in diesem Fall eine mathematische Regel. Sie definiert das Zeichenlimit und kommuniziert es nicht. Warum auch? Ob der Bürger eine Regel kennt oder nicht, hat für den Staat noch nie eine Rolle gespielt – Unwissenheit schützt ja auch vor Strafe nicht. Also ist der Bürger eben selbst schuld, wenn er nicht weiß, dass das Textfeld nur 1.000 Zeichen zulässt. Soll er alles eben noch einmal schreiben und sich kürzer fassen.

Manchmal kollidieren Ergebnis- und Regelorientierung. Dann sehen auch Konvergenzdenker das Problem.

Und da kommen wir dann in Bereiche, in denen die Regelorientierung mit der Ergebnisorientierung kollidiert. Denn natürlich hat das BKA Ziele, es will bestimmte Täter fassen. Bei Polizeibehörden krachen Regel- und Ergebnisorientierung aufeinander. Polizeiarbeit hat Ziele, ist aber durch Prämissen gesteuert.

Wenn Sie mich fragen, würde ich die Textlänge vielleicht auf 3.000 Zeichen begrenzen, aber 1.000 Zeichen sind für manchen Hinweis einfach zu wenig. Auch weil sich „der Bürger" ja oft nicht so messerscharf ausdrücken kann. Ich verstehe, dass das BKA nicht in Troll-Nachrichten ersticken will und dass auch das

Durcharbeiten von Hinweisen Zeit braucht. Aber die Chance, einen Gedanken zu entwickeln, sollte die Polizei den Leuten meiner Ansicht nach schon geben.

In jedem Fall würde ich die Leute auch über das Textlimit *informieren*. Denn was wir nicht erfahren, wissen wir nicht. Nichts sollte es Hinweisgebern erschweren, einen Hinweis abzugeben. Von daher widerspricht die dem öffentlichen Dienst eigene Konvention, eine Prämisse voranzustellen und dann zu erwarten, dass der Vorgang wie gewünscht abläuft, der Realität. Der Vorgang läuft dann nicht wie erwünscht ab. Nur dass es hier nicht egal sein kann wie bei einem nicht bezahlten Strafzettel, sondern dass dem Staat hier möglicherweise entscheidende Informationen durch die Lappen gehen können. Dass ein Hinweisgeber sich nach der Fehlermeldung noch einmal ransetzt, ist in meinen Augen keineswegs sicher. Weshalb sollte er? Er schaut eher auf die Uhr, vertagt das Projekt und vergisst es später.

Digitalisierung funktioniert nur ergebnisorientiert

Aus den gleichen Gründen wird auch eine staatliche Digitalisierung nicht funktionieren, solange Behörden so ticken, wie sie ticken. Dieses Projekt wird doppelt anspruchsvoll, denn sowohl öffentliche Verwaltung als auch IT denken in Prämissen. Zugespitzt gesagt, könnte das bekannte Einstein-Zitat gelten, wonach es sinngemäß Wahnsinn sei, ein Problem mit derselben Methode lösen zu wollen, mit dem es entstanden ist.

Ein Beispiel: Es war an der Vorschrift gemessen „richtig“, dass Praxisärzte erst nach Ostern 2021 mit den Covid-19-Impfungen begonnen haben. Denn so lautete die Regel. Aber war es das Richtige? In zahlreichen Praxen war der Impfstoff bereits vor Ostern vorrätig. Ärzte hätten schon längst mit dem Impfen beginnen können. Aber sie durften es nicht. Und haben sich entsprechend über die Vorschrift gewundert.

Jetzt könnte man sagen: Was das Richtige ist, gibt die Politik vor. Die Verwaltung schaut dann nur noch, dass das Richtige richtig abläuft.

Aber so einfach ist es nicht. Kein Politiker will vermutlich, dass ich beim Umzug von Hessen nach Nordrhein-Westfalen im Formular für die Gewerbeabmeldung in der bisherigen Kommune erneut alles eintragen muss, was ich geschäftlich mache, obwohl das schon aus der Gewerbeanmeldung bekannt ist. Eigentlich wissen alle Politiker aus ihren Wahlkreisen, was unsinnige Bürokratie für Unternehmen bedeutet und welcher Schaden dadurch entsteht. Solche Vorgänge sind sicher kein politischer Wille. Aber sie existieren trotz ihrer Bürgerferne und Schädlichkeit seit Jahrzehnten.

Vermutlich will auch kein Politiker, dass mein neues Finanzamt nach meinem Umzug von der Hessischen Rhön ins Münsterland erst mal meine Bankverbindung anzweifelt, obwohl es für diesen Zweifel keinen Grund gibt. Es gab überhaupt keinen Grund für die Mitarbeiterin im Finanzamt, meine Bankverbindung mit einem Post-it zu versehen, auf dem „Noch aktuell?“ stand, wie ich erfuhr. Eine gutwillige Verwaltung erkennt Angaben einstweilen an, sie blockiert sie nicht einstweilen.

Vermutlich ist die Bürokratie kein politischer Wille. Also müssen wir die Verwaltung anders aufstellen.

Auch will schätzungsweise kein Politiker, dass das Finanzamt Fulda meine Unterlagen per Post auf Papier als Paket durch die Welt schickt, das Paket beim neuen Finanzamt wochenlang ungeöffnet herumliegt und es Monate dauert, bis ich eine aktuelle Steuernummer bekomme.

Ich nehme wirklich gutwillig an, dass solche Vorkommnisse kein politischer Wille sind. Die Probleme entstehen in den Verwaltungen, weil dort das prozessorientierte Denken herrscht. Dort entstehen diese teilweise absurden Prozesse.

Der Grund ist, dass in der Verwaltung das Denken schlicht andersherum läuft als beispielsweise in der auf Kunden angewiesenen Wirtschaft. Nehmen wir die Anzeige in der *BILD am Sonntag* vom 2. Januar 2022, geschaltet vom Bundesgesundheitsministerium, dem Robert-Koch-Institut und der Bundeszentrale für gesundheitliche Aufklärung. Die Anzeige soll Orientierung darüber geben, wer sich boostern lassen sollte, schafft aber aufgrund ihrer Absenderperspektive größtmögliche Verwirrung.[48] Diese staatlichen Stellen könnten die Seite in der Zeitung nutzen, um die Menschen abzuholen und zu beschreiben: „Wenn Sie ein schwaches Immunsystem haben, dann ..." oder „Wenn Sie mit dem Impfstoff von Johnson & Johnson geimpft wurden, dann ..." – und so ließe sich für jeden sofort findbar beschreiben, was für ihn gilt. So denken staatliche Stellen aber nicht. Sie denken regelorientiert. Daher geht die Anzeige von der allgemeinen Betrachtung aus und erstellt eine Liste unter der Überschrift: „Diese Personen sollten ihren Impfschutz (...) auffrischen lassen". Und darunter sind dann die einzelnen Kategorien aufgelistet.

Es ist eben der klassische analoge Ansatz wie beim Kursbuch der Deutschen Bahn. Das Kursbuch hat alle Bahnverbindungen aufgelistet – rein anbieter- beziehungsweise absenderorientiert. Mit viel Mühe konnten wir nachschlagen, was für uns relevant ist. Dagegen steht der heute gängige digitale und kundenorientierte Ansatz: Die App „DB Navigator" spuckt nur die Verbindungen aus, die für uns relevant sind. Wenn wir nach einer Sonntagsverbindung suchen, tauchen keine Züge auf, die am Sonntag nicht fahren. Dieser Ansatz funktioniert zum Teil bei den Corona-Apps – auch wenn ich mich frage, weshalb mich die App nicht darüber informiert hat, dass meine Johnson-&-Johnson-Impfung nun doch nicht mehr als gleichwertig mit anderen Impfungen gilt. Der digitale, kundenorientierte Ansatz ist da, aber er ist noch nicht zu Ende gedacht. Das wiederum liegt nicht daran, dass Bürgernähe nicht möglich wäre, sondern an der Mentalität der öffentlichen Verwaltung.

Und darum brauchen die Verwaltungen den Blick auf das ergebnisorientierte Denken, wenn wir durch Digitalisierung die Bürokratie abbauen wollen.

Ich habe die Hochschule des Bundes für öffentliche Verwaltung angefragt, inwieweit man dort das ergebnisorientierte Denken lehrt. Inhaltlich war die Antwort klug, ohne Frage – darin stehen Sätze wie:

> *Die Studierenden werden im Studiengang Verwaltungsmanagement im Bereich „Effiziente und steuernde Veraltung" in diversen Modulen wie „Steuerung in der modernen Verwaltung" oder „Projektmanagement" für die Herausforderungen der zukünftigen Verwaltung sensibilisiert und lernen dabei die für die Steuerung einer modernen Verwaltung notwendigen Instrumente und Arbeitsschritte kennen. Darüber hinaus üben Sie auch, bestehende Systeme kritisch zu beleuchten sowie Handlungskonzepte für eine moderne Verwaltung anzuwenden.*
>
> *Im Bereich „Kundenfreundliche Verwaltung" erlernen die Studierenden in Modulen wie z. B. „Qualitätsmanagement" verschiedene Konzepte für eine wirksame und wirtschaftliche Erfüllung von öffentlichen Aufgaben. Dazu zählen u. a. fachliche und methodische Kompetenzen zur Weiterentwicklung des Managements in Richtung Prozessqualität (ISO 9001) oder umfassende Qualität (EFQM und CAF). Damit werden auch u.a. die verschiedenen Ansätze (Ergebnis-, Prozess-, Potenzialorientierung) vermittelt.*

Ich finde das beeindruckend. Und ich glaube auch, dass Stellen wie der Hochschule des Bundes für öffentliche Verwaltung bewusst ist, dass wir mit der Bürokratie und der fehlenden Bürgernähe ein Problem haben. Inhaltlich geht das schon in die richtige Richtung.

Ein Alarmzeichen ist aber schon die E-Mail-Adresse der Absenderin: Sie heißt „Referat.H_Postfach". Da steht nicht einmal, von welcher Institution die E-Mail kommt. Und das dokumentiert die „Unternehmenskultur" solcher staatlichen Stellen. Es ist ein Gestammel wie im Brief vom Berliner Polizeipräsidenten. Niemand, der Menschen schätzt und würdigt, kommuniziert in so einem Stil. Bevor ein Bürokratieabbau im Sinne des Bürgers gelingt, ist eine andere Geisteshaltung nötig.

NACHWORT

Handeln wir anbieterorientiert oder kundenorientiert? Das ist für meine Begriffe der Grundkonflikt, um den es geht. Kundenorientierung ist viel mehr als nur die Idee, den „Faktor Mensch" hochzuhalten und einen permanenten Dialog zu führen. Kundenorientierung wird trotz aller Anstrengungen und Schulungen nicht gelingen, solange wir „Wirtschaft" nicht grundsätzlich altruistisch verstehen und solange wir nicht bereit sind, tatsächlich die Perspektive zu wechseln. Es geht darum, sich ganz grundsätzlich auf das zu fokussieren, was Menschen und Unternehmen brauchen oder wollen – und sie in Ruhe zu lassen, wenn sie etwas nicht brauchen oder wollen.

Manche Experten verstehen unter Kundenorientierung unter anderem, die Kommunikation mit dem Kunden am Köcheln zu halten, selbst wenn kein Kauf in Aussicht ist. Das klingt zunächst plausibel und sinnvoll, denn Kommunikation ist ja so wichtig. Ich halte das für Unsinn, mit Verlaub: Wenn ich im Augenblick keinen Bedarf an einer Einbauküche habe, verzichte ich wirklich sehr gern auf ständige Newsletter oder sogar Anrufe eines Küchenanbieters. Für mich hat Kommunikation keinen Selbstzweck, sondern verfolgt immer ein Ziel.

Und Kundenorientierung hat sehr viel mehr mit Prozessmanagement zu tun, als das vielen Unternehmen klar ist. Die Zeit verläuft linear – von der Vergangenheit über die Gegenwart in die Zukunft. Die Frage ist, von wo aus wir unsere Prozesse planen: Von unserer Perspektive aus als Anbieter, indem wir von Prämissen ausgehen, also „Programme" voransetzen – oder von der Perspektive des Kunden aus, für den unser Produkt und unsere Unternehmensbotschaften möglicherweise gar nicht relevant sind? Setzen wir also Ziele oder Prämissen? Die Frage, von welchem Ende aus wir einen Prozess aufsetzen, ist elementar.

Genauso wie ein Bürokratieabbau in der öffentlichen Verwaltung nicht gelingt, solange wir nicht ergebnisorientiert denken, gelingt auch keine Kundenorientierung im Unternehmen. Kundenorientierung und Bürgernähe sind insofern wesensverwandt.

Der Schlüssel ist am Ende die Fähigkeit, die Realität aus einem anderen Blickwinkel wahrzunehmen und daraus die richtigen Schlüsse zu ziehen. Das konvergente Denken genügt, um Routineprozesse zu verfolgen, aber es ist in keinem Fall ausreichend, um kundenorientierte Prozesse auf die Beine zu stellen und so etwas wie Usability zu gewährleisten.

Das Thema berührt nicht nur etablierte Unternehmen, sondern vor allem auch Gründer: Ohne den unbedingten Fokus auf die Frage, welchen Kundenschmerz wir genau lindern, welches Problem wir lösen, gelingt kaum eine Existenzgründung. Und wenn wir nicht konsequent und glasklar aus Kundensicht kommunizieren, dass wir genau der richtige Anbieter für diese Problemlösung sind, wird jeglicher Geschäftserfolg ausbleiben.

Anfangs hatte ich angemerkt, dass unserer Volkswirtschaft eine Menge Potenzial verloren geht, weil viele Unternehmen und Selbstständige die Kundenperspektive ignorieren und weil viele Gründer sich rein fachlich positionieren und keinen Gedanken an den Kundennutzen verschwenden. Zugleich ist Deutschland nach wie vor ein starkes Land, was die Wirtschaft angeht. Das verdanken wir vor allem dem Mittelstand, der nach wie vor die meisten Arbeitsplätze schafft und Lösungen für zahlreiche Probleme entwickelt. Der Erfindergeist ist riesig. Wenn es dieser Volkswirtschaft jetzt auch noch gelingt, konsequent aus Kundensicht zu denken – und staatlicherseits aus Bürgersicht –, müssten wir im Grunde jede Flaute abwenden können.

Und alle, die mit kreativen Ideen zur Volkswirtschaft beitragen, indem sie „Wirtschaft" altruistisch verstehen, können mit ihren Konzepten und Produkten ihre Familien ernähren. Ich wünsche mir einen solchen produktiven Zustand, in dem alle mit ihren Fähigkeiten und Vorlieben zum allgemeinen Wohlergehen beitragen.

LITERATUR

Anderson, Chris: The Long Tail. Why The Future of Business Is Selling Less of More. Hachette Books 2008

Baum, Thilo: 30 Minuten für gutes Schreiben. GABAL, Offenbach 2004

Baum, Thilo: Das Buch der 1000 Gebote. So funktioniert das Leben. MIDAS, Zürich 2015

Baum, Thilo: Denk mit! Erfolg durch Perspektivenwechsel. STARK, Hallbergmoos 2012

Baum, Thilo: Komm zum Punkt! So drücken Sie sich klar aus. 4., überarbeitete Auflage. Relevanz, Heiligengrabe 2016

Baum, Thilo: Schluss mit förmlich! So geht menschliche Unternehmenskommunikation. Relevanz, Gersfeld (Rhön) 2019

Bock, Petra: Mindfuck. Warum wir uns selbst sabotieren und was wir dagegen tun können. Knaur, München 2011

Field, Syd: Das Drehbuch. Die Grundlagen des Drehbuchschreibens, Schritt für Schritt vom Konzept zum fertigen Drehbuch. Autorenhaus, Berlin 2007

Frädrich, Stefan: Warum Ziele Quatsch sind – und wie wir sie trotzdem erreichen. Die Kraft der inneren Ausrichtung. Gräfe und Unzer, München 2022

Hein, Monika: Empathie. Ich weiß, was du fühlst. GABAL, Offenbach 2018

Heinrich, Stephan: Akquise@B2B: Neukundengewinnung im digitalen Zeitalter. Springer Gabler, Wiesbaden 2020

Heinrich, Stephan: Content Marketing: So finden die besten Kunden zu Ihnen. Wie Sie Ihre Zielgruppe anziehen und stabile Geschäftsbeziehungen schaffen. Springer Gabler, Wiesbaden 2020

Hörhan, Gerald: Investment Punk. Warum ihr schuftet und wir reich werden. Ullstein, Berlin 2011

Limbeck, Martin: Dodoland. Uns geht's zu gut! Warum wir alle wieder mehr leisten müssen. Ariston, München 2022

Limbeck, Martin: Limbeck. Verkaufen. Das Standardwerk für den Vertrieb. GABAL, Offenbach 2018

Semler, Ricardo: Das Semco-System. Management ohne Manager. Heyne, München 1993

Taxis, Tim: Die perfekte Preisverhandlung: So machen Sie Schluss mit unnötigen Rabatten und setzen höhere Preise durch. Tim Taxis Trainings, Grünwald 2016

ENDNOTEN

1 managerSeminare, August 2021, Seite 24 ff.
2 https://www.manager-magazin.de/unternehmen/artikel/a-658584.html
3 https://www.gruenderpilot.com/wie-viele-startups-scheitern/
4 https://de.wikipedia.org/wiki/Joy_Paul_Guilford
5 https://www.sueddeutsche.de/wirtschaft/corona-impfstoff-gerresheimer-1.5210644
6 https://de.wikipedia.org/wiki/Garbage_In,_Garbage_Out
7 https://de.wikipedia.org/wiki/KISS-Prinzip
8 https://www.motor-talk.de/forum/schwarzer-oelmessstab-schwarzes-oel-welcher-daemliche-dipl-ing-t2753130.html
9 https://www.press.bmwgroup.com/deutschland/article/detail/T0306304EN/einfuehrung-des-neuen-bmw-markendesign-fuer-die-online-und-offline-kommunikation?language=de
10 https://www.krusecontrolinc.com/content-marketing-touchpoints-to-improve-buyer-experience/
11 https://unternehmer.de/lexikon/online-marketing-lexikon/touchpoint
12 https://de.wikipedia.org/wiki/DISG
13 Der Hinweis auf die Kompetenz spricht vor allem „rote" und „blaue" Typen an.
14 Der Hinweis auf Gemeinsamkeit spricht vor allem „gelbe" und auch „grüne" Typen an.
15 Dass etwas früh oder rasch geschieht, spricht vor allem den ergebnisorientierten „roten" Typen an.
16 Etwas „Tragfähiges" ist für „blaue" und „grüne" Typen interessant.
17 Auf Transparenz stehen vor allem „grüne" Typen. Nachvollziehbarkeit ist vor allem für „gelbe" Typen wichtig, die ja beim strukturierten Denken tendenziell gern stolpern.
18 Akademische Titel beeindrucken „rote" und vor allem „blaue" Typen.
19 „Preisgekrönt" triggert den Sinn für Exklusivität des „roten" Typen.
20 Ein „Standardwerk" ist ein Statement vor allem für „rote" und „blaue" Typen.
21 Eine Funktion in einem Gremium beeindruckt vor allem „rote" Typen.
22 Freude spricht vor allem „gelbe Typen" an.
23 Höflich anzumerken, man wolle helfen, kommt dem „grünen" Typen entgegen.

24 Ja, das ist leider der Plural – ich fände das lateinische „Personae“ auch schöner.

25 https://www.deutschlandfunk.de/auf-den-spuren-der-journalistenikone-nannen-100.html

26 https://de.wikipedia.org/wiki/Toter_Link

27 Der überflüssig doppelte Hinweis, auf ein Ziel abzuzielen, meint im Onlinemarketing, dass die Zielgruppe tatsächlich anhand von Merkmalen definiert ist. Sieht der Kunde also die Werbeanzeige, trifft die Beschreibung auf ihn zu. Zum Beispiel ist er Inhaber eines Unternehmens und Administrator einer Facebook-Seite.

28 Das „Warum?“ fragt wie gesagt nach dem Grund, also nach der Motivation. Wie stellt sich die Welt dem Kunden vor dem Kauf dar, sodass es sinnvoll ist, zu kaufen?

29 Das „Wozu?“ zielt wie gesagt auf den Zweck, also auf den Zustand nach dem Kauf. Was ist das Ziel des Kunden, das er durch unser Produkt erreichen will?

30 https://de.wikipedia.org/wiki/Content-Marketing

31 https://www.youtube.com/watch?v=3Y0Nlu_1X2Q

32 https://www.youtube.com/watch?v=Rj0ZJ9zMSi4

33 https://www.youtube.com/watch?v=dRznUl4di8A

34 https://www.youtube.com/watch?v=_M1w89JJsiw

35 Bei einem „O-Ton“ („Original-Ton“) spricht jemand einen authentischen Text – beispielsweise ein Statement – ins Mikrofon oder in die Kamera.

36 So nennt sich der Klang einer Umgebung, also beispielsweise ein Wald bei Wind oder eine belebte Bahnhofshalle.

37 https://de.wikipedia.org/wiki/GEMA-freie_Musik

38 Das war jedenfalls Anfang 2022 der Fall – Algorithmen können sich jederzeit ändern.

39 Es mag sich hier formaljuristisch um Werbung handeln, daher der Hinweis: Das ist Werbung! Allerdings profitiere ich in keiner Weise von einem Kauf.

40 https://www.bitkom.org/Presse/Presseinformation/Unternehmen-brauchen-digitale-Frachtpapiere

41 https://www.tz.de/welt/lidl-zettel-kassenbon-rueckseite-aerger-alter-kunde-90228350.html

42 https://de.wikipedia.org/wiki/Das_Semco_System

43 Semler, S. 15.

44 Semler, S. 18 f.

45 https://www.mahsa-amoudadashi.de

46 https://www.sap.com/germany/about/careers/your-career/autism-at-work-program.html

47 https://www.tagesspiegel.de/berlin/wartezeiten-fuer-die-kfz-zulassung-auto-anmelden-in-berlin-geht-deutlich-schneller/24574042.html

48 https://www.thilo-baum.de/zu-viel-in-einem-satz/

272 Seiten
broschiert
19,90 € (D) / 20,50 € (A)
ISBN: 978-3-86470-796-4

Martin Lindstrom: Plädoyer für den gesunden Menschenverstand

Immer mehr Unternehmen verstricken sich so sehr in ihre internen Probleme und Bürokratie, dass sie dabei ihre Aufgaben und den Common Sense aus den Augen verlieren. Und wer zahlt den Preis dafür? Wir alle! Humorvoll und praxisorientiert kombiniert „New York Times"-Bestsellerautor Martin Lindstrom Beispiele, in denen der gesunde Menschenverstand in Unternehmen auf Abwege geraten ist, mit dem von ihm entworfenen 5-Schritte-Plan. Sein Ziel: die Wiederherstellung der Logik und der Vernunft – in den Unternehmen und bei den Menschen, die sie am dringendsten brauchen.

PLASSEN VERLAG

448 Seiten,
broschiert,
24,90 [D] / 25,60 [A]
ISBN: 978-3-86470-731-5

Ozan Varol:
Boost – Denken wie Elon Musk und Co

Der frühere Raketenwissenschaftler Ozan Varol beschreibt neun Erfolgsstrategien, die es ermöglichen, Probleme und Herausforderungen – ob im Beruf oder privat – völlig neu anzugehen, Ideen zu entwickeln und kreative Lösungen zu finden, an die bisher noch niemand im Entferntesten gedacht hat. Egal, ob es darum geht, den Traumjob zu bekommen, das eigene Business voranzubringen, eine neue Fähigkeit zu erlernen oder etwas gänzlich Neues zu schaffen: Mit „Boost“ können Sie erfolgreich durchstarten.

BOOKS4SUCCESS